Frederike Probert

ERFOLGREICH
statt perfekt

Frederike Probert

ERFOLGREICH
statt perfekt

Wie Frauen wirklich
Karriere machen

FBV

Bibliografische Information der Deutschen Nationalbibliothek
Die Deutsche Nationalbibliothek verzeichnet diese Publikation in der Deutschen Nationalbibliografie. Detaillierte bibliografische Daten sind im Internet über http://dnb.d-nb.de abrufbar.

Für Fragen und Anregungen
info@finanzbuchverlag.de

Originalausgabe, 1. Auflage 2023

© 2023 by Finanzbuch Verlag, ein Imprint der Münchner Verlagsgruppe GmbH
Türkenstraße 89
80799 München
Tel.: 089 651285-0
Fax: 089 652096

Redaktion: Anne Büntig-Blietzsch
Korrektorat: Anne Horsten
Umschlaggestaltung: Manuela Amode
Umschlagfotos: © Helen Fischer
Satz: Zerosoft
Druck: CPI books GmbH, Leck
Printed in the EU

ISBN Print 978-3-95972-669-6
ISBN E-Book (PDF) 978-3-98609-287-0
ISBN E-Book (EPUB, Mobi) 978-3-98609-288-7

Weitere Informationen zum Verlag finden Sie unter

www.finanzbuchverlag.de

Beachten Sie auch unsere weiteren Verlage unter www.m-vg.de

Inhalt

Vorwort — 9

Kapitel 1: Wo stehen wir? — 11

Immerhin in den Top Zehn – von unten — 17

No Excuses: Wie sich Unternehmen vor Diversity in den
Führungsetagen drücken — 23

Aus dem echten Leben — 31

Dagmar Wöhrl: Scheitern und wieder aufstehen — *31*

Alina Bähr: Müssen Frauen überall perfekt und erfolgreich sein? — *33*

*Jennifer Alves: Meine Vorbilder sind Frauen, meine größten
Supporter sind Männer* — *35*

Mirijam Trunk: Mein persönlicher Weg zum Erfolg — *42*

Kapitel 2: Warum ist es überhaupt wichtig, dass Frauen Karriere machen? — 45

Soziale Gerechtigkeit und kulturelle Notwendigkeit — 48

Wirtschaftlicher Erfolg und maximaler Profit für Unternehmen — 54

Aus dem echten Leben — 61

*Isabella Erb-Herrmann: Warum paritätische Vorstände so wichtig
sind – für die Gesellschaft und für Unternehmen* — *61*

*Stevie Schmiedel: Spielt dein Geschlecht
eine Rolle bei der Karriere?* — *66*

*Angelika Alt-Scherer: Diverse Organisationen sind wirtschaftlich
erfolgreicher* — *68*

*Christina Bösenberg: Leadership-Tipps für mehr Diversity in
Unternehmen* — *71*

*Jenny Gruner: Frauenkarrieren sind wichtig – für Frauen,
Unternehmen und Gesellschaft* — *78*

*Kathrin Rienecker: Mehr als »nice to have«: Warum Frauen in
Führungspositionen dringend notwendig sind* — *85*

*Lisa Hassenzahl: Von dunkelblauen Anzügen, blinden Flecken
und rosa Finanzen* — *90*

Kapitel 3: Gleich ist nicht gleich gleich — 97

Es ist nicht alles Gold, was glänzt — 101

Mehr Arbeit für weniger Anerkennung — 106

Kinder als Karrierehemmer   III

Aus dem echten Leben   116

Kasia Mol-Wolf: Karriere, Aussehen, Beziehung – Warum verspüren viele Frauen den Druck, perfekt sein zu müssen?   *116*

Nina Michahelles: Finde dein ganz eigenes »Perfekt«   *118*

Motsi Mabuse: Gleichbehandlung im Showbusiness   *126*

Julia Neuen: Warum Vereinbarkeit ein gesellschaftliches Thema ist   *128*

Britta Heer: Wie überzeugt man Männer, Frauen im Job zu stärken?   *134*

Renate Prinz: Kind oder Karriere? Wie wir dafür sorgen, dass sich diese Frage in Zukunft nicht mehr stellt!   *137*

Tatjana Kiel: Mein Weg ist bunt, unkonventionell und erfüllt   *144*

Kapitel 4: Warum Frauen keine »Männer« sein müssen, um Karriere zu machen   153

Mehr Sichtbarkeit, Disziplin und Durchsetzungsfähigkeit — Stop fixing the women!   159

Aus dem echten Leben   167

Lore Maria Peschel-Gutzeit: So bleiben Frauen authentisch und setzen sich durch   *167*

Meike Finkelnburg: Eine Einladung zu mehr Selbstüberschätzung   *171*

Laura-Marie Geissler: Was es für mich bedeutet, Karriere zu machen   *178*

Susanne Harring: Ein Führungsteam und mittleres Management ohne Stefans und Thomasse: Absicht oder Zufall?   *179*

Anna Pütz: Warum weiterkommen wichtiger als aufsteigen ist   *187*

Josephine Gerves: Aufstehen, Krone richten, weitermachen! Warum echter Erfolg darin besteht, mit Misserfolgen umzugehen   *189*

Kapitel 5: Als Frau erfolgreich Karriere machen – inspirierende Lebenserfahrungen   195

Jasmin Beshir: Passion statt Perfektion   *198*

Annette Kluger: Meine ganz persönliche Female-Empowerment-Taktik   *205*

Bettina Tietjen: Auch ich wurde schonmal unterschätzt   *213*

Carola Ferstl: So habe ich mich in einer Männerdomäne durchgesetzt   *215*

Christin Siegemund: Was mir gesagt wurde, was ich alles nicht kann, und wie ich es doch geschafft habe   *217*

Maria von Scheel-Plessen: Deine Karriere ist planbar – doch auch Chancen muss man sich erarbeiten   *222*

Kapitel 6: Gemeinsam stärker – Netzwerken im echten Leben 227

Corina Kurscheid: Mein perfekt unperfekter Weg nach vorn 230

Patricia Kelly: Ein Vergleich: Männer und Frauen im Showbusiness 236

Miriam van Straelen: Mut ist ein Muskel, der trainiert werden kann 238

Silke Reuter: Mein Erfolgsprinzip: »Jetzt erst recht!« 241

Anke Renz: Wie ich aus meiner Leidenschaft eine erfüllende Karriere geformt habe – ein erfolgreicher Brückenschlag zwischen Wissenschaft und Wirtschaft 244

Stefanie Tannrath: Wege entstehen dadurch, dass man sie geht 252

Kapitel 7: Die Zukunft ist gleichberechtigt – und alle machen mit 259

Lunia Hara: Wir brauchen eine Diversitätsquote und nicht nur eine Frauenquote 262

Anaïs Cosneau: Paritätische Elternzeit für paritätische Karrieren! 264

Friederike Hohenstein: Frauen in Führungspositionen: Immer noch ein Problem? 271

Daniela Bojahr: Wie ich Thomas und Co. auf die Seite der Frauen bekommen habe 277

Jumana Al-Sibai: Stay female: Warum sich Frauen nicht in Männer verwandeln sollten, sobald sie in Führungsgremien sitzen 284

Linda Kurz: So ist es als Führungskraft in einer männlich dominierten Branche 290

Sigrid Nikutta: Gemeinsam für mehr Gleichberechtigung sorgen 293

Fazit und Dank 295

Über Frederike Probert 298

Anmerkungen 299

Vorwort

Oh, noch ein Karriereratgeber? Keine Sorge, hier handelt es sich nicht um ein weiteres Werk der Kategorie »Guck mal, wie toll ich bin. Hier meine 25 Tipps, die für alle funktionieren«.

Ich weiß, das ist gemein, aber meiner Ansicht nach ist es leider wahr. Wo man hinsieht, ob in die Ratgeberregale der Buchhandlungen, in Zeitschriften oder in Online-Medien: Überall wird – besonders – Frauen erzählt, was sie alles nicht können, was sie alles können sollten und warum es ihre Schuld ist, dass die Beförderung ausbleibt oder generell die Karriere im Sande verläuft. Da gibt es »5 Tipps how to dress for success« und »Mit diesen Argumenten gibt Ihnen Ihr Chef garantiert mehr Geld«.

Bullshit.

Warum ich das so krass sage? Weil es Unsinn ist, Frauen einzureden, dass sie perfekt sein müssen, um sich eine »Karriere zu verdienen«. Machen wir nicht alle schon genug? Arbeiten gehen, uns um die Familie – mit Kindern oder ohne – kümmern, den Haushalt schmeißen, hübsch aussehen und immer schön lächeln? Wird es nicht mal Zeit, dass wir dafür anerkannt werden, was wir leisten, und allein dafür bewertet werden? Ohne Tricks und doppelten Boden?

Ja, dafür ist es längst Zeit. Aber es gibt auch einen Grund, warum Frauen bis jetzt gesamtgesellschaftlich nicht genug wertgeschätzt werden. Deswegen werden wir in diesem Buch auch niemandem erzählen, was sie oder er – dieses Buch lässt sich nämlich auch prima von Männern lesen – tun oder lassen soll.

Vielmehr beleuchten wir auf Basis von Fakten, also wissenschaftlichen Studien, wie es in Deutschland, Europa und der Welt zum Thema Gleichberechtigung und Diversität in Führungsetagen bestellt ist. (Spoiler: Nicht so gut, wie man es 2023 erwarten würde.)

Gleichzeitig machen wir auch Mut und inspirieren – mit Geschichten von über 40 Frauen aus Unterhaltung und Wirtschaft, die sich einen Weg nach oben gebahnt haben. In sehr persönlichen Beiträgen berichten sie über ihre Erfolge, aber auch Misserfolge, und teilen Erfahrungen aus ihrem Leben, wie sie Gleichberechtigung und Diversität eingefordert haben.

Warum wir gleich so viele Frauen gefragt haben? Weil kein Mensch wie der andere ist – alle sind einzigartig. Genauso wie es jede Karriere ist. Daher finde ich, dass es auch nicht »den einen« Tipp für eine gelungene Karriere geben kann. Das Team von Mission Female sowie die Beiträgerinnen dieses Buchs sehen das genauso.

Wenn wir uns aber alle, egal welchen Geschlechts, gemeinsam für Diversität in der Arbeitswelt, faire Maßstäbe bei der Bewertung von Leistungen, mehr Vereinbarkeit von Karriere und Familie – kurz gesagt: für ein reales Abbild der Gesellschaft – sowohl im Alltag als auch in den Chefetagen einsetzen, gewinnen wir gemeinsam. Wir zeigen in diesem Buch verschiedene Wege, wie mehr Diversität gelingen kann – und an vielen Stellen schon gelingt.

Mich würde es freuen, wenn es wenigstens ein bisschen dazu beiträgt, dass sich mehr Menschen für dieses Thema begeistern – und wir die (Arbeits-)Welt so gestalten, dass wir die Erfolge erzielen, die wir uns wünschen. Ganz ohne perfekt sein zu müssen.

Viel Spaß beim Lesen!
Ihre Frederike Probert

Kapitel 1
Wo stehen wir?

Wenn das Thema Gleichberechtigung in Gesprächen aufkommt – egal ob es um Führungsgremien oder im Alltag geht –, begegnet mir bei männlichen Teilnehmern eine Reaktion, die sich mit »Oha, was wollt ihr denn noch?« zusammenfassen lässt. Dabei entsteht bei mir der Eindruck, dass Frauen nach Meinung dieser Personen etwas fordern, das über ein normalverständliches Maß hinausgeht. Ungefähr so wie Kinder nerven, die an der Kasse im Supermarkt nach Schokolade und Lutschern quengeln.

Nun ist es aber so, dass Gleichberechtigung zwischen Mann und Frau immerhin seit 1957 in den Verfassungen der, damals noch beiden, deutschen Staaten steht. Es handelt sich also keineswegs um eine Sache, die ebenso optional ist wie Schokolade oder Lutscher. Im Gegenteil, es handelt sich um ein Recht, dass allen Frauen in Deutschland zusteht und von dem wir fast 70 Jahre später immer noch weit entfernt sind.

Natürlich sind es nicht alle Männer, die so reagieren, und selbst wenn, ist es oft nicht »böse« gemeint. Ihre Wahrnehmung der Sachlage ist anders, nämlich, dass man(n) Frauen in vielen Bereichen schon entgegengekommen und jetzt alles prima sei. Abgesehen davon, dass die Faktenlage dem widerspricht, bleibt diese Reaktion unabhängig von ihrer Intention für Betroffene – also alle Frauen – verletzend, demotivierend und abwertend. Wir reden nicht ständig über Gleichberechtigung, weil es uns so viel Spaß macht. Nein, wir sind es auch leid, die ganze Zeit eine Sache einzufordern zu müssen, die eigentlich seit rund 70 Jahren selbstverständlich sein sollte. Aber: Die Lage ist nun einmal nicht so, wie sie sein sollte – nicht im Alltag und erst recht nicht in Führungsgremien. Daher fordern wir ein, worauf wir ein Recht haben, auch wenn es nervt.

Frauen begegnen dieser kaum verhohlenen Form der Abwertung ihrer Interessen jeden Tag – und das seit Generationen. Wenn wir einen kurzen Blick in die jüngere Geschichte werfen, wird klar, woher bei Männern die fixe Idee kommt, dass man(n) uns ja schon »so sehr entgegengekommen« sei.

Ein kurzer Blick zurück

Während Frauen aus wirtschaftlicher und infrastruktureller Notwendigkeit im Zweiten Weltkrieg arbeiten mussten und sich als »Trümmerfrauen« einen legendären Status erwarben, wurden sie nach der Rückkehr der Männer von der Front wieder ins traute Heim zurück verbannt. Obwohl in der BRD und der DDR beide Verfassungen die Gleichberechtigung von Mann und Frau postulierten, sah die Umsetzung sehr unterschiedlich aus. Während in der DDR verschiedene Gesetze Frauen zum Beispiel das Recht auf gleichen Lohn für gleiche Arbeit sicherten, waren Frauen bis 1977 in der BRD nicht einmal geschäftsfähig. Stattdessen legte der Gesetzgeber eine klare Rollenaufteilung fest: Der Mann war für das Einkommen und die Frau für den Haushalt zuständig. Empfanden Ehemänner oder Väter, dass der Haushalt nicht darunter leiden würde, konnte Frauen erlaubt werden, arbeiten zu gehen. Das änderte sich erst 1977 mit der Reform des Bürgerlichen Gesetzbuches: Frauen waren nun geschäftsfähig, konnten selbst Arbeitsverträge unterzeichnen und zum Beispiel ein Bankkonto eröffnen.

Ich finde, hier müssen wir mal einen Moment innehalten, um uns die Bedeutung dieser Sätze klarzumachen: Frauen, die 1977 volljährig wurden, gehen aktuell in Rente. Diese Frauen, die sich in Führungsgremien hochgearbeitet haben, sind die Ersten, die ohne Zustimmung ihres Vaters oder ihres Mannes entscheiden durften, ob sie einer Arbeit nachgehen möchten oder nicht. Viele von ihnen hätten vielleicht gerne früher eine Ausbildung gemacht oder erinnern sich an die Kämpfe ihrer Mütter – so etwas hinterlässt Spuren.

Außen vor bleibt bei reiner Betrachtung der Gesetzeslage aber der psychologische, soziale und wirtschaftliche Druck, der bis heute auf Frauen ausgeübt wird. In den späteren Kapiteln gehen wir genauer darauf ein, aber auch heutzutage müssen Frauen deutlich mehr als Männer zurückstecken, wenn sie gleichzeitig eine Karriere und eine Familie haben wollen. Ende der 1970er war dieser Druck noch stärker und machte es unseren Müttern und Großmüttern nicht leichter, ihre neuen Rechte in die Tat umzusetzen. Wer das nicht glaubt, kann sich ja mal umhören, wie alleinstehende Frauen um ihre Existenz zu kämpfen hatten. Die Stigmata rund um Alleinerziehende waren damals noch schlimmer als heute. Obwohl es ihnen eigentlich zugestanden hätte, ist es daher wenig verwunderlich, dass viele unserer Großmütter, Mütter und Tanten lieber mit dem Plan mitgingen, den ihre Väter und Männer für sie hatten. Studien zeigen, dass 1968 nur 36,6 Prozent der Frauen in der BRD berufstätig waren und sich diese Zahl bis 1989 auf nur 50 Prozent erhöhte. Wie die Mehrheit der Männer zur weiblichen Berufstätigkeit stand, ist damit klar.

In der DDR sieht die Geschichte etwas anders aus, hier war es aus wirtschaftlicher Sicht notwendig, einen möglichst großen Teil der arbeitstauglichen Bevölkerung einzusetzen. Als Folge dessen hatten 1970 rund 71 Prozent der Frauen in der DDR eine abgeschlossene Berufsausbildung. Obwohl 1968 circa 80 Prozent der Frauen arbeiteten, nur 25 Prozent davon in Teilzeit, blieb es auch hier ihre Aufgabe, sich um den Haushalt und die Kinder zu kümmern. Bis 1989 stieg der Anteil der berufstätigen Frauen in der DDR auf 92,4 Prozent. Auch wenn die Zahlen auf den ersten Blick gut aussehen, gab es in der DDR ebenso wie in der BRD eine deutliche Trennung zwischen »Frauenberufen« zum Beispiel als Erzieherinnen, im Bildungs- und Gesundheitswesen sowie im Handel, die allesamt schlechter bezahlt wurden als die Berufe in Industrie, Handwerk sowie im Bau- und Verkehrswesen, in denen mehrheitlich Männer arbeiteten. Die Wiedervereinigung bedeutete für viele der berufstätigen Frauen aus der ehemaligen DDR hinsichtlich ihrer Berufstätigkeit einen Rückschritt, wobei aber 81 Prozent der Befragten einer Studie aus dem Jahr 1996 die Situation trotzdem besser als in der DDR empfanden.[1]

Obwohl seit der Wiedervereinigung über 30 Jahre ins Land gegangen sind und sich viele Missstände gebessert haben, wird sich im Vergleich mit dem aktuellen Zustand zeigen, dass sich die grundsätzliche Haltung, was berufstätige Frauen angeht, noch recht gleich ist: Geld nach Hause bringen? Ja, gerne. Unternehmen führen? Überlass das mal den Männern, Schätzchen.

Augenmerk aufs Jetzt

Zu wissen, wie weit wir bereits seit den 1950er-Jahren gekommen sind, zeigt mir persönlich zweierlei Dinge: Es ist großartig, wie weit sich Frauen bereits emanzipiert haben, und daher umso wichtiger, dass wir nicht aufhören, für die Dinge, die uns zustehen, zu kämpfen. Damals ging es darum, eigenständig Verträge abschließen und aus eigenem Willen arbeiten gehen zu dürfen. Heute stehen diese beiden Punkte – zumindest in Europa – nicht infrage, aber es gibt immer noch genug Bereiche, in denen Frauen benachteiligt werden.

Auch 2023 müssen Frauen mehr Einschränkungen als Männer in Kauf nehmen, um Karriere zu machen, und trotz der 2016 eingeführten Frauenquote sind wir sechs Jahre später noch weit von einer paritätischen und diversen Besetzung deutscher Führungsgremien entfernt. Gleichzeitig stehen wir sowohl im europäischen als auch globalen Vergleich weit abgeschlagen da. Dabei sind paritätisch besetzte Führungsetagen heute kein Luxusthema mehr, sondern entscheiden in einer globalen, diversen Welt über den Erfolg oder Misserfolg von Unternehmen und Gesellschaften.

Wenn Männer also das Thema Gleichberechtigung nicht ernst nehmen, realisieren sie nicht, dass sie gleichzeitig willentlich in Kauf nehmen, dass unsere Unternehmen und unsere gesamte Gesellschaft hinter anderen, fortschrittlicheren Nationen zurückbleiben. Was für ein unnötiger und leicht zu behebender Grund!

Da sich Gleichberechtigung, wie die meisten Themen, aus mehreren Blickwinkeln betrachten lässt – die »eine« Wahrheit gibt es schließlich nicht –, werfen wir in diesem Buch immer wieder einen detaillierten Blick auf möglichst aktuelles Zahlenmaterial und lassen gleichzeitig Frauen zu Wort kommen, die es trotz aller Widrigkeiten nach oben geschafft haben. Seit den 1950ern mag sich zwar vieles getan haben, aber bis wir nicht bei kompletter Gleichberechtigung angekommen sind, gehe ich Männern gerne mit stichhaltigen Argumenten weiter auf die Nerven.

Immerhin in den
Top Zehn – von unten

Mit einem Bruttoinlandsprodukt (BIP) von über 4 Milliarden US-Dollar im Jahr 2021[2] stellt Deutschland die viertgrößte Wirtschaftsmacht der Welt dar. Im Vergleich der EU-Mitgliedsstaaten liegt Deutschland damit auf dem ersten Platz. Wenn es uns wirtschaftlich so gut geht, werden wir sicherlich auch hinsichtlich paritätischer Führungsetagen vorangehen, oder?

Die Antwort ist leider enttäuschend: Allein im EU-Vergleich liegt Deutschland weit abgeschlagen auf Platz 9 – von unten. Während der durchschnittliche Anteil von Frauen in Führungspositionen 2019 in den – damals noch mit Großbritannien – 28 EU-Mitgliedsstaaten bei 34,4 Prozent lag[3], bringt Deutschland nur magere 29,4 Prozent zustande. Damit liegen wir auf ähnlicher Höhe mit Malta (30 Prozent Frauenanteil, Platz 24 im BIP-Vergleich der EU[4]), Griechenland (28 Prozent, Platz 18 im BIP-Vergleich der EU) und Italien (27,8 Prozent, Platz 4 im BIP-Vergleich der EU).

Währenddessen zeigen besonders die skandinavischen Länder, wie es geht: Lettland übertrifft mit 45,8 Prozent deutlich den Durchschnitt und auch Polen (43 Prozent), Schweden (40,3 Prozent) und Slowenien (40,1 Prozent) liegen weit vor Deutschland. Liest man die Statistik etwas genauer, fällt auf, dass rund 13 der 28 Mitgliedsstaaten den Durchschnitt übertreffen – das Schlusslicht dieser Gruppe bildet Frankreich ganz knapp mit 34,6 Prozent. Erst die Slowakei mit 33,7 Prozent liegt erstmals unter dem EU-Durchschnitt und befindet sich selbst damit noch vor uns. Immerhin können wir uns damit trösten, dass noch acht Länder schlechter als wir abschneiden und Schlusslicht Zypern mit 21,3 Prozent Frauenanteil in Führungspositionen deutlich hinter uns ansteht.

Es stellt sich allerdings die berechtigte Frage, warum der Frauenanteil in Deutschland viel zu langsam wächst, obwohl vor sieben Jahren die Frauenquote und Selbstverpflichtungen von Unternehmen in Kraft traten. Schließlich lag 2016 der Anteil von Frauen in Führungspositionen bei 25 Prozent. Heute stehen wir bei 29,4 Prozent. Bei dem aktuellen Tempo, mit dem sich die paritätische Besetzung von Führungspositionen bewegt, dauert es laut AllBright Stiftung also nur noch rund 26 Jahre, bis eine Frauenquote unnötig wird[5] – wenn das mal keine Perspektive ist!

Wo die Frauenquote wirkt

Ein Grund für die langsam steigende Anzahl von Frauen in Führungspositionen findet sich in der Ausgestaltung der Frauenquote. Die rechtlichen Vorgaben und damit verbundenen Sanktionen des Ersten Führungspositionen-Gesetzes galten nämlich bis 2021 nur für Aufsichtsräte und nicht für Vorstände. Während Verstöße gegen die Frauenquote in Ersteren mit Sanktionen geahndet wurden, galt für Vorstände nur eine Selbstverpflichtung der Wirtschaft. Dass aber scheinbar nur Sanktionen wirken – und Selbstverpflichtungen nicht das Papier wert sind, auf dem sie stehen –, zeigt die aktuelle FidAR-Studie[6]: Diese untersucht die Anzahl von Frauen in Aufsichtsräten und Vorständen der 160 im DAX, MDAX und SDAX notierten sowie von den 23 paritätisch mitbestimmten, im Regulierten Markt notierten Unternehmen, für die die Frauenquote gilt. So liegt der Frauenanteil in Aufsichtsräten Anfang 2022 bei durchschnittlich 33,48 Prozent, während nur 14,72 Prozent der Vorstandssitze in den untersuchten Unternehmen von Frauen besetzt werden.

Gerade wegen dieser Diskrepanz war es so wichtig, mit dem Zweiten Führungspositionen-Gesetz die Lücke hinsichtlich der Vorstände zu schließen. So sind unter anderem seit dem 12. August 2021 Vorstände von börsennotierten oder paritätisch mitbestimmten Unternehmen mit mehr als drei Mitgliedern künftig verpflichtet, ein weibliches Mitglied zu haben. Unter dieses Mindestbeteiligungsgebot für Vorstände fallen 62 der 101 von der FidAR-Studie untersuchten Unternehmen. 16 dieser 62 Unternehmen – über 25 Prozent – verzeichnen aktuell keine einzige Frau im Vorstand. Streben sie eine »Zielgröße Null« hinsichtlich der Beteiligung von Frauen an, müssen sie dies nun begründen und werden sanktioniert, wenn sie keine Zielgröße oder Begründung melden – aktuell gilt dies für 3 der 16 Unternehmen. Es wäre sicher interessant zu sehen, welche Argumente hier ins Feld geführt werden.

Familienunternehmen in Not

Nach den bisherigen Daten scheint es so, als ob mangelnde Diversity nur DAX-Unternehmen betrifft. Aber auch das Rückgrat der deutschen Wirtschaft hat ein Problem – und es ist komplett selbstgemacht. Wie eine aktuelle Studie von Russel Reynolds Associates zeigt, machen Familienunternehmen »90 % aller Unternehmen aus, sind für 58 % der Beschäftigten verantwortlich und erwirtschaften mehr als die Hälfte der Wirtschaftsleistung – und stehen trotzdem meistens im Schatten der DAX-Unternehmen«.[7]

Wie kommt das? Ein Grund ist sicherlich die deutliche Underperformance deutscher Familienunternehmen, wenn es um den Anteil von Frauen im Aufsichtsrat geht: Während die 160 in DAX, MDAX und SDAX gelisteten Unternehmen auf einen Anteil von 14,3 Prozent weiblicher Führungskräfte in ihren Geschäftsführungen oder Vorständen kommen, sieht es bei den 100 größten Familienunternehmen düster aus: Der Frauenanteil liegt hier nur bei 8,3 Prozent.[8] Bei den Familienunternehmen dieser Gruppe, die sich komplett in Familienbesitz befinden, sind es sogar nur 4,9 Prozent. Nur zwei von 100 deutschen Familienunternehmen vertrauten die Leitung des Unternehmens einer Frau aus der Familie an – B. Braun Melsungen und Trumpf.[9] Nur um Missverständnisse zu vermeiden: Hier geht es nicht um irgendwelche kleinen Familienbetriebe, sondern um große Namen wie Aldi, Fielmann, Bertelsmann, Otto oder Axel Springer. Das sind allesamt Unternehmen mit großem Einfluss, die – gerade, wenn man sich die darunter vertretenen Medienunternehmen ansieht – die öffentliche Diskussion in vielen Bereichen prägen. Und gerade diese Unternehmen verweigern sich angemessener Diversität in ihren Aufsichtsgremien. Die Problematik des Frauenanteils stellt hier aber nur einen Aspekt dar, denn gleichzeitig fehlt es in den Aufsichtsräten auch an internationalen Einflüssen: In Familienunternehmen liegt der Anteil von Mitgliedern mit deutscher Nationalität bei 92 Prozent, in DAX-Unternehmen bei 71 Prozent und bei DAX-, MDAX- und SDAX-Unternehmen zusammen bei 75 Prozent.[10]

Alles besser im Start-up?

Progressiv, agil, modern – und einen Bürohund plus Obstschale gibt es noch obendrauf! Deutsche Start-ups verkaufen sich gerne als die besseren Unternehmen. Kratzt man allerdings an der Oberfläche, ist der Lack schnell ab: Bei kritischer Betrachtung sieht es in den Führungsetagen der 30 Börsenneulinge, die seit 2016 in DAX, MDAX oder SDAX aufgenommen wurden, genauso aus wie bei ihren etablierten Kollegen. Genauso? Nein, nicht ganz: Statt Thomas heißt hier die überwältigende Mehrheit der Vorstandsmitglieder Christian.

Gerade bei Unternehmen, die jünger als zehn Jahre sind, wird Homogenität überraschenderweise besonders großgeschrieben: So sind die Vorstandsmitglieder in den zehn Jungunternehmen (unter 15 Jahre, notiert in DAX, MDAX oder SDAX) im Vergleich zu den regulären Börsenmitgliedern der gleichen Indizes noch häufiger männlich (95 Prozent zu 87 Prozent) und noch häufiger Wirtschaftswissenschaftler (59 Prozent zu 52 Prozent). Auch bei den anderen Faktoren bleibt alles beim Alten – obwohl, wie bereits erwähnt, die Vornamen abweichen und das Führungspersonal rund sechs Jahre jünger ist[11].

International im unteren Mittelfeld

Natürlich steht Deutschland nicht allein mit seinen Problemen hinsichtlich der Beteiligung von Frauen in Führungspositionen da. Allerdings zeigt sich gerade im internationalen Vergleich, dass es Nationen gibt, die bei diesem Thema deutlich größere Fortschritte gemacht haben – und wirtschaftlich in einer ähnlichen Liga spielen wie wir. Das zeigt der BoardEx Global Gender Balance Report 2021,[12] in dem Forschende für jedes Land die im jeweiligen Leitindex – zum Beispiel für Deutschland der DAX – gelisteten Unternehmen hinsichtlich des Anteils von Frauen mit Board-Positionen verglichen.

Dabei fällt auf, dass Europa zur Zeit der Datenerhebung Ende 2020 deutlich in Führung lag: Der EU-Durchschnitt – hier ausgewertet anhand des Eurotop-Index – befand sich bei 36 Prozent, und Frankreich belegte in dieser Studie mit einem Frauenanteil von 44 Prozent sogar den ersten Platz. Als erstes nicht europäisches Land folgt auf Platz 11 Australien mit 34 Prozent, gefolgt von Kanada auf Platz 14 mit 31 Prozent. Erst auf Platz 15 taucht auch Deutschland mit 30 Prozent Frauen in Board-Positionen auf.

Auch wenn Deutschland im europäischen Vergleich recht abgeschlagen dasteht, sind paritätische Vorstände für andere große Wirtschaftsmächte ebenfalls eine Herausforderung: Mit 29 Prozent Frauenanteil liegen die USA auf Platz 17, Indien mit 17 Prozent auf Platz 23 und Russland bildet mit nur 12 Prozent das Schlusslicht dieses Vergleichs.

Besondere Aufmerksamkeit verdient an dieser Stelle aber Japan, das, seit die Studie 2014 zum ersten Mal erhoben wurde, sonst immer den letzten Platz belegte. Innerhalb eines Jahres konnte sich die asiatische Wirtschaftsnation um vier Plätze im Ranking von nur 8,8 Prozent Frauenanteil im Jahr 2019 auf 14 Prozent in 2020 verbessern. Grund dafür ist eine Empfehlung der japanischen Regierung, 30 Prozent der Executive- und Board-Positionen mit Frauen zu besetzen. Diese basiert – im Gegensatz zur deutschen Frauenquote – auf Freiwilligkeit und nicht auf Sanktionen, wirkt aber trotzdem besser.

Generell zeigt die vorliegende Studie trotz aller Zahlen, die zu wünschen übrig lassen, wie viel sich seit 2014 – als die Studie erstmals erhoben wurde – auf internationaler Ebene für Frauen geändert hat. Während 2014 noch 75 Prozent der in den ausgewerteten Indizes gelisteten Unternehmen Vorstände und Aufsichtsräte mit weniger als 25 Prozent Frauenanteil verzeichneten, hat sich die Situation seitdem in der Mehrheit der untersuchten Länder deutlich verbessert. Besonders beeindruckt dabei Irland, das 2014 mit 12 Prozent Frauenanteil startete und heute eine Verbesserung von 19 Prozent auf 31,3 Prozent verzeichnet. Ähnlich sieht es für Portugal mit 15,6 und Malaysia mit 15,2 Prozent Anstieg aus – und auch Deutschland verbesserte sich um 11,7 Prozent von 18 auf 29,7 Prozent. Mit nur 9,8 Prozent Steigerung haben sich beispielsweise die USA deutlich schwerer getan, und mit nur 6,4 Prozent Unterschied zu 2014 belegt Russland auch in diesem Bereich der Studie den letzten Platz.

Ähnlich wie in Deutschland zeigt sich auch auf internationaler Ebene eine große Schere zwischen dem Anteil von Frauen in Aufsichtsrats- und in Vorstandspositionen. Während nämlich der Frauenanteil in Aufsichtsräten bis zu über 48,5 Prozent ausmacht, sind weibliche Vorstände mit maximal 17,4 Prozent weiterhin deutlich in der Unterzahl. Es scheint also, dass viele Unternehmen versuchen, eine Balance zwischen männlichen und weiblichen Führungspersonen herzustellen, indem sie Frauen in Kontrollgremien positionieren und für Unternehmen wichtige Entscheidungen immer noch mehrheitlich von Männern treffen lassen.

No Excuses: Wie sich Unternehmen vor Diversity in den Führungsetagen drücken

Es scheint ein Rätsel: Während Unternehmen in den letzten zehn Jahren Lösungen für Herausforderungen wie globale Wirtschaftskrisen, Pandemien und sogar zusammenbrechende Lieferketten gefunden haben, scheint Diversity in Führungsgremien ein unlösbares Problem darzustellen. So wirkt es zumindest, denn schließlich ist die Frauenquote schon so lange im Gespräch und trotzdem haben viele deutsche wie internationale Unternehmen keinen Plan, wie sich paritätische Führungsgremien umsetzen lassen. Oder besser gesagt: wirklich paritätisch aufgestellte Aufsichtsräte *und* Vorstände. Wie das vorige Unterkapitel zeigte, erreichen viele Unternehmen die Quote, indem sie Frauen in scheinbar »unkritische« Kontrollgremien befördern und Männern weiterhin die Zügel in die Hand geben.

Sind wir aber mal ehrlich: So wirklich rätselhaft ist daran gar nichts, denn ganz nach der Prämisse »Wo ein Wille ist, ist auch ein Weg« mangelt es in vielen Unternehmen offensichtlich an besagter Entschlossenheit. Untersuchungen haben mehrere Barrieren identifiziert, mit denen Unternehmen sich – und vor allem Frauen – im Weg stehen[13]:

1. Passivität

Auch nach über zehn Jahren verfolgen Unternehmen beim Thema »Paritätische Vorstände« eine »Kopf-in-den-Sand«-Strategie: Anstatt Gleichstellung in Führungsgremien als Chance zu begreifen, wird einfach abgewartet. Vielleicht erledigt sich das lästige Thema ja von allein? Natürlich tut es das nicht! Und so wird der Spielraum für Unternehmen, gerade in Anbetracht des neuen Führungspositionen-Gesetzes II und der damit verbundenen Sanktionen, immer enger.

Wo Selbstverpflichtungen jahrelang nicht gewirkt haben, sorgen Sanktionen nun für Bewegung – das bestätigt auch eine Studie des Deutschen Instituts für Wirtschaftsforschung[14]: Bei der Untersuchung ließ sich deutlich nachweisen, dass in Ländern, die die Frauenquote mithilfe einer Kombination von präzisen Vorgaben und Sanktionen durchdrücken, schneller paritätisch aufgestellte Führungsgremien zustande kamen als in Ländern, die beispielsweise auf Selbstverpflichtungen der Wirtschaft setzten. Dass die Bundesregierung zum gleichen Schluss kam, zeigt das Führungspositionen-Gesetz II – und plötzlich tut sich etwas. Wie die Justus-Liebig-Universität Gießen bei einer Untersuchung sämtlicher DAX-40-Unternehmen, 50 MDAX-Unternehmen und 70 SDAX-Unternehmen feststellte, liegt der Frauenanteil in den Vorständen der DAX-40-Unternehmen nur bei 20 Prozent. Wären es 40 Prozent weniger, so die Zahl der Frauen, die allein 2021 aufgrund des Führungspositionen-Gesetzes II in diese Positionen gerückt sind, läge der Anteil sogar nur bei 11 Prozent.[15]

2. Verweigerung

Klassischerweise ist Verweigerung ein Verhalten, das eher bei trotzigen Kindern als bei erwachsenen Personen mit Führungsverantwortung zu vermuten wäre. Allerdings sprechen Handlungen lauter als Worte – und die Verweigerungshaltung vieler Unternehmen in Fragen der Gleichstellung spricht nicht mehr, sondern schreit förmlich. So verfügen 2022 49 Prozent der DAX-Unternehmen über keine einzige Frau im Vorstand – und bei den Unternehmen, die schon etwas weiter sind, existieren deutliche Unterschiede. So gehen DAX-40-Unternehmen mit gutem Beispiel voran, indem bei

85 Prozent von ihnen mindestens eine Frau im Vorstand sitzt. Bei SDAX-Unternehmen sind es dagegen nur noch 41 Prozent und bei MDAX-Mitgliedern sogar nur 38 Prozent.

Ist die Verweigerungshaltung jedoch einmal gebrochen, überzeugen die Ergebnisse wohl selbst hartnäckige Gegner: Wie die Forschenden aus Gießen feststellten, unterscheiden sich die Frauenanteile bei Unternehmen, die einmal angefangen haben, weibliche Vorstandsmitglieder zu berufen, nur noch marginal voneinander.[16]

3. Unconscious Bias

Auch Führungspersonen sind Menschen – mit Stärken, Schwächen und Vorurteilen. So weit, so normal. Problematisch entwickelt es sich allerdings, wenn diese Eigenheiten nicht reflektiert werden und Einfluss auf Unternehmensentscheidungen nehmen. Das passiert besonders dann, wenn den einzelnen Personen nicht bewusst ist, dass bei ihnen Vorurteile vorliegen – ein »Unconscious Bias«. Gerade in Bezug auf paritätische und diverse Führungsetagen tritt ein Bias besonders häufig auf, nämlich die Annahme »typischer« Talente bei Frauen und Männern: Demnach könnten Frauen gut mit Menschen, seien kommunikativ, nicht gut mit Zahlen und scheuten eher vor harten Entscheidungen zurück. Männer dagegen seien energisch, könnten durchgreifen, seien allerdings nicht so stark in der Kommunikation und täten sich mit »soften« Themen wie Unternehmenskultur oder Personal schwer.

Wer solchen Geschlechterrollen zustimmt, findet es absolut nachvollziehbar und sinnvoll, weiblichen und männlichen Vorständen bestimmte Zuständigkeitsbereiche zuzuweisen. Die sich kümmernden, sozial talentierten Frauen zum Beispiel machen sich nach dieser Logik perfekt als Chief Human Resources Officer (CHRO), Männer dagegen sind förmlich zum CEO geboren. Natürlich möchte man 2023 sagen, dass so ein Denken vollkommen überholt und bestimmt nicht verbreitet ist. Ist es aber doch, wie Abbildung 1 zeigt.

Frauenanteil ausgewählter Vorstandspositionen der DAX40-Unternehmen

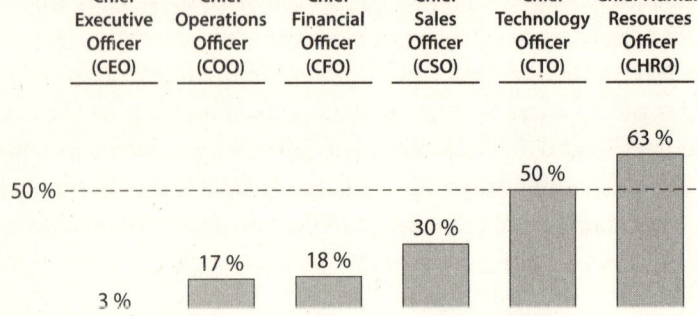

Chief Executive Officer (CEO)	Chief Operations Officer (COO)	Chief Financial Officer (CFO)	Chief Sales Officer (CSO)	Chief Technology Officer (CTO)	Chief Human Resources Officer (CHRO)
3 %	17 %	18 %	30 %	50 %	63 %

Abbildung 1: Frauenanteil ausgewählter Vorstandspositionen der DAX-40-Unternehmen. Quelle: Haas, Alexander und Melina Luisa Marasek, Warum Frauen nicht in die Vorstände kommen, Diskussionspapier der Professur für Marketing und Verkaufsmanagement der Justus-Liebig-Universität Gießen, November 2022, Gießen.17

So liegt der Frauenanteil in den Vorständen von DAX-40-Unternehmen für den Bereich Personal bei sagenhaften 63 Prozent – und als Chief Executive Officer (CEO) bei nur 3 Prozent. Auch die Jobs als Chief Operations Officer (COO) und Chief Financial Officer (CFO) liegen mit nur 17 Prozent respektive 18 Prozent weiblicher Führungskräfte fest in männlicher Hand. Dass immerhin 30 Prozent der Chief Sales Officers (CSO) Frauen sind, lässt sich vielleicht so verargumentieren, dass Vertrieb schon wieder mit Menschen zu tun hat und daher in das scheinbar weibliche Rollenbild passt. Eine positive Überraschung gibt es bei den DAX-40-Unternehmen aber auch: Die Position des Chief Technology Officer (CTO) teilen sich Frauen und Männer paritätisch auf. Das ist – gerade in Anbetracht der anderen Zahlen und dahingehend, dass CTOs je nach Branche großen Einfluss sowohl auf die Ausstattung des Unternehmens als auch auf Forschung, Entwicklung und das endgültige Produkt haben – positiv überraschend.[18]

In MDAX- und SDAX-Unternehmen sieht die Lage schon wieder etwas anders aus (siehe Abbildung 2). Während hier bei MDAX-Unternehmen eine Steigerung von 1 Prozent bei den CEO zu verzeichnen ist

und bei SDAX-Unternehmen sogar von 4 Prozent, sinkt der Frauenanteil bei allen anderen Führungspositionen rapide. Unter den COO
machen Frauen nur 6 Prozent (MDAX) und 7 Prozent (SDAX) aus,
und bei den CSO fällt ein sattes Minus von bis 22 Prozent auf – bei
CTO sogar bis zu 44 Prozent. Sogar in der »Frauendomäne« Human
Resources liegt der Frauenanteil von MDAX- und SDAX-Unternehmen deutlich unter denen der DAX 40. In MDAX-Unternehmen haben weibliche Board-Member nur 38 Prozent der CHRO-Posten inne
und in SDAX-Unternehmen sogar nur 33 Prozent.[19]

Frauenanteil ausgewählter Vorstandspositionen der MDAX- und SDAX-Unternehmen

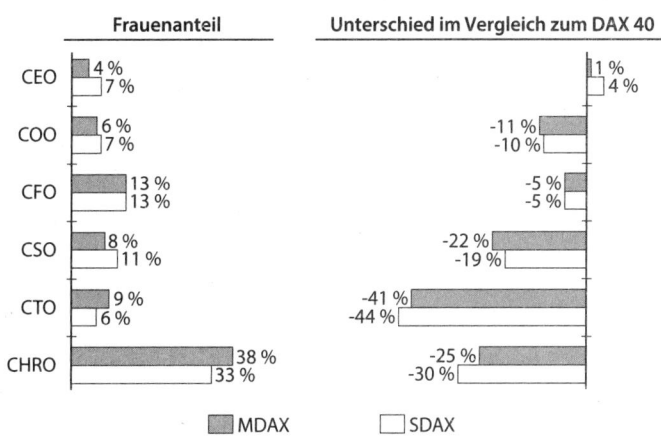

*Abbildung 2: Frauenanteil ausgewählter Vorstandspositionen der MDAX- und
SDAX-Unternehmen. Quelle: Haas, Alexander und Melina Luisa Marasek, Warum
Frauen nicht in die Vorstände kommen, Diskussionspapier der Professur für Marketing und Verkaufsmanagement der Justus-Liebig-Universität Gießen, November
2022, Gießen.[20]*

Auch wenn die vorgestellten Zahlen nur für deutsche Unternehmen
sprechen, zeigen internationale Studien wie eine Untersuchung der
International Labor Organization (ILO), dass Unconscious Biases
gegenüber Frauen der am häufigsten genannte Grund war, der
sie am Aufstieg in eine Führungsposition hindere. Viele Teilneh-
merinnen erwähnten auch, dass ihnen immer wieder die Haltung

begegne, dass Management-Positionen »Männersache« seien und dass sich Gender-Stereotype auch bei der Einstellung neuer Mitarbeitenden und bei Beförderungen deutlich zeigten.[21] Eine Studie von McKinsey and Company bestätigt, dass solche veralteten Rollenbilder in den Köpfen von Führungspersonen unsichtbare Barrieren bilden, die Frauen am meisten von allen Faktoren – sogar noch vor offenem Sexismus – am Weiterkommen hindern.[22]

4. Scheinargumente

Eng mit Gender-Stereotypen verbunden sind einige Scheinargumente, die immer noch viel zu häufig gegen paritätische Führungsgremien ins Feld geführt werden:

- Vorstände müssen eine bestimmte Größe haben, um Frauen aufnehmen zu können.
- Unternehmen müssen in »frauenspezifischen« Feldern agieren, um weibliche Vorstandsmitglieder sinnvoll einzusetzen.
- Die »Opt-out«-These: Frauen scheiden in einem gewissen Alter eh freiwillig aus, weil sie der Doppelbelastung von Führungsrolle und Familie nicht gewachsen sind.

Schauen wir uns diese Argumente einmal genauer an.

Vorstandsgröße

Lange dienten kleine Vorstände als ein Argument, die Zielgröße Null in Hinblick auf die Frauenquote zu rechtfertigen. Seit Inkrafttreten des Führungspositionen-Gesetzes II sind Unternehmen aber bereits ab einer Vorstandsgröße von drei Personen verpflichtet, mindestens eine Frau zu berufen. Dass dies ohne Probleme selbst bei Zwei-Personen-Vorständen funktioniert, zeigen DAX-Unternehmen wie die Hornbach Holding, das Software-Unternehmen SUSE, der Geschäftsausstattungs-Händler TAKKT und besonders der Maschinenbaukonzern Pfeiffer Vacuum, den eine weibliche CEO und Aufsichtsratsvorsitzende leiten.

»Frauenspezifische« Felder

Wer sich die DAX-Unternehmen mit dem größten Frauenanteil ab 40 Prozent ansieht, wird bemerken, dass keines davon in »typisch weiblichen« Bereichen wie Mode, Kosmetik oder anderen Konsumgütern agiert. Wie bereits erwähnt, tummeln sich hier vielmehr Aktiengesellschaften, die Vorurteile eher als »männlich« verorten, zum Beispiel Software (SUSE), Maschinenbau (Pfeiffer Vacuum), Medizintechnik und Pharma (Siemens Healthineers, Dermapharm, Fresenius Medical Care) oder Automobilteile wie Reifen und Fahrzeugsysteme (Continental).

»Opt-out«-These: »Die gehen ja eh, sobald sie Kinder bekommen«

Unter den geschlechtsspezifischen Vorurteilen hält sich besonders eine Annahme besonders hartnäckig: Dass Frauen freiwillig ihre Karriere aufgäben, sobald sie Kinder bekämen. Daher lohne es sich nicht, sie überhaupt in Führungsgremien aufzunehmen.

Nun ist es zum einen fraglich, ob überhaupt alle Frauen Kinder möchten. Aber selbst wenn dem so wäre, lässt sich diese Annahme beweisen? Wenn ja, worin liegt dieses Verhalten begründet?

Tatsächlich lässt sich die sogenannte »Opt-out«-These nicht statistisch nachweisen, sondern ist, wenn überhaupt, nur rein anekdotisch zu begründen. Das liegt unter anderem daran, dass Unternehmen keine Daten vorlegen (können), warum Frauen oder Mitarbeitende generell gehen. Meistens gibt es sowieso nicht »den einen« Grund, sondern eine Gemengelage aus vielen persönlichen und wirtschaftlichen Faktoren.

Besonders fällt bei der »Opt-out«-These der Begriff »freiwillig« auf. Der Duden definiert »freiwillig« als »aus eigenem Willen geschehend; ohne Zwang ausgeführt«.[23] Ob Frauen »ohne Zwang« ihre hart erarbeiteten Karrieren verlassen, wenn ihnen Unternehmen und Gesellschaft zeitgemäße Arbeitszeitregelungen, angemessene Gehälter und die notwendige Kinderbetreuung verweigern, ist mehr als fraglich. Erschwerend kommt hinzu, dass auch eine faire Aufteilung der familiären Aufgaben innerhalb der Beziehungen immer noch von vielen Arbeitgebern untergraben wird. So zeigt sich in den letzten Jahren, dass Männer, die mehr als ein Minimum an Elternzeit nehmen möchten, häufig mit Diskriminierung zu kämpfen haben.[24] Es ist also wenig verwunderlich, dass es manche Frauen einfach leid sind, sich für Unternehmen zu engagieren, die ihnen nicht einmal bei einem so grundlegend menschlichen Wunsch wie dem nach einer Familie entgegenkommen.[25]

Dass es trotz aller Hürden möglich ist, den Traum von der eigenen Karriere zu realisieren, und wie das in der Praxis gelingt, zeigen die folgenden Beiträge prominenter Frauen aus Wirtschaft, Politik und Entertainment.

Aus dem echten Leben

Dagmar Wöhrl: Scheitern und wieder aufstehen

Dagmar G. Wöhrl ist Unternehmerin und seit 2017 Investorin in der TV-Show Die Höhle der Löwen, *nachdem sie von 1994 bis 2017 Mitglied des Deutschen Bundestags für die CSU war. Von 2005 bis 2009 war die Rechtsanwältin Parlamentarische Staatssekretärin beim Bundesministerium für Wirtschaft und Technologie sowie Koordinatorin der Bundesregierung für die maritime Wirtschaft. Wöhrl ist Trägerin des Bundesverdienstkreuzes am Bande und des Bayerischen Verdienstordens. Neben verschiedenen Ämtern als Aufsichtsratsmitglied ist sie ehrenamtlich stellvertretende Vorsitzende des Vorstandes von Unicef Deutschland und Vorstandsmitglied für die TUI Care Foundation sowie Kuratoriumsmitglied für die Bayerische Aids-Stiftung. Ferner ist sie Stiftungsrätin der von ihr ins Leben gerufenen Emanuel-Wöhrl-Stiftung. Dagmar G. Wöhrl ist verheiratet und hat zwei Söhne.*

Hinfallen und wieder aufstehen. Das lernen wir Menschen bereits mit ein paar Monaten Lebenserfahrung. Die ersten Schritte in unserem Leben sind geprägt von der Erkenntnis, dass nichts auf Anhieb gelingt. Und dennoch ist in uns der unaufschiebbare Drang, es immer wieder zu versuchen. Einfach noch einmal, mit Schwung, Balance und dem richtigen Tempo. Denn jedes Mal, wenn es mit den ersten Schritten wieder nicht geklappt hat, verbinden sich im

Gehirn Synapsen, die uns verstehen lassen, was es für den aufrechten Gang braucht.

Und obwohl wir wissen, dass wir für jeden großen Entwicklungsschritt meist mehrere Anläufe brauchen, vergessen wir als Erwachsene oft, wie wertvoll Scheitern ist. Mit zunehmendem Alter wird es immer verpönter, Fehler zu machen. Sehr zum Leidwesen der jungen Menschen, die mehrere Anläufe brauchen, um zum Beispiel eine Kletterstange hochzukommen, später eine komplizierte Mathematikaufgabe zu verstehen und noch später, um im Berufsleben bestimmte Arbeitsabläufe zu verinnerlichen.

Anstatt mit ermutigenden Worten auf diese Menschen zuzugehen, ist das Häufigste, was sie bekommen, Spott, Hohn und Unverständnis. Und noch schlimmer, sie lernen, das Scheitern gleichbedeutend mit Versagen ist. Doch das Gegenteil ist der Fall.

Nur, wer Fehler im Leben macht, kann aus diesen Fehlern lernen und sich weiterentwickeln. Wenn ich an meine ersten Schritte als Unternehmerin denke, erinnere ich mich durchaus an den einen oder anderen Misserfolg. Damals, unmittelbar nach der Wiedervereinigung, wollte ich mit meinem Unternehmen expandieren und in einem anderen Bundesland aktiv werden. Der Erfolg blieb aus. Bei meiner selbstkritischen Analyse stellte ich fest, dass ich den Markt nicht richtig eingeschätzt hatte. In meiner Vorstellung machte es keine Unterschiede, ob ich in den alten oder neuen Bundesländern eine Firma unterhalte. Doch bei genauerer Kundenanalyse wäre mir aufgefallen, dass die Einwohner in den neuen Bundesländern eben doch eine andere Mentalität in Bezug auf ihre Kaufentscheidungen zeigten. Ein zweites Mal ist mir dieser Fehler nicht passiert.

Wichtig ist, dass wir nach dem Scheitern nicht den Mut verlieren, neue Dinge zu wagen, neue Herausforderungen anzunehmen.

Dies gilt nicht nur für das Berufsleben. Gerade wir Frauen stehen oft vor der Entscheidung, ob wir eine Familie gründen oder lieber die Karriereleiter emporschreiten wollen. Ich möchte alle darin bestärken, sich nicht zwischen beidem zu entscheiden. Warum soll Frau nicht Familie und Beruf unter einen Hut bekommen? Ja, es ist kein Zuckerschlecken, und es wird viele Tage in eurem Leben geben, in denen ihr an euch zweifelt. Doch glaubt mir, keine Frau vor euch hat das nur mit einem Lächeln auf den Lippen geschafft. Ich erinnere mich noch sehr gut an die Zeit, als meine Kinder noch kleiner waren und ich als Bundestagsabgeordnete unter der Woche häufig in Bonn war. Oft habe ich mich gefragt, ob ich als Mutter überhaupt so weit weg von meinen Jungs sein sollte. Warum ich mir den Trennungsschmerz jedes Mal wieder antat. Doch wenn ich politisch dann etwas bewegen konnte, wenn ich wusste, dass mein Tun dazu beigetragen hat, dass zum Beispiel der Tierschutz im Grundgesetz verankert wurde, waren diese Zweifel beseitigt, und ich wusste, dass es für mich die richtige Lebensentscheidung war. Zurück in Nürnberg konnte ich als Mutter die Zeit mit meinen Kindern genießen und ihnen zu 100 Prozent meine Aufmerksamkeit schenken. Rückblickend weiß ich, dass ich auch durch Scheitern die Frau wurde, die ich heute bin: optimistisch, zielstrebig, mit dem unerschütterlichen Glauben an das Gute im Menschen.

Alina Bähr: Müssen Frauen überall perfekt und erfolgreich sein?

Alina Bähr ist Chefredakteurin von BUNTE.de, der Online-Ausgabe von Deutschlands größter People-Marke. Die studierte Publizistin begann ihre Karriere als Kulturreporterin bei Axel Springer, ging nach ihrer Ausbildung an der Burda Journalistenschule als leitende Unterhaltungs-Redakteurin zu FOCUS online und verantwortete später als stellvertretende Nachrichtenchefin mit die Politik- und Unterhaltungsberichterstattung des Portals. Heute erreicht die gebürtige Berlinerin mit der BUNTE.de-Redaktion monatlich über 48 Millionen Visits und baut das Angebot in den Bereichen Female Empowerment, Health und Politainment weiter aus.

Gerade in Führungspositionen müssen Frauen häufig mehr leisten als ihre männlichen Kollegen, um erfolgreich zu sein – bist du dem auch begegnet, und wie bist du damit umgegangen?
Mittlerweile weiß ich, was ich kann, und bin stolz auf das, was ich erreicht habe. Das war nicht immer so. Früher habe ich berufliche Erfolge oft unter den Teppich gekehrt oder abgetan – was dafür gesorgt hat, dass ich weniger gesehen wurde. Als eine erfahrene Kollegin dies einmal zufällig mitbekam, hat sie mich dazu ermutigt, es »wie die Männer« in der Redaktion zu tun – Anerkennungen einfach dankend anzunehmen, ohne sie im gleichen Satz abzuschwächen.

Heute bin ich sehr froh, dass in meinem derzeitigen Berufsumfeld die Fähigkeiten der Personen zählen und nicht das Geschlecht. Aber ich musste früher auch gegenteilige Erfahrungen machen. Besonders ernüchternd war die mit einem Kollegen, als ich Anfang 20 war. Ein Journalist, der mir fachlich viel beigebracht hat, schrieb in meine Abschiedskarte, ich solle zukünftig besser ein längeres Kleid anziehen – damit mich die Leute »ernst nehmen«. Hätte er einem männlichen Kollegen zu längeren Hosen geraten? Wohl kaum. Heute ist es mir eine Herzensangelegenheit, junge Kolleginnen zu unterstützen und sie dazu zu ermutigen, ihre Erfolge zu feiern, und ihnen zu vermitteln, dass die Kleiderlänge in keinerlei Zusammenhang mit ihren Leistungen steht.

Woher kommt deiner Meinung nach diese Forderung an Frauen, in vielen Bereichen ihres Lebens »perfekt« und in allem »erfolgreich« sein zu müssen?
Wir scrollen online durch abertausende Bilder von wunderschönen Frauen, die auf einem Daybed in Dubai loungen, Kleinkind vor die Brust geschnallt, Laptop auf dem Schoß. Andere geben im Powersuit den mittlerweile dritten TED-Talk des Jahres. Was wir nicht sehen, ist die Arbeit, die hinter diesen vermeintlich mühelosen Aufnahmen steckt. Nicht vergessen: Instagram zeigt nie die ganze Realität. Ich erwische mich auch immer wieder selbst dabei, wie derlei Input ein falsches Streben nach Perfektion ent-

facht. Ein ewiges Vergleichen war noch nie gut für die Seele. Zielführender ist, sich zu fragen: Was kann ich selbst aus mir heraus erreichen – und nicht: Wie werde ich zur Frau in Dubai?

Wie können Frauen für sich selbst definieren, was für sie persönlich »perfekt« und »erfolgreich« bedeuten?
Von meiner Oma Annemarie habe ich früh gelernt, nach meinen eigenen Überzeugungen zu leben. Sie hat bis zur Rente gearbeitet und in der Ehe mit meinem Großvater, den sie sehr geliebt hat, auf ein eigenes Konto bestanden. Es war schließlich ihr Geld, von dem sie sich kaufen wollte, was ihr gefiel. Für die damalige Zeit war das ein recht progressiver Ansatz. Sie hat gern Nerz getragen und im Restaurant Wodka pur bestellt – beides Dinge, für die sie kritisch beäugt wurde. Die Frage ist doch eher: Lebe ich nach den Maßstäben von anderen – oder meinen eigenen? Sie wollte niemandem gefallen, außer sich selbst. Und das ist es, was zählt.

Jennifer Alves: Meine Vorbilder sind Frauen, meine größten Supporter sind Männer

Jennifer Alves, 49 Jahre, verheiratet und die erste Tochter von fünf Kindern, ist seit Juli 2021 Associated Partner bei der MHP Management- und IT-Beratung GmbH. Ihre Aufgabe liegt darin, den Unternehmensbereich der Customer-Relationship-Management-Lösung »Salesforce« in puncto People, Kompetenz, Sichtbarkeit und Kunden wachsen zu lassen.
Sie bezeichnet sich selbst als »durch und durch Gutmensch«, ist Gründerin von Team BUNT, welches sich dafür einsetzt, Vielfalt, Motivation und Mitarbeiterbindung zu fördern, und engagiert sich für die Organisationen Net4tec und PLAN International. Außerdem ist sie mit viel Leidenschaft und Herz bei Mission Female.

Mein beruflicher Werdegang bestand aus Glück, Chancen und ganz viel harter Arbeit, um ein gutes Ergebnis zu liefern. Nichts wurde mir geschenkt!

Dass ich heute da bin, wo ich bin, war nicht mein Plan, dies hat sich so ergeben. Nur, dass ich die bin, die ich bin, daran habe ich jeden Tag gearbeitet. Ich darf sagen, ich hatte viel Glück auf meinem Weg. Aber Glück allein reicht nicht – ich musste das Glück als solches erkennen und die Chancen annehmen und ausfüllen. Ich habe mir oft die Frage gestellt, wie das Glück zu mir findet, und mit der Zeit die Antwort dazu bei mir selbst gefunden: Es liegt an meiner Person.

1. Learning: Bleib dir selbst treu.
Wenn man mich kennt und mit mir arbeitet, stellt man sehr schnell fest, dass man sich auf mich als Person verlassen kann. Ich halte meine Versprechen, bin zu oft zu ehrlich, stelle mein Wohlsein niemals über das der anderen und bin hilfsbereit. Ich setze mich für Schwächere ein, entdecke Talente und fördere diese. Versuche Menschen, die Gutes tun, dazu zu motivieren, über das Gute zu reden, nicht länger leise zu sein. Und wenn es gewünscht ist, teile ich mein Wissen, damit andere aus meinen Erfahrungen lernen. Würde man heute meine Familie, Freunde, Kollegen und Kunden fragen, wie sie mich beschreiben, würden diejenigen, die mich gut kennen, sicher antworten: »Jennifer kümmert sich um alles, was nötig ist, und alle, die es wünschen.«

2. Learning: Lass dich nur von konstruktiver Kritik beeinflussen.
Was ich in der Vergangenheit oft erleben durfte, war, dass wenn mir ein Vorgesetzter eine Chance gab, dann gab es oft eine beobachtende Person, die der Meinung war, sie hätte eine Chance, Aufgabe oder Sichtbarkeit mehr verdient beziehungsweise könnte die Aufgabe, Rolle oder Position besser ausfüllen als ich. Dabei vergessen Beobachtende oft, dass diejenigen, die eine Chance bekommen, damit scheitern könnten. Es ist mit viel Arbeit verbunden, und am Ende bekommt niemand etwas geschenkt. Diese Momente, in denen man auf solche Art beobachtet wird, sind meiner Meinung nach mit

die schlimmsten, die einem im Unternehmen begegnen können – leider aber auch die, die einem am häufigsten begegnen. Sie kosten Kraft, Motivation, bedürfen viel Fingerspitzengefühl, machen manchmal traurig – und machten mich stärker. Bis ich dies verstand, ist sehr viel Zeit vergangen. Es hat mitunter Jahre gedauert.

3. Learning: Nicht alles, was andere über dich sagen, ist wichtig. Wichtig ist, was du selbst von dir hältst.
Aber zurück zum Glück und zu meinen beruflichen Anfängen, was die IT-Branche angeht. Ich bin eine klassische Quereinsteigerin. Zuvor war ich selbstständig im Finanzdienstleistersektor unterwegs. Habe dann 1997 für mich entschieden: »Ich mach jetzt was mit Computern.« Da stand ich nun, in Essen, meiner Geburtsstadt und meinem damaligen Wohnort. Hatte die *WAZ*-Zeitung in der Hand und suchte einen Job, der mit Computern zu tun hatte – wer damals nicht Teil der Branche war, nannte diese Computer- und nicht IT-Branche. Warum hatte ich mich also damals für Computer entschieden? Mir war klar, dass ich das, was ich bis zu diesem Zeitpunkt gemacht hatte, nicht länger machen wollte – und Computer waren die Zukunft. Heute blicke ich mit einem Lächeln auf diesen Moment zurück und denke: »Welch netter, naiver Gedanke.« So war ich damals. Was heute ist, konnte genau durch diesen einen Gedanken entstehen. Gesagt, getan – mit einem Blick zurück in die Zeitung fand ich schnell eine Stellenanzeige eines IT-Dienstleisters, der für IT-Hardware und -Netzwerktechnik stand. Dieser suchte damals eine »Bürokauffrau für Telemarketing«. Als ich die Anzeige las, hatte ich schon die ersten Zweifel und wollte die Zeitung schon wieder zuschlagen, da ich keinen klassischen Berufsabschluss als Bürokauffrau nachweisen konnte.

4. Learning: Eine Stellenausschreibung hat viele Elemente, bewirb dich bereits bei einer 70-prozentigen Abdeckung und fülle die restlichen 30 Prozent mit Motivation, Zuverlässigkeit und toller Arbeit aus.
Nun gut, trotz aller Zweifel las ich die Anzeige weiter – mit einem komischen Gefühl im Bauch und der Hoffnung, dass vielleicht et-

was an Expertise gefordert wurde, welche ich zum damaligen Zeitpunkt besaß. Also schweifte mein Blick auf den Abschnitt »Sie bringen mit«. Da standen sie, die Bedingungen. 1. »Talent, Kunden am Telefon zu begeistern.« 2. »Sie sehen sich als Dienstleister.« Und 3. »Sie sind teamfähig und arbeiten offen mit anderen zusammen.« Treffer! Da war es also. Ich wusste sofort, dass mir alle drei Punkte lagen. Nun gut, ich schrieb meine Bewerbung, dachte für mich: »Mal schauen, wie sehr sie auf die Ausbildung als Bürokauffrau bestehen« und habe diese dann direkt persönlich vorbeigebracht. Damit begann nun das Abwarten, und die ersten Selbstzweifel kamen. Die Firma war mir damals völlig unbekannt. Also wusste ich nicht, ob sie wirklich zu mir passte und wie sich das Arbeiten dort anfühlte. Ein Internet gab es – aber eines, welches eine aufschlussreiche Information darüber geben konnte, wie der Arbeitgeber und dessen Angestellte so sind, das gab es damals noch nicht. Also Geduld haben und schauen, was passiert.

5. Learning: Sei dir deiner selbst und deiner Fähigkeiten bewusst, und rede darüber.
Wie sollte es anders sein, ich hatte Glück und wurde zum Vorstellungstermin eingeladen, welches in Form eines Assessment-Centers abgehalten wurde. Es waren alles Kandidatinnen, acht Frauen an der Zahl, die sich auf den Jobtitel »Bürokauffrau für Telemarketing« bewarben. Das Entscheider-Gremium war gemischt, damals zwei Herren und zwei Damen. Eine der Damen war meine zukünftige Führungskraft. Wie es so ist, hat sich jede Bewerberin vorgestellt. Alle entsprachen in ihrer Vita den Anforderungen. Alle außer mir hatten mit ihrer Berufsausbildung die Grundvoraussetzung erfüllt. Dennoch waren sie in ihrem Auftreten mal schüchtern, mal zu leise, mal nicht klar in der Formulierung, zu kühl oder nicht gut vorbereitet. Dann kam ich an die Reihe. Dieser kurze Moment des Einatmens, sich Sammelns und die Sicherheit: Das, was ich kann, ist, mich gut zu verkaufen und die wichtigen Dinge im richtigen Moment zu sagen. Also stellte ich mich entsprechend freundlich, bestimmt und selbstbewusst vor. Direkt nach meiner Vorstellung

sah ich in den Augen des Gremiums: Ich hatte diesen Moment genutzt und das Beste draus gemacht. Mit genau diesem Gefühl hatte ich mich am Ende bedankt und verabschiedet.

6. *Learning: Wenn es um deine persönliche Vorstellung geht, dann sei klar, laut, deutlich, vorbereitet. Hab immer einen Elevator Pitch zu dir, deiner Aufgabe, deinem Arbeitgeber und deinen Fähigkeiten parat.*
Das Ergebnis wurde mir erst später in einem zweiten 1:1-Termin mitgeteilt. Ich hatte meine zukünftige Führungskraft überzeugt. Ihre Aussage war damals »Wir haben schnell gemerkt, dass Sie sich gut verkaufen können und wenn Sie das für sich schaffen, gehen wir davon aus, dass Sie es für uns als Unternehmen ebenfalls schaffen«. Gut drei Jahre vergingen, und meine Führungskraft verließ das Unternehmen und schlug mich als Nachfolge für ihre Position der Geschäftsleitung vor. Diese fand den Vorschlag zu dem Zeitpunkt gut. Doch das änderte sich, als durch das Netzwerk ein männlicher Kandidat außerhalb der Firma auftauchte. Die »großartige« Idee der Geschäftsleitung war, einen Wettbewerb auszurichten, in dem beide Parteien ein Konzept zur Umgestaltung des Bereichs und ein Konzept für eine neue Telefonkampagne, welche bei Zuschlag der neuen Position umzusetzen wäre, entwickeln sollten.

7. *Learning: Eine Chance zu bekommen, ist Glück. Die Chance zu nutzen, dein Talent.*
Die Vorstellung des Konzepts erfolgte im direkten Gespräch mit der Geschäftsleitung. Meine Konzepte waren spitze – ich wusste, wovon ich sprach, und das Team mit seinen Fähigkeiten kannte ich aus dem Effeff. Ich hatte nicht das Gefühl, dass ein externer Kandidat es so passend auf den Punkt hätte bringen können. Ich sollte Recht behalten. Meine Konzepte waren so gut, dass diese als Erstes umgesetzt wurden. Die Orchestrierung der Konzepte übernahm allerdings der externe Kandidat, welcher mir als neue Führungskraft vorgesetzt wurde. Das war genau solch ein Moment in meiner beruflichen Laufbahn, der mich ganz klar stärker gemacht hat. Natürlich war ich enttäuscht. Ich wusste, das, was ich kann und was

ich leiste, ist gut – dies wurde mir durch die Umsetzung meiner Konzepte bestätigt.

8. Learning: Nicht alles, was passiert, liegt an dir. Also zweifle nicht an dir, sondern an der Entscheidung.
Daher entschied ich mich dazu, dieses Unternehmen zu verlassen – und zwar ziemlich schnell. Ich habe gekündigt, ohne einen neuen Job in Aussicht zu haben. Ich hatte ja drei Monate Zeit, eine neue Aufgabe zu finden. Ich wollte nicht eine von den Frauen sein, die zwar gut sind, aber nicht geschätzt werden. Der Umgang war halt weder fair, offen noch sauber – und das ist es, worauf es mir ankam und noch immer ankommt. Für mich ist es sehr wichtig, in einem Unternehmen beschäftigt zu sein, wo Werte nicht nur Worthülsen sind, sondern im Alltag gelebt werden. Und ja, meine Geschichte in der Jahrtausendwende ging gut für mich aus, sehr gut sogar. Durch mein damaliges Netzwerk bekam ich die Chance, mich auf einen neuen Job zu bewerben.

9. Learning: Nutze dein Netzwerk aktiv, um weiter voranzukommen.
Der Job war in einer anderen Stadt, und ich musste dafür umziehen. Aus heutiger Sicht brachte mich der Job meiner heutigen Position ein ganzes Stück näher. Es war ein Schritt in die richtige Richtung und brachte mir zwei großartige Geschäftsführer, denen ich direkt unterstellt sein durfte. Damals war der Schritt spektakulärer, ich war 27 Jahre jung, hatte einen neuen Job, wohnte allein in einer neuen Stadt. Die Reaktion von Familie und Freunden war Stirnrunzeln. Ich aber dachte, das wird schon schiefgehen, ich kann ja jederzeit wieder zurück nach Essen.

10. Learning: Nur wer sich bewegt, kommt weiter.
Doch zurück zu den beiden Geschäftsführern, die unterschiedlicher nicht hätten sein können. Der erste hat mich voll in Familie und Landleben einbezogen, sorgte menschlich dafür, dass es mir gut ging, und besorgte mir sogar meine Wohnung, um in Borken – dem Unternehmenssitz – richtig anzukommen. Der Zweite wurde mein

Mentor, der mich immer wieder aus meiner Komfortzone schubste, meine Kompetenz akzeptierte und für sich nutzte. Es gab in den vier Jahren viele Positionen, die ich im Unternehmen einnahm, weil ich beiden vertraute. Sie haben mir an vielen Stellen gezeigt, dass sie mir ebenfalls vertrauten.

11. Learning: Wenn dir Hilfe angeboten wird, nimm sie an.
Mit allem, was ich tat, versuchte ich, ihrem Vertrauen gerecht zu werden, übernahm Verantwortung in der Führung eines Teams. Wir wurden gefördert und gefordert. Beide standen jederzeit hinter ihren Mitarbeitenden. Mein Mentor erkannte mein Verkaufstalent, und ich durchlief im Laufe der Zeit Positionen im Telemarketing und Marketing sowie als IT-Disponentin – bis hin zum Vertrieb für ERP-Software (Enterprise Resource Planning-Software). Immer da, wo ich gebraucht wurde, sprang ich ein. Natürlich klingt es heute leichter, als es damals war, aber darum ging es mir nicht, ich wollte lernen. Ich habe eine Chance bekommen und mit viel Freude angenommen und ausgefüllt. Dies war der Grundstein für mein heutiges Ich. Ich stellte sehr schnell fest, dass mir der Job als Vertrieblerin liegt, gefällt und ich genau das ausleben konnte, was in mir steckt. Die direkte Interaktion mit Menschen und die stetige Herausforderung, sich auf neue Situationen einstellen zu müssen, um erfolgreich zu sein. Dies erfüllte mich und weckte meine Leidenschaft nach mehr. Mehr Kunden, mehr Herausforderungen und mehr Erfolg.

12. Learning: Finde für dich heraus, welcher Job dich wirklich glücklich macht.
Das führte dazu, dass irgendwann mein Mentor auf mich zukam und sagte: »Ich merke, dass der Job dir nicht mehr ausreicht. Du bist unterfordert. Jennifer, alles, was ich kann und weiß, habe ich dir beigebracht. Wenn du mehr erreichen willst, was ich dir definitiv zutraue, wäre jetzt ein guter Zeitpunkt, in ein größeres Unternehmen zu wechseln. Du bist jetzt schon wieder zu lange in deiner Komfortzone. Du musst dich neuen Herausforderungen stellen, um gesund

zu bleiben.« Damit stellte er damals mein Wohl über das der Firma, und ich weiß es bis heute sehr zu schätzen. Viele Jahre blieben wir weiter im engen Austausch. Er war der, der den kritischen zweiten Blick auf meine berufliche Situation warf und meinen Weg kommentierte, korrigierte und mein Selbstbewusstsein stärkte.

13. Learning: Sei dankbar und immer offen für Neues.

Mirijam Trunk: Mein persönlicher Weg zum Erfolg

Mirijam Trunk (31), geboren in Bamberg, hat in München und Washington, D.C. Psychologie und Politik studiert. Nach ihrem Master und der Ausbildung an der Deutschen Journalistenschule in München arbeitete sie beim Bayerischen Rundfunk als Reporterin und wechselte 2017 in den Managementnachwuchs von Bertelsmann. Im Mai 2018 wurde sie zur Geschäftsführerin der neu gegründeten Bertelsmann Audio Alliance berufen. Seit April 2021 war Mirijam Trunk Director of Podcast and Audio on Demand Mediengruppe RTL und weiterhin als Chefin der Audio Alliance für die zentrale Produktion der Bertelsmann Podcast-Inhalte sowie für die Plattform AUDIO NOW verantwortlich. Anfang 2022 gab sie den Audiobereich ab und ist nun als Chief Crossmedia Officer und als Chief Sustainability und Diversity Officer bei der RTL Deutschland tätig.

Welche deiner Eigenschaften oder Verhaltensweisen haben dir zum Erfolg verholfen?
Vor allem Neugier, ein offener Blick und das Selbstbewusstsein, dass ich grundsätzlich gut so bin, wie ich bin. Oft wird Selbstbe-

wusstsein damit gleichgesetzt, dass man vor Situationen nicht mehr aufgeregt ist oder von seinem eigenen Können bedingungslos überzeugt. Für mich bedeutet Selbstbewusstsein eher, ein Gefühl für sich selbst zu haben und bei sich zu sein. Wenn man sich selbst kennt und auch weiß, wo die eigenen Grenzen und Schwachstellen liegen, kann man anderen gegenüber authentisch entgegentreten – und ehrliche Verbindungen zu Menschen aufbauen. Ein Netzwerk ist nur so stark wie die einzelnen Beziehungen darin. Und ehrliche zwischenmenschliche Verbindungen kann man nur aufbauen, wenn man authentisch ist – das gilt sowohl für die Beziehung zu Kollegen und Kolleginnen, als auch zu Vorgesetzten, Mitarbeitern und außerhalb des eigenen Unternehmens.

Welche Karrieretipps haben dich besonders geprägt – von wem kamen sie?

»Wir operieren hier nicht am offenen Herzen.« Diesen Satz hat der CEO eines Musikunternehmens zu mir gesagt, als ich noch im Trainee-Programm war. Was er damit meinte, war: Nimm dich selbst, deine Themen und auch dein Umfeld ernst, aber nimm es nicht zu wichtig. Hab Spaß bei der Arbeit, hör nicht auf zu lachen. Wenn mal was daneben geht, geht's trotzdem weiter, keiner stirbt. Und auch du bist nicht ruiniert, nur weil mal eine Sache danebenging. Der zweite Tipp ist aus Sheryl Sandbergs Buch *Lean In*: Geh immer mit der Frage rein »Was kann ich für dich tun?« – sowohl in Jobgespräche als auch in Beziehungen mit Partnern. Wenn es *mit* dir besser ist als *ohne* dich, kommst du weiter. Es geht nicht nur darum, was du aus dem Job ziehen kannst, sondern vor allem darum, was du geben kannst. Die Rechnung ist am Ende immer ganz einfach: Wenn du Probleme für andere löst, kommst du weiter.

Was würdest du Frauen raten, die eine Führungsrolle anstreben?

Schaut genau, wo ihr euch nützlich machen könnt, und, so komisch das klingt, seid euch gerade am Anfang für keine Aufgabe zu schade. Ich habe zum Beispiel während meines Studiums im Telefonservice der ARD Menschen erklärt, wie sie ihr Radiogerät benutzen. Das hat dazu geführt, dass ich jeden Tag im Sender war und unter anderem im Aufzug oder auf Weihnachtsfeiern zwischendurch Menschen kennengelernt habe, die Mentor:innen wurden – und auch ganz praktisch gesehen direkt vor Ort war, wenn sich Chancen geboten haben, als zum Beispiel eine Nachrichtensprecherin gesucht wurde. Auf jeden Fall würde ich außerdem dazu raten, sich intensiv mit sich selbst zu beschäftigen und auch Coaching in Anspruch zu nehmen. Das hilft, authentisch zu bleiben und ehrliche Verbindungen mit anderen Menschen aufzubauen. Um ein Netzwerk zu bilden, muss man auf andere Menschen zugehen können und authentisch sein – da hilft es, wenn man geerdet ist. Und auch in Führungsaufgaben gilt: Nur, wer selbst mit beiden Beinen auf dem Boden steht, kann stark vorangehen.

Was war der schlechteste Karrieretipp, den du bekommen hast – und warum?

»Act like a man!« Gerade, wenn es um Themen wie Gehalt verhandeln geht, kommt immer wieder der Ratschlag: Überleg doch, wie ein Mann das machen würde. Das ist der absolut schlechteste Tipp ever. Zum einen, weil es auch Männer in Stereotype zwingt. Zum anderen, weil das Verhalten unauthentisch wird. Und es löst auch eine Abwehrreaktion beim Gegenüber aus, wenn wir zu hart mit Rollen brechen. Es ist völlig okay, sich nicht wie ein Mann zu verhalten, und übrigens auch, nicht wie einer auszuschauen. Alle müssen ihren eigenen Weg gehen – und authentisch sein hilft dabei viel mehr, als sich zu verstellen.

Kapitel 2
Warum ist es überhaupt wichtig, dass Frauen Karriere machen?

Es ist seltsam, diese Frage im Jahr 2023 zu stellen, oder? Nach allem, was wir in den vergangenen Jahrzehnten erreicht haben, sollte die Antwort »Weil sie es wollen« schließlich ausreichen. So einfach ist es aber nicht.

Natürlich sollte jede Frau für sich selbst entscheiden, wie sie ihr Leben führen möchte, und garantiert streben nicht alle nach einer Position im Topmanagement. Den Frauen, die aber tatsächlich zeigen, dass sie »mehr« wollen – wenn sie *mehr* Verantwortung, *mehr* Macht und auch *mehr* Gehalt fordern –, begegnet unvermeidbar Gegenwind. Da tauchen hässliche Begriffe wie »Rabenmutter« aus der Versenkung auf, oder es wird unterstellt, dass die jeweilige Frau etwas mit ihrer Führungsposition kompensieren wolle – fehlende Beziehung, keine Kinder, *you name it.*

So verletzend diese Unterstellungen sind, so falsch sind sie auch: Dass Frauen Karriere machen, hat nichts mit Kompensation von Problemen oder ähnlichem Unsinn zu tun, sondern mit gesellschaftlicher und wirtschaftlicher Sinnhaftigkeit. Dass Frauen Karriere machen, bringt jede Menge Vorteile mit sich – für die Frauen selbst, für die Gesellschaft und für die Unternehmen, die sie leiten. Es ist Zeit, den Fokus darauf zu richten!

Soziale Gerechtigkeit und kulturelle Notwendigkeit

Noch die Generationen unserer Mütter und Großmütter konnten sich nicht so entfalten, wie sie es gerne wollten. Stattdessen wurden sie in ein Korsett aus gesellschaftlichen Erwartungen geschnürt, das für sie vorsah, sich ausschließlich um Haushalt und Kinder zu kümmern. Während sich die Lage in Europa zum Glück geändert hat, gibt es immer noch Teile der Welt, in denen dieser Zustand weiter besteht. Gleichzeitig kommen auch in der westlichen Welt immer wieder Strömungen auf, die Frauen gerne wieder Vollzeit im trauten Heim am Herd statt in den Führungsetagen sehen würden. Ich finde das aus verschiedenen Gründen bedenklich. Was auf Tiktok, Instagram und Co. unter Hashtags wie #tradwife verbreitet wird, ist mehr als eine harmlose Flucht aus einer kapitalistischen und beängstigend komplexen Gesellschaft. Vielmehr werden hier mit den 1950ern Zeiten romantisiert, die frauenrechtlich finster waren. Wie bizarr es ist, dass Frauen, die mit mehr Gleichberechtigung als jemals zuvor groß geworden sind, nun auf Social Media ein Rollenbild verbreiten, gegen das ihre Großmütter sich mühevoll aufgelehnt haben, und wem solche Kampagnen nützen, darüber können wir mal in einer ruhigen Minute nachdenken.

Mir geht es aber um etwas anderes: Jeder Versuch, Frauen – und Menschen generell – in eine Richtung zu drücken sowie ihnen das Gefühl zu geben, dass sie keine Wahl haben, gehört mit größtem Misstrauen beobachtet. Auch dieses Buch soll niemanden dazu zwingen, Karriere machen zu *müssen*. Jede von uns soll selbst wählen, was sie machen möchte, egal ob das bedeutet, in einem Führungsgremium zu sitzen oder sich Vollzeit um den Haushalt zu kümmern. Um aber eine informierte Entscheidung zu treffen, ist es wichtig, dass wir uns unsere privilegierte Situation mit all ihren

Möglichkeiten, die uns offenstehen, bewusst machen. Gleichzeitig liegt es auch an uns, diese Chancen für kommende Generationen zu erhalten und auszuweiten.

Arbeiten zu gehen und eine Karriere anzustreben, ist kein Selbstzweck. Es steckt mehr dahinter.

Finanzielle Eigenständigkeit

Eine Studie der Axel-Springer-Marktforschung von November 2022 deckte auf, dass auch heute noch acht Millionen Frauen in Deutschland kein eigenes Bankkonto haben – das ist rund ein Zehntel der Gesamtbevölkerung! 13 Prozent der Befragten bekommen von ihrem Lebenspartner oder Ehemann ein Haushalts- beziehungsweise Taschengeld, und rund 20 Prozent können sich vorstellen zu heiraten, um finanziell auf der sicheren Seite zu sein.[26]

Das ist meiner Meinung nach erschreckend: Finanzielle Abhängigkeit bedeutet nämlich mehr, als nicht selbst entscheiden zu können, welche oder wie viele Sachen gekauft werden können. Finanzielle Abhängigkeit bedeutet auch gleichzeitig ein erhöhtes Risiko, dass sich Frauen nicht aus für sie gefährlichen Beziehungen lösen können – häusliche Gewalt ist leider ein immer noch viel zu verbreitetes Problem. Auch heute noch wird jede vierte Frau mindestens einmal in ihrem Leben Opfer von Gewalt durch ihren aktuellen oder einen früheren Partner.[27] Wer in der eigenen Beziehung nur ein »Taschengeld« bekommt, kann sich nicht einfach eine Fahrkarte kaufen und zu Freunden und Familie flüchten, wenn der schlimmste Fall eintritt. So traurig es ist, darüber nachdenken zu müssen, stellen Überlegungen dieser Art aber die Realität für viele Frauen dar – und wenn Kinder ins Spiel kommen, wird es noch komplizierter.

Gleichzeitig hat finanzielle Abhängigkeit auch Folgen fürs Alter: Viele »typisch weibliche« Berufe werden schlechter bezahlt als ihre männlichen Äquivalente, und Frauen leisten weltweit rund drei Viertel der unbezahlten Care-Arbeit – kümmern sich also um

Kinder und Haushalt, leisten Altenpflege, unterstützen jemanden in der Familie oder im Freundeskreis. Das ist mehr als »das bisschen Haushalt«, denn wenn all diese Arbeit entlohnt würde, kämen Frauen allein dafür auf ein Jahresgehalt von zwischen 37.000[28] und 167.000 Euro[29]. Da dieses Geld aber fehlt, sind sie stärker von dem Risiko betroffen, unter Altersarmut zu leiden. Erschwerend kommen außerdem gerade bei heutigen Rentnerinnen noch die Folgen des Gender-Pay-Gap hinzu, wodurch ihre aktuelle Rente durchschnittlich 46 Prozent unter der von Männern liegt.[30]

Das klingt nun alles sehr finster, aber ich finde manchmal ist es notwendig, den Finger in die Wunde zu legen. Wir haben es nämlich durchaus in der Hand, all diesen Szenarien entgegenzuwirken. Wie? Arbeiten gehen und eigenes Geld verdienen. Uns trauen, die Karrieren zu machen, die wir uns wünschen. Das mag leichter gesagt als getan sein, aber jeder Schritt in diese Richtung hilft dabei, uns aus Abhängigkeiten zu befreien, glücklichere, selbstbewusstere Beziehungen zu führen und selbst über unser Leben entscheiden zu können – auch am Ende unseres Arbeitslebens.

Selbstbewusstsein

Es macht einen Unterschied, ob eine Person mit ihrem Namen und für ihre eigenen Errungenschaften bekannt ist oder als »Tochter von« oder »Frau von«. Wenn Frauen arbeiten und ihren eigenen Weg gehen, prägen sie selbst die Wahrnehmung ihrer Umwelt über sich. Gleichzeitig werden wir auch für unsere eigenen Leistungen, Talente und unsere Persönlichkeit beurteilt. Das sorgt gleichzeitig dafür, dass wir spüren, dass unsere Handlungen Wert und Bedeutung haben: Nicht nur das, was Männer tun, zählt in dieser Welt, sondern das, was wir alle leisten, ist relevant!

Mit diesem Selbstbewusstsein inspirieren wir nicht nur uns selbst, sondern ermutigen langfristig auch die Menschen um uns herum, seien es Freunde oder Familie. Jede Frau, die sich traut, ihren eigenen Weg zu gehen, ist ein Role Model – viele von uns brauchen Vorbilder, die uns zeigen, dass etwas machbar ist, bevor wir uns trauen, diesen Pfad ebenfalls einzuschlagen.

Persönliche Entwicklung

Nur wenn wir immer wieder neuen Menschen und Einflüssen begegnen, werden wir aus unserer Komfortzone herausgeholt und können dazulernen. Das ist enorm wichtig, um sich in dieser sich rapide wandelnden Welt bewegen zu können. Gleichzeitig haben Menschen sowieso eine natürliche Neugier, und wenn wir dieser nicht nachgehen können, fühlen wir uns eingeschränkt und erkranken möglicherweise sogar daran.

Genau deshalb ist es wichtig, dass wir uns erlauben, uns zu entwickeln: Nur weil wir seit ein paar Jahren bei einem Unternehmen arbeiten, müssen wir dort nicht für immer bleiben. Reizt uns etwas Neues, sei es ein neuer Arbeitgeber, ein anderes Thema oder eine Position, in der wir uns bis dahin nicht gesehen haben, steht es uns frei, dem zu folgen. Schließlich gehört Veränderung offensichtlich zur Natur der Welt. Warum sollten wir uns nicht auch neu erfinden?

Zufriedenheit

Was jede von uns zufrieden macht, ist sehr individuell. Trotzdem steht fest, dass ein gewisses Maß an Anstrengung dazu zählt – so richtig stolz sind wir erst, wenn wir Hürden überwinden, sei es in unserem Kopf oder in Form von Personen, die uns gesagt haben, dass wir »das eh nicht schaffen«. Wer jeden Tag mit dem guten Gefühl vieler dieser kleinen und großen Siege nach Hause geht, fühlt sich besser, als wenn jeder Tag aus Routinen ohne jegliche Herausforderung besteht.

Eine Karriere zu machen, ermöglicht uns, immer wieder neue Herausforderungen zu finden und unsere Umwelt zum Besseren zu verändern. Damit tun wir gleichzeitig nicht nur etwas für uns selbst, sondern auch für die Gesellschaft allgemein. Aber natürlich machen uns nicht nur ideelle Werte glücklich: Auch zu wissen, dass wir uns den nächsten Urlaub leisten können, im Alter aus eigener Kraft abgesichert sind und – unabhängig vom Partner – ein soziales Netzwerk haben, lässt uns Sicherheit und Zufriedenheit fühlen.

Arbeitende Frauen verändern Gesellschaften

Dass Arbeit und eine Karriere nicht nur die persönliche Situationen individueller Frauen verändern, sondern wir wirtschaftliche und soziale Situation ganzer Gesellschaften beeinflussen, vertreten auch die Vereinten Nationen. Daher gehört die Förderung von Gleichberechtigung auch zur »2023 Agenda« der UN, mit der die Mitgliedsstaaten 17 Ziele für weitreichende Veränderungen beschlossen haben. Neben der zentralen Forderung nach friedlichen, sicheren und inklusiven Gesellschaften, in denen allen Menschen die gleichen Rechte zustehen, zählen zu der Agenda auch der Schutz von Klima und Umwelt sowie ein neues Verständnis von Wohlstand, mit dem Armut und Hunger endlich keine Rolle mehr spielen sollen, und ein Schließen der Schere zwischen armen und reichen Nationen.[31]

Ob Frauen arbeiten oder nicht, hat einen großen Einfluss darauf, ob wir diese Ziele wirklich erreichen. Frauen in der Arbeitswelt gleichberechtigt einzubinden – sowohl was die Art der Arbeit als auch die Entlohnung angeht –, ist ein elementarer Schritt, um ihren Interessen wirtschaftlich, politisch und rechtlich Gehör zu verschaffen und wirkliche Gleichberechtigung auf allen Ebenen zu erreichen.

Wo Frauen arbeiten, wachsen Wirtschaften: Studien zeigen deutlich, dass Gesellschaften wirtschaftlich produktiver und inhaltlich diverser aufgestellt sind, wenn Frauen arbeiten und eigene Karrieren verfolgen.[32] So nehmen die Vereinten Nationen an, dass wenn alle OECD-Staaten die gleiche Quote von arbeitenden Frauen wie Schweden hätten, dies das Gesamt-BIP aller Mitgliedsstaaten um sechs Trillionen US-Dollar erhöhen würde. Zum Vergleich: Der durchschnittliche Anteil von arbeitenden Frauen liegt in Schweden bei 80 Prozent und in den Staaten der OECD bei 60 Prozent.[33] Gleichzeitig lassen Berechnungen vermuten, dass die Ungleichbehandlung von Frauen und Männern die Wirtschaft aktuell 15 Prozent des BIP kostet.[34] [35]

Persönliche Weiterentwicklung und Bildung sind nicht nur persönlich wichtig. Studien zeigen auch, dass die Möglichkeit für Frauen, mit technologischen und digitalen Transformationen Schritt zu halten und eine Karriere zu machen, für 50 Prozent des wirtschaftlichen Wachstums der OECD-Staaten zwischen 1962 und 2012 verantwortlich war.[36]

Anders formuliert: Wer nach diesem Kapitel Frauen nicht aus moralischen oder sozialen Gründen gleichberechtigt behandeln möchte, kann es zumindest aus purem Kapitalismus tun.

Wirtschaftlicher Erfolg und maximaler Profit für Unternehmen

Exkurs: Korrelation und Kausalität

Gerade bei wissenschaftlichen Untersuchungen zu komplexen Themen weisen Verfassende immer wieder auf den Unterschied zwischen Korrelation und Kausalität hin – und dieser ist enorm wichtig, auch bei unserem Thema. »Korrelation« bedeutet, dass zwei verschiedene Werte in einer Beziehung stehen – verändert sich ein Wert, tut es auch der andere. Das ist zum Beispiel der Fall, wenn in einem Unternehmen gleichzeitig der Frauenanteil in einer Führungsetage und der Umsatz steigen. Nur weil beides gleichzeitig auftritt, heißt das aber nicht, dass zum Beispiel der Frauenanteil den höheren Umsatz verursacht. Das wäre »Kausalität« – also, wenn ein Wert die Änderung des anderen beeinflusst. So kann aber auch in unserem Beispiel der steigende Umsatz mit einer Produktneueinführung, der Erschließung neuer Märkte oder einer veränderten Marketingstrategie zusammenhängen – nicht mit mehr Frauen in der Führungsetage. Es ist also wichtig im Kopf zu behalten: Korrelation bedeutet nicht Kausalität. Gerade bei diesem Unterkapitel zeigt sich oft eine Korrelation zwischen dem Anteil von Frauen in Führungsgremien und dem Unternehmenserfolg, allerdings ist es in vielen Fällen schwierig nachzuweisen, dass ein kausaler Zusammenhang existiert.

Nicht nur makro-, sondern auch mikroökonomisch stellt Gleichberechtigung einen Vorteil dar: Unternehmen profitieren laut der Vereinten Nationen davon, mehr Frauen einzustellen und in Führungspositionen zu besetzen. So zeigt zum Beispiel eine UN-Untersuchung aus dem Jahr 2016, dass Unternehmen mit drei oder mehr Frauen in Senior-Management-Positionen höher in allen Kriterien der Unternehmensperformance abschneiden. Verschiedene andere internationale Studien stützen diese Ergebnisse. Ein detaillierter Blick auf die Auswirkungen von divers aufgestellten Führungsgremien lohnt sich also in jedem Fall!

In Deutschland scheint das Interesse an den wirtschaftlichen Ergebnissen eines höheren Frauenanteils in Führungsgremien besonders im Vorfeld der Frauenquote groß gewesen zu sein. So gibt es einige gute Untersuchungen zum Beispiel aus dem Jahr 2011, aber nach der Einführung des Führungspositionen-Gesetzes I ab 2016 kaum welche. Trotz ihres Alters sind die Ergebnisse der Untersuchungen interessant: Eine vom Bundesministerium für Familie, Senioren, Frauen und Jugend beauftragte Studie aus dem Jahr 2011 kam zwar zu dem Ergebnis, dass sich kein genereller, statistisch relevanter positiver Effekt von Frauen in Aufsichtsräten auf den Unternehmenserfolg nachweisen ließ. Bei näherer Betrachtung fiel allerdings auf, dass sich sehr wohl eine positive Wirkung bei Unternehmen einstellte, bei denen der Frauenanteil unter den Beschäftigten hoch ist oder die ihre Leistungen und Produkte direkt an Endverbraucherinnen verkaufen.

Diese Beobachtungen führten die Forschenden zum einen darauf zurück, dass sich die weibliche Belegschaft stärker vertreten fühlte, wenn Frauen im Aufsichtsrat saßen, was zu einem besseren Employer Branding nach innen führte. Die Forscher spekulierten damals, dass »besonders motivierte, leistungs- und aufstiegsorientierte Frauen diese Unternehmen als die richtigen Arbeitgeber [empfinden] und [...] durch die Wahl ihres Arbeitgebers mit den Füßen [abstimmen] [...]. Dieser Aspekt wird sich mit der demografischen Entwicklung in Deutschland und den Implikationen für den Mangel an Fach- und Führungskräften in Zukunft noch verstärken«.

Andererseits zeigte der höhere Frauenanteil aber auch eine Wirkung nach außen. Anhand des Beispiels der Deutschen Telekom argumentierten die Verfassenden der Studie, dass gerade Frauen beim Kauf von Leistungen oder Produkten darauf achten, ob ein Unternehmen glaubwürdig Frauenförderung, beispielsweise im Hinblick auf das Personalmanagement, ernst nimmt – der Aufsichtsrat mit den darin vertretenen Frauen nimmt in diesem Fall eine symbolische Rolle ein. Gleichzeitig sind die Aufsichtsrätinnen mehr als nur Gallionsfiguren, die gut fürs Image sind: Wie die Forschenden selbst schreiben, »[erfordert] gerade die Kommunikation mit diversifizierten Kundensegmenten [...] diverse Führungsgremien«, und die Kompetenzen und Einblicke des weiblichen Führungspersonals sei gerade für Unternehmen mit Endkundengeschäft wichtig, um am Markt mithalten zu können.

Mehr als zehn Jahre nach dieser Studie können wir auf internationale Studien zu diesem Thema blicken und sehen, dass sich die damaligen Hoffnungen bewahrheitet haben – allerdings unter Berücksichtigung einiger Voraussetzungen.

Die Erfahrungen der letzten Jahre zeigen, dass eine gewisse kritische Menge an Frauen in Führungspositionen benötigt wird, um einen nachhaltigen Einfluss ausüben zu können – diese beläuft sich auf rund 30 Prozent des jeweiligen Gremiums. Bei einem Aufsichtsrat mit neun Plätzen sind also mindestens drei Frauen notwendig, um einen Effekt zu erzielen. In einer Untersuchung aus dem Jahr 2019 stellte die International Labour Organization (ILO) fest, dass nahezu ein Drittel (31,7 Prozent) aller weltweit für diese Studie analysierten Unternehmen diese kritische Menge an weiblichen Führungskräften bereits erreicht hatte. Gleichzeitig stellte auch diese Arbeit fest, dass verschiedene Korrelationen zwischen dem Anteil von Frauen in Führungspositionen und dem Unternehmenserfolg bestehen:

- Allein wenn eine Frau den jeweiligen Aufsichtsrat oder Vorstand leitet, zeigte sich in der Studie eine 3,2-prozentige Verbesserung des Unternehmenserfolgs.

- Unternehmen verzeichneten außerdem einen um 18,5 Prozent besseren geschäftlichen Erfolg, wenn Führungsgremien zwischen 30 und 39 Prozent Frauenanteil aufweisen.
- Ebenso verbesserte sich der Unternehmenserfolg um 20 Prozent, wenn die Führungsgremien paritätisch zwischen weiblichen und männlichen Mitgliedern aufgeteilt waren.

Gleichzeitig zeigt die Studie ebenfalls, dass der Zusammenhang von Geschäftserfolg und Anzahl von Frauen in der Führungsetage auch in die andere Richtung wirkt: So steigt die Wahrscheinlichkeit, dass eine Frau den Vorstand oder den Aufsichtsrat leitet, um 4,7 Prozent, wenn Initiativen zur Verbesserung der paritätischen Aufteilung von Vorständen bereits positive Ergebnisse für den Unternehmenserfolg geliefert haben. Nahezu gleich stehen die Chancen auf eine weibliche CEO oder Aufsichtsratsvorsitzende mit 4,2 Prozent, wenn Unternehmensrichtlinien zum Thema Gleichberechtigung und Inklusion vorhanden sind.

Außerdem zeigt sich, dass Positivbeispiele definitiv Wirkung ausüben: Hat eine Frau bereits die Position als CEO inne, wächst die Möglichkeit auf eine ebenfalls weibliche Aufsichtsratsvorsitzende um 17 Prozent. Gleichzeitig ist auch die Größe des Unternehmens von Bedeutung: So stellt die ILO fest, dass Frauen in Großunternehmen eine um 3 Prozent höhere Chance haben, Aufsichtsratsvorsitzende oder CEOs zu werden als in kleinen und mittleren Unternehmen.

Generell üben weibliche Führungspersonen auch einen positiven Einfluss auf die gesamte Unternehmensstruktur aus. So steigt die Wahrscheinlichkeit, dass Frauen in Senior-Management-Positionen vertreten sind, bei paritätischer Aufstellung der Führungsgremien um 3,1 Prozent – und sogar um 6 Prozent im Hinblick auf Frauen als leitende Mitarbeiterinnen, wenn mindestens eine Frau den Führungsgremien des Unternehmens vorsitzt.

Was Frauen in Führungsetagen langfristig bewirken

Während die Studie der ILO eher auf den internationalen Vergleich ausgerichtet war, fokussierte eine andere Untersuchung der Beratungsgesellschaft SQW und des Leadership Institute at London Business School aus dem gleichen Jahr einen großen Zeitraum. Die Forschenden untersuchten die Wirkung von Frauen in Führungspositionen im Zeitraum von 2001 bis 2019 mithilfe qualitativer und quantitativer Daten – also Befragungen und Auswertungen von Unternehmenskennzahlen wie EBITDA (Unternehmensergebnis vor Zinsen, Steuern und Abschreibungen auf materielle und immaterielle Vermögenswerte), Aktienrendite und Uneinigkeiten unter Shareholdern.

Bei dieser Betrachtung der mittel- und langfristigen Leistungen divers aufgestellter Boards zeigte sich erneut ein positiver Zusammenhang zwischen den Unternehmensergebnissen von FTSE-350-Firmen – also den Unternehmen, deren Aktien zu den 350 größten, an der Londoner Börse gehandelten gehören – und der Anzahl von Frauen in den Führungsgremien. Dabei zeigte sich die größte Verbesserung des EBITDA nach drei bis fünf Jahren – was durchaus Sinn ergibt, da die Anstöße, die Frauen in Führungsetagen einbringen, ja auch erst einmal umgesetzt werden müssen. Der gleiche Effekt ließ sich auch bei der Aktienrendite und reduzierten Uneinigkeiten unter Shareholdern beobachten.

Im untersuchten Zeitraum konnten die Forscherinnen statistisch signifikant nachweisen, dass Diversität in den Führungsgremien der FTSE-350-Unternehmen positiv mit der EBITDA-Gewinnmarge der jeweiligen Unternehmen zusammenhing. So hatten diejenigen der untersuchten Unternehmen mit mindestens einer Frau in ihren Führungsgremien eine um 3 bis 5 Prozentpunkte höhere EBITDA-Marge im Verlauf von vier Jahren als Unternehmen ohne Topmanagerinnen. Gleichzeitig verzeichneten Unternehmen mit mindestens einem Drittel weiblicher Führungskräfte mit nur 5 Prozent am seltensten Rückgänge des EBITDA – und das, obwohl diese

Firmen 12 Prozent der Unternehmen im gesamten Untersuchungs-zeitraum von 20 Jahren und sogar 28 Prozent seit 2015 ausmachten. Besonders die bereits erwähnte kritische Menge von rund 30 Prozent Frauenanteil in Führungsgremien lieferte überraschende Werte: In der Untergruppe der FTSE-250-Unternehmen zeigte sich, dass Firmen mit 33 Prozent Frauenanteil in der Führungsetage einen um bis zu 20 Prozentpunkte verbesserten EBITDA nach fünf Jahren verzeichneten. Während sich diese Zahl nicht für alle untersuchten FTSE-350-Unternehmen nachweisen lässt, zeigten sich bei Erreichen des kritischen Frauenanteils bis zu 21 Prozent höhere Aktienwerte als bei Unternehmen ohne diesen Frauenanteil.

Die Forschenden dieser Studie gehen sogar so weit und sehen nicht nur eine Korrelation zwischen weiblicher Vertretung in den Führungsgremien und Unternehmenserfolg bestätigt, sondern meinen mit ihren Ergebnissen sogar eine Kausalität zwischen beiden Faktoren nachweisen zu können. Das ist für sich genommen bereits interessant, aber besonders insofern beachtenswert, da die tatsächliche Anzahl von Frauen zum Erreichen des kritischen Werts von 33 Prozent Frauenanteil in Führungsgremien bei den kleineren der FTSE-250-Unternehmen auf effektiv nur eine Frau hinauslief, was zeigt, dass Firmen aller Größen von mehr Diversität profitieren – nicht nur die ganz großen.

Sicherer wirtschaften mit Frauen an Bo(a)rd

Während die »harten Zahlen« für sich sprechen, zeigte der quantitative Teil der Untersuchung, dass die Topmanagerinnen auch eine Verbesserung hinsichtlich der Arbeitsweise der Führungsgremien bewirkten. So gaben viele der befragten Führungspersonen – beider Geschlechter – an, dass eine höhere Frauenquote eine Verbesserung der Beziehung der Board-Mitglieder und ihrer Zusammenarbeit mit sich bringt. Eine bessere Verteilung der Führungspositionen zwischen weiblichen und männlichen Mitgliedern führt laut Forschenden auch dazu, dass ein breiteres Wissen zu verschiedenen

Themen in den Gremien vorhanden ist, Diskussionen effektiver ablaufen sowie bessere Lösungen für komplexe Probleme gefunden werden.[37] Gleichzeitig erhöht sich die Wahrscheinlichkeit, dass sich die jeweiligen Führungsgremien über Entscheidungen einig sind, anstatt das ein Teil dagegen stimmt. Die Forschenden führten auch die sinkende Quote von Uneinigkeiten mit Stakeholdern auf die kommunikativen Verbesserungen zurück, da diverse Boards auch hier eher kollaborativ arbeiten und in einem höheren Austausch mit Interessenvertretenden stehen.[38]

Zudem führt dieser verstärkte Dialog dazu, dass in solchen Unternehmen stärkere Regelungen zum Thema Corporate Social Responsibility (CSR) vorhanden sind, was laut Studien wiederum dazu führt, dass die Firmen in Krisenzeiten das Vertrauen ihrer Stakeholder behalten und daher besser durch herausfordernde Zeiten kommen.[39] Ein interessantes Gedankenexperiment stellt dabei eine Untersuchung von Renee Adams and Vanitha Ragunatham dar, die sich fragten, wie die Finanzkrise eigentlich abgelaufen wäre, wenn »Lehmann Brothers« stattdessen »Lehmann Sisters« gewesen wäre. Nachdem sie die Effekte von Frauen in Führungspositionen auf 300 große US-Banken beleuchtet hatten, kamen sie zu dem Ergebnis, dass die Finanzhäuser mit größerer Diversität generell bessere Ergebnisse erwirtschafteten, als rein männlich dominierte. Warum? Weil auch hier die bessere Kommunikation mit Stakeholdern und CSR-Maßnahmen Wirkung zeigten.[40] Rückblickend wäre also vielen Menschen eine traumatische Zeit erspart geblieben, wenn in den Chefetagen der Banken damals nicht nur ein »Boys Club« Entscheidungen getroffen hätte. Aber bis heute tun sich gerade Finanzhäuser schwer damit, Frauen miteinzubeziehen – sei es als Kundenberaterinnen, als Führungskräfte oder als potenzielle Kundinnen.

Auch wenn der Weg zu wirklich paritätisch aufgeteilten Führungsetagen noch lang ist, gibt es zum Glück Fürsprecherinnen in verantwortungsvollen Positionen, die diesen Prozess mit schlagkräftigen Argumenten vorantreiben, wie die folgenden Beiträge zeigen.

Aus dem echten Leben

Isabella Erb-Herrmann: Warum paritätische Vorstände so wichtig sind – für die Gesellschaft und für Unternehmen

Dr. Isabella Erb-Herrmann ist als Mitglied des Vorstandes der »AOK – Die Gesundheitskasse« in Hessen für das Gesundheitspartnermanagement, Krankengeldmanagement, Prävention sowie Pflege verantwortlich. Nach ihrem Betriebs- und Produktionsingenieurstudium an der ETH Zürich startete sie ihre Laufbahn in der internationalen Strategieberatung mit Schwerpunkt Healthcare – zuletzt bei The Boston Consulting Group.

Seit 2012 führt sie ihre erfolgreiche Karriere bei der AOK Hessen fort und setzt sich für intersektorale, innovative und digitale Versorgungslösungen ein. Zusätzlich engagiert sie sich als Vorstandsmitglied bei der Lilly Deutschland Stiftung, im Senior Advisory Board bei PwC women&healthcare und in der Jury des Digitalen Gesundheitspreises.

»Nach 16:30 Uhr macht Herr J. keine Termine mehr.« Mit dieser Aussage wurde ich als junge Strategieberaterin konfrontiert – und sie brachte mich vor mehr als 15 Jahren zum Nachdenken. Denn ich hatte gerade bei einem Vorstand eines börsennotierten Technologieunternehmens in Dänemark nach einem Termin für ein Steuerungsgremium angefragt. Während es in deutschen Unternehmen zu der Zeit selbstverständlich war, dass man Vorstandsvertreter für solche Termine meist nur in den Abendstunden bekam, ging es scheinbar in anderen Ländern auch anders. Das machte mich neugierig. Was konnte ich also damals in dem dänischen Unternehmen beobachten?

Der Hintergrund, warum der Vorstand am späten Nachmittag nicht mehr für persönliche Meetings zur Verfügung stand, war einfach, dass er seine Kinder von der Betreuung abholen musste. Er und seine Frau teilten sich selbstverständlich die Erziehungsarbeit und machten beide Karriere. Im Umkehrschluss war auch die paritätische Besetzung von Führungsgremien selbstverständlich und möglich – der Vorstand des erwähnten Technologieunternehmens war mit seiner ausgewogenen Besetzung dabei kein Sonderfall. Die Auswirkungen auf die Unternehmenskultur waren für mich spürbar. Meetings fanden stets mit einer klaren Agenda, einem Ziel und straffem Zeitmanagement statt. Und wenn es mal zu einer Situation kam, dass inhaltlich nichts Neues gesagt wurde, nur Gleiches von jemand anderem in anderen Worten, dann konnte die Meetingleitung schon einmal ungeduldig reagieren und diesen Wortbeitrag beenden. Diese Art, mit Meetings umzugehen, hatte mehrere positive Effekte. Einerseits führte es dazu, dass Ergebnisse sehr effektiv erreicht wurden und es zu keinen ausufernden Meetings kam, die die Tagesplanung der Teilnehmenden vollkommen durcheinanderbrachte – was insbesondere wichtig für die Vereinbarung von Beruf und Familie war. Zum anderen führte diese Art des Umgangs zu einer weitaus sachlicheren Diskussionskultur, was insbesondere Frauen zugutekam, die erfahrungsgemäß einen eher sachorientierten Kommunikationsstil haben – und nicht in erster Linie darauf achten, sich durch einen hohen Redeanteil wirkungsvoll zu präsentieren. Bei Beförderungen wurde entsprechend der aus ausgeprägter Selbstdarstellung resultierende »Überlagerungseffekt« reduziert, und Frauen konnten aufgrund erzielter Ergebnisse Karriere machen.

Nicht schlecht staunte ich auch, als mir der im Unternehmen verantwortliche Projektleiter kurz darauf eröffnete, dass er sich bald für ein paar Monate in den Erziehungsurlaub verabschieden würde.

Das war selbstverständlich und eingeübte Praxis in dem Unternehmen. Diese Möglichkeit der Flexibilisierung der Lebensarbeitszeit wirkte sich sichtbar auf eine lange Bindung der Mitarbeitenden an das Unternehmen aus und förderte natürlich auch das Verständnis, wenn umgekehrt Frauen ein paar Monate Erziehungsurlaub in Anspruch nahmen. Wenn ich daran denke, wie mir heute 15 Jahre später oft noch junge Frauen in einem deutschen Unternehmen erzählen:»Mein Mann kann keine Elternzeit nehmen und seine Arbeitsstunden nicht reduzieren, das sieht der Arbeitgeber nicht gerne, und es schadet seiner Karriere«, dann fehlen mir einfach nur die Worte.

Die paritätische Besetzung von Führungsgremien ist vor allem ein Wirtschaftsfaktor

Bis zu diesem »Schlüsselerlebnis« in meinem dänischen Projekt hatte ich mich nicht wirklich mit dem Thema paritätische Besetzung von Führungsetagen und deren Auswirkung auf Unternehmen und Gesellschaft auseinandergesetzt. Aus einem Wirtschaftsingenieurstudium kommend war es für mich »normal«, dass ich oft die einzige Frau in einer männlich geprägten Arbeitswelt war. Heute als Vorstand eines Unternehmens, das einen Frauenanteil von über 70 Prozent hat, empfinde ich es nicht mehr als »normal«, dass Frauen nicht auf allen Führungsebenen paritätisch vertreten sind. Dabei ist eine paritätische Besetzung von Vorstandsgremien und Führungsebenen für Unternehmen kein reiner Selbstzweck, sondern folgt einer klaren wirtschaftlichen Notwendigkeit.

In einer Zeit, in der das Wort »Fachkräftemangel« in aller Munde ist, können sich Unternehmen schlichtweg nicht leisten, auf gut ausgebildete weibliche Fach- und Führungskräfte zu verzichten! Fakt ist, dass mehr Mädchen als Jungen einen Schul- oder Studienabschluss – und zwar mit besseren Noten – machen, aber diese Expertise irgendwann auf dem Weg ihrer Fach- oder Führungskarrieren gar nicht mehr oder nur zum Teil genutzt wird. In diesem

Zusammenhang hat sich eine Grafik in meine Erinnerung einge-brannt, die unsere mit Diversity beauftragte Abteilungsleiterin in Vorträgen gerne verwendet. Wissenschaftlich ist es nachgewiesen, dass in einer Alters- oder Geschlechtsgruppe maximal 10 Prozent Top-Performer vertreten sind. Wenn man sich jedoch mal im Detail den Anteil Führungskräfte einer Alters-Geschlechtskohorte ansieht, dann ergeben sich doch einige Überraschungen. Von den 46- bis 55-jährigen männlichen Mitarbeitern sind fast 24 Prozent (!) Füh-rungskräfte (zum Vergleich, in derselben Alterskohorte der weibli-chen Mitarbeitenden sind es nur circa 4 Prozent). Vergleicht man das mit der 10-Prozent-Theorie, dann ist es offensichtlich, dass ein großer Teil der männlichen Führungskräfte wahrscheinlich über ihre Fähigkeiten hinaus befördert wurde, weil es eben keine oder nur wenige Alternativen zu dem Zeitpunkt ihrer Beförderung gab.

Daraus folgt, dass ein großer Teil der (weiblichen) Mitarbeiten-den wahrscheinlich nicht so geführt werden, dass sie im Sinne eines modernen Führungsverständnisses gefordert und gefördert werden. Im Gegenteil, eine überforderte Führungskraft wird immer versu-chen, neben sich niemanden anders vorbeiziehen zu lassen oder selbst in einem besseren Licht zu erscheinen. Ein nicht ausreichen-des Fördern des vorhandenen Potenzials ist die Folge – mit einem entsprechenden wirtschaftlichen Schaden für das Unternehmen. Eine zu hohe Homogenität von Führungskohorten, die zwangsläu-fig aus der oben beschriebenen Situation resultiert, bringt eine wei-tere Limitation für das Unternehmen mit sich. Herausforderungen, die Unternehmen zu lösen haben, werden immer komplexer. Un-konventionelle innovative Ideen und Perspektiven sind notwendig, um diese zu lösen. Aber wie sollen diese in einer Gruppe entste-hen, die ähnliche Denkmuster, Sozialisierungen und Erfahrungen haben? Nicht nur bessere, sondern vor allem auch tragfähigere Ent-scheidungen entstehen aus eigener Erfahrung immer dort, wo pa-ritätische (Führungs-)Teams am Werk sind. Natürlich erfordert das oft mehr Energie und Offenheit, sich auf ganz neue Perspektiven einzulassen. Aber die (wirtschaftlichen) Ergebnisse sind es allemal wert, diesen vermeintlich mühevolleren Weg zu gehen – und für einige Unternehmen wird es auch eine Existenzfrage sein, sich in einem dynamischen Umfeld behaupten zu können.

Frauen in Führungsgremien wirken sich positiv auf die Unternehmenskultur aus

Neben den wirtschaftlich unmittelbar nachvollziehbaren Gründen, warum paritätische Vorstands- und Führungsteams wichtig sind für Unternehmen, gibt es solche Gründe, die sich eher auf einer kulturellen Ebene abspielen. Die Zusammenarbeit und der Umgangston in gemischten Gremien verbesserten sich merklich. Eine eher kollaborative Arbeitsweise lenkt die Energie aller Beteiligten mehr auf das eigentliche Lösen von Herausforderungen als auf das Verteidigen von Positionen und Macht. Und manchmal sind es auch nur die kleinen Dinge, die zu einem positiveren Miteinander beitragen können.

So sind die männlichen Vorstandskollegen manchmal so aufs Tun und Wirken konzentriert, dass sie auch schon einmal vergessen können, nach einem besonders harten Geschäftsjahr einfach nur mal »Danke« zum Topmanagement zu sagen – mit einem persönlichen Vorstandsbrief und einem kleinen Präsent. Menschen folgen nämlich immer öfter Menschen und nicht Positionen. Und daher ist es so wichtig, auch mit Gesten und Respekt seiner Organisation und seinen Führungskräften zu begegnen.

Und das Thema authentisches Führen hat eine weitere Dimension: Gerade in einem Unternehmen, das einen Frauenanteil von über 70 Prozent hat, kommen Vorstands- und Führungsgremien – wenn sie zu wenig paritätisch besetzt sind – einfach irgendwann an einen Punkt, dass sie die geführten Mitarbeitenden nicht mehr glaubhaft repräsentieren können. In einem Umfeld, in dem es Mitarbeitenden immer wichtiger ist, dass sie sich mit einem Unternehmen, dessen (Marken-)Werten und auch dessen Führungspersönlichkeiten identifizieren können, kann man es sich immer weniger leisten, ein Topmanagement zu haben, mit dem sich ein Großteil der

Mitarbeitenden nicht identifizieren kann. Diese Identifikation sollte sich natürlich nicht alleinig auf das Geschlecht beschränken. Aber in einem Land, in dem Rollen in der Familie und Gesellschaft weiterhin sehr ungleich aufgeteilt sind, liegt der Schluss zumindest nahe, dass Frauen, ob im Topmanagement oder als Mitarbeiterin, ähnliche gesellschaftliche Erfahrungen teilen.

Stevie Schmiedel: Spielt dein Geschlecht eine Rolle bei der Karriere?

Dr. Stevie Meriel Schmiedel ist promovierte Kulturwissenschaftlerin mit Schwerpunkt Genderforschung. 2012 gründete sie die Anti-Sexismus-Organisation Pinkstinks, der sie zehn Jahre lang als Kreativchefin vorstand und die sie 2022 an eine neue Generation übergab. Heute gibt sie bundesweit Vorträge zu medialem und alltäglichem Sexismus und berät Firmen zu gendergerechtem Marketing.

Wer soll sonst eine Frauenrechtsorganisation aufbauen und anführen, wenn nicht eine Frau? Einen männlichen Vorsitzenden hätten Spenderinnen sicher nicht gerne unterstützt. Als Frau, die für die Rechte von Frauen kämpft, war ich zehn Jahre lang das Pressegesicht von Pinkstinks – das hat gut funktioniert. In den ersten Jahren wurde ich in den Medien sogar oft »Wutmutter« genannt, weil es klar zu sein schien: Frau Schmiedel hat zwei Töchter, also kämpft sie insbesondere für deren Zukunft. Dass ich promoviert war und in den universitären Gender Studies gelehrt hatte, also eine fachliche Motivation zugrunde lag – schien weniger zu interessieren. Im Gegenteil: Neugierig fragten mich Journalisten oft, was ich denn Schlimmes erlebt habe, dass ich Feministin werden musste!

Heute sind wir hoffentlich etwas weiter, und solche sexistischen Fragen werden seltener. Aber zusammenfassend kann ich sagen: Obwohl nur eine Frau diesen Job machen konnte, war es gerade als Frau schwer, in dieser Rolle ernst genommen zu werden. »Sie sind aber sehr hübsch – für eine Feministin ...«, hörte ich oft. Im *Spiegel* stand einmal etwas von meiner zarten Silberkette um den Hals, was gar nicht zu meinem harten Beruf passen würde. Als ich mal meine Haare kurz schneiden wollte, warnten mich Bekannte, dass das schlecht sei für mein Image. Wenn ich schon so laut forderte, musste ich irgendwie »süß« dabei sein. Ich glaube wirklich, dass wir Riesenschritte in den letzten zehn Jahren gegangen sind und Feministinnen heute stärker auftreten dürfen. Wenn du aber einerseits in den sozialen Netzwerken – das kennt jede Frau in meiner Branche – ständig Gewaltandrohungen bekommst und andererseits »süß« sein sollst, ist das nervtötend. Und als Pinkstinks anfing, Firmen zu beraten, wurde oft lieber mein männlicher Kollege angefragt: »Sie wissen doch, Frau Dr. Schmiedel: Der männliche Vorstand hört einem Mann lieber zu.« Da fragte ich mich manchmal: Was mache ich hier eigentlich?

Wir sind noch nicht am Ziel, aber über die zehn Jahre, die ich Pinkstinks aufgebaut habe, hat sich viel zum Positiven verändert. Es war zwar ein Knochenjob, aber wir haben es geschafft, heute die reichweitenstärkste feministische Bildungsorganisation zu sein und mit Theaterarbeit, Arbeitsheften und Projekttagen bundesweit neue Geschlechterrollenbilder in die Klassenzimmer zu bringen. Durch unsere Zusammenarbeit mit Werbeagenturen hat sich auch im Marketing viel getan. Die halbnackte Frau, die Autos, Notenständer oder Hundefutter bewirbt, ist mittlerweile Geschichte. Je weniger wir Frauen medial erniedrigt sehen, desto eher brennt sich in unseren Köpfen ein: »Das sind keine Dekorationsobjekte. Die sind ernst zu nehmen.« Und inzwischen trete ich sogar ungeschminkt und mit Brille auf, und niemanden stört das. Jetzt drücke ich der neuen Generation die Daumen, dass das auch so bleibt. Dafür müssen sie kämpfen.

Angelika Alt-Scherer: Diverse Organisationen sind wirtschaftlich erfolgreicher

Angelika Alt-Scherer ist Wirtschaftsprüferin bei KPMG Deutschland mit mehr als 30-jähriger Berufserfahrung. Im Rahmen ihrer Laufbahn verantwortete sie als Partnerin die Prüfung zahlreicher, auch international tätiger, Unternehmen verschiedener Branchen und Größenordnungen und gewann hierbei tiefe Einblicke in Unternehmenskulturen und -strukturen. Neben ihrer fachlichen Tätigkeit, die sie von München auch nach Stuttgart und Shanghai führte, verantwortete sie als Chief Human Ressource Officer fünf Jahre lang deutschlandweit die Personalentwicklung und Führung im Audit Leadership Team. Dabei waren ihr Mentoring und die Förderung junger Teammitglieder besondere Herzensangelegenheiten. Privat lebt sie in München und findet Ausgleich durch Reisen, Kultur und Sport, am liebsten mit Familie und Freunden.

Es ist nachgewiesen, dass heterogene Teams bessere Leistungen erbringen und Unternehmen mit mehr Frauen in der Führung wirtschaftlich erfolgreicher sind – sie wirken sich positiv auf die Motivation und die Verringerung der Fluktuation von Mitarbeitenden aus. Zudem erhöhen Frauen in Führungspositionen die Reputation von Unternehmen und werden von Fach- und Nachwuchskräften wie auch von Investoren positiv wahrgenommen. Bei der Auswahl von Dienstleistern, wie zum Beispiel dem Abschlussprüfer, ist die Frage nach dem Frauenanteil im Unternehmen und im Team mittlerweile ein fester Bestandteil im Kriterienkatalog, unter anderem weil die Berücksichtigung von Frauen in Führungspositionen auf zwei der siebzehn Nachhaltigkeitsziele der Vereinten Nationen einzahlt, nämlich Gleichstellung der Geschlechter und Verringerung von Ungleichheit.

In überwiegend homogen besetzten Gremien habe ich zudem bei Entscheidungsfindungen und Diskussionen vielfach einseitige Perspektiven erlebt. Das Bekannte wird wiederholt und fortgesetzt, Neues nicht zur Diskussion gestellt und nicht alle relevanten Zielgruppen berücksichtigt, sowohl innerhalb als auch außerhalb des Unternehmens. Verstärkt wird das dadurch, dass Positionen ungeachtet der Sache durchgesetzt werden und das Manifestieren von Macht schwerer wiegt als das Finden der besten Lösung im Sinne des Unternehmens. In diesen Konstellationen drehen sich Diskussionen oft im Kreise oder werden erst gar nicht zugelassen. Nachrangige Ebenen sind damit beschäftigt, auf diese Art getroffene Entscheidungen gesichtswahrend in der Organisation zu rechtfertigen und umzusetzen. Dies bindet Ressourcen, schafft keinen Mehrwert und behindert Innovation. In einer schnelllebigen Zeit sind jedoch Flexibilität und Agilität relevante, wenn nicht gar überlebensnotwendige, Erfolgsfaktoren.

Die Unternehmenskultur hat wesentliche Auswirkungen auf das Gewinnen und Halten von Talenten

Selbstverwirklichung, Flexibilität, Nachhaltigkeit sowie ein emphatischer, wertschätzender Führungsstil haben insbesondere in der »Generation Z« Status und Hierarchiedenken sowie das Streben nach klassischen Karrieremodellen weitgehend verdrängt. Fragen nach Gender-Diversity erlebe ich heute sehr selbstverständlich von Frauen und Männern bereits im Vorstellungsgespräch und bei Recruiting-Veranstaltungen von Berufseinsteigenden. Die Schwerpunkte, die Ansprüche und die Sensibilität der jüngeren Generation auch für dieses Thema haben sich deutlich verändert. Frauen in Führungspositionen werden als Signal für eine moderne, offene und flexible Unternehmenskultur wahrgenommen und sind damit ein relevantes Entscheidungskriterium bei der Arbeitgeberwahl.

Ich habe über die Jahre vielfach beobachtet, dass in Unternehmen oder Abteilungen, in denen bereits Frauen in leitender Funktion tätig waren, sowohl die Anzahl an weiblichen Bewerbungen, als auch die Anzahl der Mitarbeiterinnen, die im Unternehmen aufstiegen, tendenziell höher lagen. Ursächlich hierfür waren sicherlich, vor allem vor 20 bis 25 Jahren, nicht in jedem Falle nur durch Frauen mitgeprägte Unternehmenskulturen oder gar Frauenförderprogramme. Es reicht oft schon das Signal: Frausein ist nicht hinderlich!

Der Mangel an Fachkräften wie auch der Mangel an Führungskräften verschärft sich seit Jahren und ist in vielen Branchen bereits heute eine wesentliche Wachstumsbremse. Diese Entwicklung ist besonders kritisch, da das Streben nach Führungspositionen generell abnimmt, das heißt, auch bei Männern ist hier eine rückläufige Tendenz zu beobachten. Dies ist eine Entwicklung, die sich nach Ausbruch der Pandemie noch verstärkt hat. Unternehmen verlieren kontinuierlich an Potenzial und Erfahrungen, wenn zu wenig weibliche Kräfte die Pipeline des Führungsnachwuchses füllen. Frauen, wie im Übrigen auch ausländische Arbeitnehmende und Menschen mit Migrationshintergrund, sind unverzichtbar geworden für den künftigen Führungsnachwuchs. Das Schaffen einer inklusiven, nicht diskriminierenden Unternehmenskultur ist eine Voraussetzung dafür, Chancengleichheit herzustellen und das volle Potenzial auszuschöpfen. Andernfalls drohen nicht (kompetent und divers) besetzte Führungspositionen mit negativen wirtschaftlichen Auswirkungen für Unternehmen und Wirtschaft.

Gesellschaftlicher Aspekt

Das Thema hat für mich jedoch auch einen gesellschaftlichen Aspekt. Der Spruch »Armut ist weiblich« gilt leider in Deutschland auch noch im Jahr 2023. Der »Gender-Pay-Gap« liegt immer noch bei circa 18 Prozent, Frauen haben durch niedriger bezahlte Jobs sowie durch Teilzeit und Erziehungszeiten niedrigere Rentenansprüche und erwirtschaften im Vergleich zu Männern ein deutlich niedrigeres Lebensarbeitseinkommen. Der deutlich überwiegende

Anteil der alleinerziehenden Elternteile ist weiblich, gleichzeitig ist das Armutsrisiko in dieser Gruppe besonders hoch. Dies wirkt sich wiederum vehement auf die Bildungs- und damit Einkommenschancen der Kinder aus. Frauen dabei zu unterstützen, in anspruchsvolle Positionen mit entsprechenden Verdienstmöglichkeiten und damit auch in Führungspositionen aufzusteigen, muss auch ein gesellschaftliches Anliegen sein, selbst wenn die Frage, ob und inwieweit sich die Schere bezüglich Bildung und Einkommen tatsächlich weiter öffnet, noch strittig ist.

Christina Bösenberg: Leadership-Tipps für mehr Diversity in Unternehmen

Christina Bösenberg ist eine international anerkannte Expertin für die Zukunft der Arbeit und unterstützt Organisationen dabei, erfolgreiche Veränderungsprozesse umzusetzen – Zukunftsfähigkeit und Modernisierung im Mittelpunkt. Ihre Herangehensweise basiert auf einem tiefen Verständnis für die selbstverstärkende Energie sozialer Bewegungen, die sie nutzt, um persönliche und organisatorische Resilienz in den Mittelpunkt zu stellen. Ihr Ziel ist es, Organisationen widerstandsfähiger, bewusster und vielfältiger zu machen. Mit mehr als 20 Jahren Erfahrung im internationalen Geschäft und als ehemalige Managerin bei Siemens bringt Christina umfangreiche Kompetenzen in die Beratung von Organisationen ein. Als Managing Director und D, E & I Lead bei BCGs Purpose & Transformation Agency unterstützt sie Unternehmen bei der Kultur-Transformation und Innovation ihrer Geschäftsmodelle. Christina setzt sich seit Jahrzehnten für Female Empowerment und mehr Vielfalt in der Wirtschaft, Startup- und Investorenlandschaft ein. Sie ist

Business Angel, u.a. bei ecourageventures.de und Mitglied sowie Mentorin bei #MissionFemale und Start-Up Teens.

Darüber hinaus ist Christina eine leidenschaftliche Aktivistin für Nachhaltigkeit und Klimaschutz. Als Mutter und ehemalige Unternehmerin engagiert sie sich für die Modernisierung von Gesellschaft und Staat. In ihrem Podcast #TransformationUniverse teilt sie ihr Wissen und Erfahrungen aus erster Hand gemeinsam mit Vordenker:innen.

Dank ihrer umfassenden Erfahrung und Kompetenz ist Christina Bösenberg eine gefragte Speakerin, Autorin und Gast zu Themen rund um Transformation und Modernisierung.

Aretha Franklin hat 1967 den Song »Respect« aufgenommen. Er handelt von einer Frau, die von ihrem Mann Anerkennung verlangt. Sie bittet nicht darum, sie fordert. Mehr Diversity und Gender-Gerechtigkeit sind keine Zeitgeistspielereien – sie beschäftigen uns schon lange. Sie betreffen nicht nur persönliche Beziehungen, sie sind auch entscheidend für die Zukunftsfähigkeit von Unternehmen. Wir sind innovativer und profitabler in heterogener Zusammensetzung, das ist inzwischen belegt. Dennoch bewegen wir uns hier nicht genug – und nicht schnell genug. Das gilt auch für die Führungsetagen: Mehr als die Hälfte der 160 an der Frankfurter Börse notierten Unternehmen hat noch immer keine einzige Frau im Vorstand.[41]

Was genau getan werden muss, hängt vom einzelnen Unternehmen ab, von der Karrierestufe – aber letztlich auch von uns allen, von unserer Einstellung und unserem Handeln. Ja, es ist möglich, ein Unternehmen inklusiv zu führen. Um auf diese Weise Diversität zu etablieren – im Team, in der Abteilung, im ganzen Unternehmen –, sind Mut und auch Durchhaltevermögen erforderlich. In meiner Branche war und bin ich oft die einzige Frau im Raum. Dabei habe ich sechs eigene Wege entwickelt, um mir selbst oder anderen Frauen zu mehr Sichtbarkeit und Erfolg zu verhelfen:

1. Informelle Regeln: Mach es auf deine Art

Es gibt gängige angebliche Must-haves auf dem Karrierepfad, die meist Männer definiert haben: Sie reichen vom Studium – oder zumindest ein paar Semestern – an einer Eliteuniversität in den USA oder der Schweiz über festgelegte Karrierelevel bis zur Sportauswahl – Jagd, Marathon, Tennis, Golf. Männer haben in der Vergangenheit diese Karriereparameter definiert, quasi zum Standard gemacht, und Frauen haben dies so auch für sich akzeptiert. Aber es geht auch anders. Auf mich traf vieles von dem oben Gesagten beispielsweise gar nicht zu.

Mein Weg: Wir sollten diese informellen Regeln ignorieren, an die man sich angeblich halten muss, um erfolgreich zu sein. »Stay hungry – stay foolish«, mit diesen berühmten Worten hat Steve Jobs seine Stanford-Rede beendet. Jobs war maximal unangepasst und sehr erfolgreich. Immer nur die Erwartungen anderer zu erfüllen, dieser Weg führt ins Mittelmaß. Folgen wir lieber unserer eigenen Überzeugung, auch wenn diese nicht den gängigen Normen entspricht. Du traust dir eine Rolle zu, die zwei Ebenen über deiner jetzigen ist? Klasse – *go for it*! Ich persönlich habe viel dadurch erreicht, dass ich meiner Natur gefolgt bin und Etabliertes infrage gestellt habe. Ich habe meistens klar und begründet gesagt, was ich denke, ohne eine Rebellin zu sein. Wichtig war für mich die gute Balance zwischen Standhaftigkeit und Anpassung. Andere Frauen können andere Wege finden, um voranzukommen.

2. Teflon-Strategie: Unrat vorbeischwimmen lassen

Ein ehemaliger Vorgesetzter gab mir ganz am Anfang meiner Karriere einmal diesen Rat: Unrat vorbeischwimmen lassen. Ich nenne es heute meine »Teflon-Strategie«. Nach 25 Jahren als Frau und dann Führungskraft in der Wirtschaft kann ich sagen, dass war einer der wertvollsten Ratschläge.

Mein Weg: Im Geschäftsleben kennen wir direkte Angriffe, indirektes Taktieren, schräge Blicke, Kommentare. Ich reagiere weder auf alles (sofort) noch nehme ich alles persönlich. Natürlich gibt es Grenzen – bei groben Beleidigungen sollten wir immer Grenzen ziehen. Aber ich kann steuern, wo ich Emotionen bewusst einsetze und wo nicht – wo sie sich auch einfach nicht lohnen. Ich wähle die Arena, wann ich in den Kampf ziehe – und wann nicht.

Ein guter Tipp für die Teflon-Schicht ist, dir Zeit zu lassen. Bevor ich auf eine Konfliktsituation reagiere, atme ich durch, trinke einen Schluck Wasser. Diese drei Sekunden zwischen der Aktivität von außen, meiner Wahrnehmung und meiner Reaktion sind wichtig. Das lässt mir Zeit, um zu überlegen: Welche meiner möglichen Reaktionen führt jetzt taktisch zum Ziel?

3. Authority Gap: Wer hat hier was zu sagen?

Wenn ein Mann etwas sagt, zählt es im Wirtschaftssetting mehr, als wenn eine Frau dasselbe sagt – das belegen diverse Studien (siehe »Authority Gap«). In Gruppen können wir das beobachten, gerade wenn jüngere Frauen anwesend sind. Bei Männern ist die hierarchische Stufe des einzelnen Mannes gleichgültig, das reine Mannsein reicht, um durchzudringen. Sich Gehör zu verschaffen, ist mitunter eine Herausforderung. Jede kennt das Phänomen: Du sagst etwas, und keiner nimmt es zur Kenntnis. Ein männlicher Kollege sagt wenige Minuten später dasselbe, und alle gehen darauf ein.

Mein Weg: Es ist nicht zielführend, männliche Verhaltensweisen zu kopieren – wir Frauen sollten unsere eigenen Strategien entwickeln. Ich persönlich arbeite gerne mit taktischen Formulierungen: »Wir sind uns doch einig, dass wir das Ziel erreichen wollen, oder?« sowie »Schön, dass Sie meine Ansätze noch mal zusammengefasst haben.« So sind Aufmerksamkeit und Zustimmung bei mir, ich kann das nächste Argument platzieren. Wer sich rein körperlich klein fühlt, sollte üben, Präsenz zu zeigen und Körpersprache zu nutzen. Unter Umständen kann auch eine Voice-Trainerin helfen, Kontrolle über die Stimme zu behalten.

4. Handlungen und Konsequenzen: Jede Medaille hat zwei Seiten

Ich war und bin oft die einzige Frau im Raum, das brachte mein Karriereweg mit sich. Es zieht sich wie ein roter Faden durch meine berufliche Historie. In Männerdomänen wie beispielsweise der Techbranche, der Strategieberatung oder der Automobilindustrie sind Frauen in den Führungsetagen heute noch Außenseiterinnen. Wenn wir in diesen Branchen, auf diesen Ebenen unterwegs sein wollen, muss uns klar sein: Das hat seinen Preis. Frau – genauso wie Mann – muss die Einsamkeit an der Spitze aushalten können. Frauen müssen zusätzlich noch den Mehraufwand des Andersseins kompensieren, genau wie die Abwesenheit von Familie oder arbeitsintensive Zeiten.

Hinzu kommt: Gleichgültig, wie vielfältig wir am Ende des Tages aufgestellt sind – in der Wirtschaft muss man liefern. Das Ergebnis zählt. Eine ambitionierte Karriere zum Beispiel in einem der großen DAX-Konzerne oder einer internationalen Beratung ist in der Regel kein Teilzeitjob, sie ist immer mit harter Arbeit und einem hohen Zeitaufwand verbunden. Die persönliche Alltagsplanung wird in dieser Zeit vor allem vom Job bestimmt. Selbst wenn Führungsetagen divers besetzt sind, heißt das nicht, dass die Arbeit sich der persönlichen Work-Life-Balance anpasst. Für Frauen wie für Männer gilt: Wer sich für eine Topkarriere entscheidet, muss vieles balancieren. Ob sich das rentiert, muss jede und jeder für sich entscheiden.

Die Entscheidung für oder gegen eine solche Karriere steht allen frei. Wenn ich mich also für diesen Weg entscheide, dann tue ich gut daran, mit den Randbedingungen zu arbeiten. Das heißt nicht, alles als gegeben hinzunehmen. Es ist absolut wichtig, Missstände – wie beispielsweise die geringe Anzahl von Frauen in Führungspositionen oder den Gender-Pay-Gap – anzugehen und aktiv zu verändern. Ganz wichtig aber: Diversität ist nicht gleich Vereinbarkeit.

Mein Weg: Hier ist Eigenverantwortung wichtig – und das Wissen: Entscheidungen haben Konsequenzen. Wenn ich im größeren Kontext Karriere machen möchte, kann ich in der Regel nicht um 13 Uhr zum Yoga. Aber ich muss auch nicht das Abendessen mit der Familie unterbrechen, nur weil das Telefon achtmal klingelt. Wenn mich mein Chef um 23 Uhr anruft, muss ich nicht ans Telefon gehen – ich kann, aber ich muss keinesfalls. Diese Entscheidungen treffe ich selbst. Ich bin für meine Handlungen verantwortlich. Was trivial klingt, ist in der Realität leider oft anders zu beobachten. Mein Weg war hier immer, das Bewusstsein zu schärfen für dieses Grundgesetz des Lebens.

5. Blinde Flecken: Unconscious Bias & Co.

Niemand unterstellt, Ungerechtigkeiten oder Diskriminierungen geschähen grundsätzlich mit böser Absicht. Es sind die blinden Flecken, die den Blick verstellen, die unbewusste Voreingenommenheit. Um Energie zu sparen, arbeitet unser Gehirn mit Mustern. Es filtert unsere Wahrnehmung und sucht im Speicher nach bereits Bekanntem. Dadurch können wir schneller reagieren. Die Farbe Rot oder der Klang einer Sirene lösen eine Reaktion aus. Wir sitzen im Stammlokal gerne am selben Platz, weil das Hirn signalisiert: Das war schon einmal gut. Daraus resultiert aber auch eine unbewusste Fehleranfälligkeit und Schmalspursicht, weil wir eben nur das Muster wahrnehmen. Dieses Phänomen kennen wir auch als »Unconscious Bias«. Auch viele alltägliche Entscheidungen von Führungskräften werden durch solche Muster beeinflusst – beispielsweise in Bezug auf Diversity, Kompetenz, Produktivität und Zukunftsfähigkeit.

Diversity-Trainings und -Programme sind zwar hilfreich, aber das ist nicht genug. Es braucht individuelle Arbeit, also Persönlichkeitsentwicklung, die eigene Bewusstseinsarbeit. Dabei helfen regelmäßige, individuelle Coachings. Denn die blinden Flecken sind trickreich, sie kommen wieder, wenn man sich ein, zwei Wochen lang nicht mit ihnen auseinandersetzt. Es braucht also persönliche Reflexion und die Bereitschaft dazu.

Mein Weg: Als Führungskraft sind wir natürlich täglich mit unseren Bias konfrontiert. Im Recruiting beispielsweise hinterfrage ich mich regelmäßig: Warum fand ich bestimmte Bewerbende jetzt gut? Weil sie mir so ähnlich sind – Proximity Bias? Oder genau aus dem Gegenteil? Und im Führungsalltag? Druck begünstigt den Unconscious Bias. Daher lohnt es sich, innezuhalten, bevor man Entscheidungen trifft, auch wenn sie zunächst selbstverständlich erscheinen. Wenn möglich, beteilige ich mehrere Augen und Biases an einer Entscheidung.

6. Gender-Pay-Gap: Was kostet uns das?

Der Gender-Pay-Gap bleibt ein Dauerthema, auch in den Führungsetagen. Zum Beispiel bei den Aufsichtsräten der 100 größten deutschen börsennotierten Unternehmen lag die geschlechterbedingte Vergütungslücke 2021 bei 21 Prozent.[42]

Das Thema kenne ich aus meiner eigenen Historie. Vor mehr als 20 Jahren war ich Teilnehmerin an einem Talentprogramm meines Konzerns, als einzige Frau. Eines Tages wollte ich etwas kopieren, im Kopierer lag eine vergessene Excel-Tabelle mit den 20 Namen aus meinem Talentprogramm, Angaben zu Gehältern und Entwicklungsstufen. Ich sah es und erschrak. Die Männer in dem Programm verdienten alle im Schnitt 30 Prozent mehr als ich. Ich war entsetzt, enttäuscht, empfand einen Vertrauensbruch. Mein Chef hatte mich gefördert, meine Arbeit gelobt, aber mir die finanzielle Wertschätzung verweigert. Als ich ihn damit konfrontierte, hörte ich allerhand Argumente von Gehaltsbändern und Strukturen, bekam aber keine Rückendeckung.

Die Folgen: Erst kündigte ich innerlich, dann verließ ich das Unternehmen. Ich zog daraus zwei Learnings. Zum einen wurde mir klar, dass ich besser verhandeln sollte. Zum anderen verstand ich die Auswirkungen, die der Pay-Gap haben kann. Mir die Hände zu reiben, wenn ich eine gute Mitarbeiterin für allzu kleines Geld einkaufe, ist nicht angebracht. Das kann mich am Ende teuer zu stehen kommen, wenn sie es jemals herausfindet. Denn ich weiß, was dann geschieht: Sie geht und nimmt ihr Talent und ihre Erfahrung mit.

Mein Weg: Wenn sich heute eine Frau mit einer zu geringen Gehaltsvorstellung bei mir bewirbt, mache ich sie aktiv darauf aufmerksam. Wir entwickeln gemeinsam eine Vorstellung, welches Gehalt auf dieser Karrierestufe angebracht wäre. Ich finde es sinnvoll, in solchen Situationen zu coachen, um im Alltag Veränderungen herbeizuführen. Bei jeder Interaktion mit meinen Mitarbeiterinnen trage ich in die Welt, was ich selbst gelernt habe.

Jenny Gruner: Frauenkarrieren sind wichtig – für Frauen, Unternehmen und Gesellschaft

Jenny Gruner ist Digital-Expertin im Bereich B2B und erfahrene Führungskraft. Als Director Global Marketing bei Hapag-Lloyd transformiert sie derzeit die fünftgrößte Container-Reederei der Welt. Dort verantwortet sie ein digitales skalierbares Vermarktungsmodell in 144 Ländern und treibt die digitale Transformation im Unternehmen mit voran. Dabei ist es elementar, ein tiefes Kundenverständnis zu entwickeln, um neben globalen Anforderungen auch auf die lokalen Bedürfnisse besser eingehen zu können. Sie ist überzeugt, dass eine solch tiefgreifende Transformation nur mit allen gemeinsam an Bord gelingt. Es braucht dafür diverse und inklusive Teams, agile Organisationsstrukturen sowie einen Kulturwandel innerhalb des Unternehmens. Die Leidenschaft für Seefahrt liegt ihr als Enkeltochter eines Kapitäns im Blut.

Mehr weibliche Führungskräfte braucht das Land. Warum das bislang scheitert – und was passieren muss, damit das endlich gelingt

Wenn Frauen Karriere machen wollen, profitieren gleich drei: die Frauen selbst, die Unternehmen, in denen sie arbeiten, sowie die Gesellschaft. Warum das so ist und was passieren muss, um einige der Barrieren einzureißen, die weibliche Karrieren noch immer behindern, will ich im Folgenden näher erläutern.

Die Gründe, eine Karriere anzustreben, sind so vielfältig wie die unterschiedlichen Wege, eine solche zu beschreiten. Die zentralen Begriffe in diesem Zusammenhang lauteten für mich stets Selbstbestimmung, Unabhängigkeit, Gestaltungswille und Lernen.

Mich trieben schon immer eine ausgeprägte Neugier und der Wille, Neues zu lernen, genauso wie eine tiefe Lust am Gestalten. Ich liebe es, Projekte erfolgreich zu machen. Ich liebe es, wenn ein Plan funktioniert und ich Neues erschaffen kann. Gerade für Frauen ist zudem der Faktor Unabhängigkeit nicht zu unterschätzen. In unserer noch immer männlich dominierten Welt ist es ein extrem wichtiger Schritt zu einer echten Gleichberechtigung, dass wir Frauen genauso selbstbestimmt und frei agieren können wie die Männer.

Mein Karrierewunsch entspringt also einem inneren Antrieb. Wenn wir nun die Perspektive auf die Unternehmensseite wechseln, sehen wir, dass eigentlich jedes Unternehmen ein höchst ausgeprägtes Interesse daran haben sollte, möglichst viele Frauen in Führungspositionen zu bringen und so ein ausgeglichenes Geschlechterverhältnis herzustellen. So bewies längst eine Vielzahl von Studien, dass Diversität in Unternehmen ökonomisch sinnvoll ist.

Die Zahlen sprechen eine eindeutige Sprache

Bereits 2019 kam eine Befragung von 12.000 Unternehmen der internationalen Arbeitsorganisation ILO zu dem Ergebnis, dass die Mehrheit der Firmen, die auf Geschlechtervielfalt im Topmanagement setzen, ihre Gewinne um 10 bis 15 Prozent steigern konnte.[43]

Unternehmen profitieren also ganz konkret von diversen Teams. Schließlich sind diese innovativer und liefern weit erfolgreichere Lösungen für die zahlreichen aktuellen Krisen.

Neben dem gesteigerten Unternehmenserfolg sollte auch der Faktor Fachkräftemangel nicht übersehen werden. Schließlich verzichten Firmen, die nicht voller Überzeugung Frauenkarrieren fördern, auf ungefähr die Hälfte aller potenziellen Mitarbeitenden. Ganz grundsätzlich muss ich sagen, dass die Leistungsfähigkeit von Frauen vielerorts unterbewertet oder sogar überhaupt nicht gewürdigt wird. Ihr wirtschaftliches Potenzial bleibt schlicht ungenutzt. Das Know-how, die Erfahrungen, die Kreativität und die Schaffenskraft von Frauen sind jedoch unverzichtbar für die wirtschaftliche Entwicklung.

Die Zahlen und Fakten sprechen also eine eindeutige Sprache. Alles gut – Problem gelöst? Mitnichten.

Die Realität sieht nämlich gänzlich anders aus. Nach einer viel zitierten AllBright-Studie kennzeichnen folgende Eigenschaften den durchschnittlichen deutschen Vorstand eines börsennotierten Konzerns: männlich, weiß, deutsch, Mitte 50, Wirtschaftswissenschaftler.[44] Und er heißt Thomas. Das Problem: Thomas fördert und befördert am liebsten weitere Thomasse. Die Folge: der sogenannte Thomas-Kreislauf.

Die Experten der AllBright-Stiftung sagen zudem, dass Vielfalt robust mache: »Unternehmen mit männlichen Monokulturen in der Führung riskieren, dass ihnen in Krisen entscheidende Skills fehlen – die aber bei disruptiven Veränderungen gefragt sind.« Dazu liefern sie noch eine spannende Tatsache: 75 Prozent der weiblichen Vorgesetzten vermitteln ihren Mitarbeitenden klare Vorstellungen, wie sie gemeinsam durch Krisen kommen. Bei den männlichen Vorgesetzten sind es nur 63 Prozent.[45]

Was für Unternehmen gilt, gilt auch für unsere Gesellschaft. Mehr als 50 Prozent der Bevölkerung sind weiblich. Von einer Randgruppe kann man da schwerlich sprechen. Nur: Warum sollen diese 50 Prozent keine Chancengleichheit haben? Dabei gehen Schätzungen davon aus, dass bei einer echten Gleichberechtigung das Bruttoinlandsprodukt weltweit um etwa 15 Prozent steigen würde.[46]

Neben dem wirtschaftlichen und gesellschaftlichen Vorteil sind weibliche Karrieren natürlich auch für die Frauen selbst wichtig. Schließlich schaffen sie eine hohe Selbstwirksamkeit. Ein selbstbestimmtes Leben verringert Abhängigkeiten, was sich wiederum positiv auf die Vorsorge und die finanzielle Unabhängigkeit auswirkt.

Erfolgreiche Frauen sind zudem wichtig als Role Models für andere. Sie können inspirieren und als Mentorin wirken – ihre Stimme hat ein anderes Gewicht, wenn es darum geht, Veränderungen anzustoßen.

Jetzt folgt das große Aber. Warum machen noch immer so wenige Frauen Karriere? Dabei haben sie doch grundsätzlich schon einmal alle Voraussetzungen. Mädchen machen häufiger Abitur, als Studentinnen haben sie meistens die besseren Noten.[47] Frauen verfügen über mehr Empathie und Kommunikationsskills, was in Führungspositionen immer wichtiger wird. Trotzdem sind Frauen noch lange nicht gleichberechtigt: Sie werden strukturell benachteiligt und teilweise noch immer diskriminiert.

»The broken rung« und das Paula-Prinzip

Dabei sind verschiedene Effekte zu beobachten, von denen ich nur drei kurz anreißen will: Die berühmte »gläserne Decke«, also eine nicht sichtbare Barriere, die einen weiteren Aufstieg – anders als bei den männlichen Kollegen – verhindert, »the broken rung« und das Paula-Prinzip.

Der englische Begriff »broken rung« beschreibt wortwörtlich genau das, nämlich eine kaputte oder fehlende Sprosse in der Karriereleiter, und zwar zu Beginn der Karriere. Frauen bleiben in ihrem

Einstiegsjob stecken, werden also seltener aus Einstiegspositionen heraus befördert. Die Folge der gebrochenen Sprossen: Über die nachfolgenden Organisationsebenen hinweg gibt es unverhältnismäßig weniger Frauen. Das wiederum schränkt die Vielfalt in den höheren Hierarchieebenen ein.

Das Paula-Prinzip steht dagegen für das Gegenteil des bekannten Peter-Prinzips, also des Phänomens, dass Männer so lange befördert werden, bis sie von ihrer Position überfordert sind. Für ihren Arbeitgeber ist es dann jedoch kaum möglich, sie wieder zu degradieren. Bei den Frauen fehlt es jedoch eben genau an den Beförderungen auf die Position, für die sie qualifiziert sind. Sie bleiben viel zu häufig und bereits viel zu früh in der Unternehmenshierarchie stecken und fangen dann nicht selten die Arbeit der Unfähigen auf.

Alle drei Effekte beruhen auf den folgenden Gründen: überwiegend die durch Stereotype und Vorurteile gegenüber Frauen stärkere Förderung männlicher Mitarbeiter, ein auf Männer abgestimmtes Betriebsklima sowie der schwierige Zugang von Frauen in informelle berufliche Netzwerke. Ebenso wird häufig stillschweigend davon ausgegangen, dass Frauen irgendwann eine »Familienpause« einlegen. So entsteht aufgrund tradierter Rollenbilder, fehlender Strukturen und eines Mangels an weiblichen Vorbildern Diskriminierung.

Frauenförderung ist eine Managementaufgabe

Eine der Lösungen dieser oben beschriebenen Probleme ist die Einführung einer Quote. Auf Basis harter KPIs (Key Performance Indicators) kann die Anzahl der Frauen auf den verschiedenen Hierarchieebenen erhöht werden. Was darüber hinaus nicht vergessen werden darf: Es reicht nicht, eine festgelegte Zahl von Frauen in die Führung zu holen und dann zu erwarten, dass alles weitergeht wie bisher – also zu glauben, dass die Managerinnen einfach das männerdominierte Verhalten adaptieren. Mit steigender Diversität in der Führung muss auch Inklusion einhergehen, damit die Kultur sich wandelt. Was wir brauchen, ist eine echte Chancengleichheit.

Frauenförderung ist eine Managementaufgabe, die ganz oben in einer Organisation gelebt und gefördert werden muss – zum Wohle des Unternehmens. Sie muss klar intern kommuniziert und vorgelebt werden und braucht klare KPIs, die die Erfolge in Sachen Diversität messbar machen.

Maßnahmen wie inklusive und transparente Rekrutierungsprozesse, Mentoring-Programme für Frauen oder flexible Arbeitszeitmodelle und Unterstützung bei der Care-Arbeit für eine bessere Work-Life-Balance runden den Weg zum diversen, inklusiven Unternehmen mit echter Chancengleichheit ab.

Gleichzeitig braucht es auch Unterstützung von politischer Seite. Schließlich ist die Gleichberechtigung der Geschlechter ein fundamentales Menschenrecht. Das heißt: Es ist Aufgabe der Volksvertreter, jegliche Ungleichbehandlung, ob bei Gehältern, Care-Arbeit, Sicherheit, Bildung, Zugang für Frauen zu wirtschaftlichen Ressourcen, Technologie und Finanzen oder anderen Punkten, anzugehen.

Darüber hinaus reicht es natürlich auch nicht, die Verantwortung an die Unternehmen und die Politik abzugeben. Auch wir Frauen müssen unseren Teil zur Lösung des Problems beitragen. Im Laufe meiner Karriere habe ich vieles gelernt. Besonders die folgenden Tipps haben mich in meiner Entwicklung unterstützt:

Kenne deine Werte – sie sind dein Nordstern: Als Führungskraft ist es unerlässlich, zu reflektieren – besonders sich selbst, um sich weiterzuentwickeln. Die Basis für authentische Führung ist, vor allem seine Werte zu kennen. Denn sie sind der persönliche Kompass für die Karriere und das Leben. Wer ist man selbst, wofür steht man, und wo will man hin – und vor allem mit wem? In die Antworten auf all die Fragen spielen die eigenen Werte mit hinein.

Take it as fun: Als ich in Litauen studierte und versuchte, Litauisch zu lernen, trieb mich das in die schiere Verzweiflung, denn die Sprache gilt als eine der schwersten der Welt. Meine Litauisch-Lehrerin meinte damals nur: »Take it as fun. Selbst wir Litauer sprechen nicht fehlerfrei.« Das war ein augenöffnender Moment – sei nicht zu verbissen und fixiert. Probier dich aus, mach Fehler und lerne draus. Spielerisch und mit Leichtigkeit an manche Situationen im Business heranzugehen, nimmt den Druck raus und lässt Lernende das Ziel oft einfacher erreichen.

Ein »Nein« ist auch immer ein »Ja« zu dir selbst: Gerade Frauen sagt man nach, dass sie harmoniegetriebener sind und es eher versuchen, allen recht zu machen. Am Ende macht man es dann niemandem recht – sich selbst am allerwenigsten. Zu wissen, was man will, und Grenzen zu setzen, ist wichtig – für sich selbst, aber auch für das Team und die Menschen um einen herum.

Neid ist auch nur ein KPI meines Erfolgs: Erfolg macht einsam, sagt man. Und es ist etwas Wahres dran, denn Erfolg ruft leider oft auch Neider auf den Plan. Statt dich darüber zu ärgern, nimm es als Kompliment. Es ist nur ein Wegweiser, dass du auf dem richtigen Weg bist.

Deinen Wert bestimmen nicht andere, sondern nur du selbst: Du wirst immer wieder Menschen begegnen, mit denen du nicht auf einer Wellenlänge bist. Insbesondere im Business, wo die Ellenbogen ausgefahren werden, wird der eine oder andere Angriff auf dich nicht ausbleiben. Erkenne, dass das lediglich mit deiner Rolle zu tun hat und nicht unbedingt mit dir als Mensch und deiner Person. Bleib bei dir und sei dir bewusst, wer du bist und wofür du stehst.

Hören wir auf, uns zu diskriminieren! Mein Appell lautet: Wir müssen generell aufhören, uns gegenseitig zu diskriminieren, und mehr auf die Gemeinsamkeiten schauen. Denn am Ende wollen wir doch oft das Gleiche: Erfolg, Gestaltungsspielraum und Erfüllung. Dafür sollten wir unsere Stärken bestmöglich einsetzen und uns gegenseitig wertschätzen – nur in einer diversen und inklusiven Kultur mit Chancengleichheit wird Erfolg nachhaltig sein. Dann gibt es auch keine Diskussion mehr über Frauenkarrieren. Wenn sie Karriere machen wollen, machen sie es einfach.

Kathrin Rienecker: Mehr als »nice to have«: Warum Frauen in Führungspositionen dringend notwendig sind

Kathrin Rienecker ist Senior Manager bei KPMG Deutschland. Als Wirtschaftsprüferin verantwortet sie die Abschlussprüfungen internationaler Konzerne mit Sitz in und um Hamburg. Sie ist spezialisiert auf das hochregulierte Umfeld kapitalmarktorientierter Unternehmen in der Industrie und lebt die Überzeugung, dass Wirtschaftsprüfung mehr leistet als die Abgabe eines Prüfungsurteils: Moderne und digitale Prüfungsmethoden, wie zum Beispiel die Analyse von Massendaten, erhöhen nicht nur die Prüfungsqualität. Sie liefern Unternehmen darüber hinaus auch relevante Erkenntnisse aus ihren Geschäftsprozessen.

Die Basis, um für ihre Mandanten moderne Lösungen mit Mehrwert zu schaffen, ist für Kathrin neben Zusammenhalt und gegenseitiger Unterstützung vor allem ein breit gefächertes Wissen – das erreicht man nur mit vielfältigen Team- und Führungsstrukturen.

»Der Aufsichtsrat der XY AG hat die gesetzlich geforderte Zielgröße für den Frauenanteil im Vorstand auf 0 % (...) festgelegt. (...) Mit dieser durch den Aufsichtsrat bestätigten Zielgröße soll die Beteiligung von Frauen im Vorstand explizit nicht ausgeschlossen werden, es soll jedoch auch weiterhin (...) die größtmögliche Flexibilität zum Wohle der Gesellschaft gewährleistet bleiben. (...).« So oder so ähnlich lautet eine Vielzahl der Begründungen zur Zielgröße für den Frauenanteil in Führungsgremien, die bestimmte Kapitalgesellschaften in ihre Erklärung zur Unternehmensführung aufzunehmen haben.

Auch wenn den gesetzlichen Anforderungen für viele Unternehmen mit Statements wie dem vorstehenden Genüge getan ist,[48] so lösen sie dennoch unweigerlich ein Kopfschütteln bei mir aus. Ein nicht vorhandenes Diversitätszielbild mit »dem Wohle der Gesellschaft« zu begründen, sollte allein schon moralisch und gesellschaftspolitisch hinterfragt werden. Es ist aber auch inhaltlich schlichtweg falsch, denn für das Wohl des Unternehmens kann nur das entscheidend sein, was nachhaltig dessen Profitabilität sicherstellt.

Diversität sowie die gleichberechtigte Teilhabe aller Geschlechter an Führungspositionen und in den entscheidenden Unternehmensorganen sind natürlich isoliert gesehen bereits Teil eines Werteverständnisses und sollten deshalb gefördert werden. Hinzu kommt aber: Divers aufgestellte Führungsgremien agieren nachweislich wirtschaftlicher und nachhaltiger – und damit zugunsten des Unternehmenserfolgs.

Doch wie misst man Erfolg im Kontext von Diversity? Harte Fakten und quantitativ messbare Kriterien sollten dabei im Vordergrund der Argumentation stehen. Dennoch spielen meiner Meinung nach auch qualitative Überlegungen und Korrelationen eine bedeutende Rolle und dürfen deshalb nicht vernachlässigt werden.

Talentgewinnung und Retention als strategische Toppriorität

Anhaltender und sich zunehmend verstärkender Fachkräftemangel gehört insbesondere für mittelständische Unternehmen zu den größten Risiken für die weitere Unternehmensentwicklung.[49] Mittlerweile haben 80 Prozent des Mittelstands in Deutschland nach eigenen Angaben Schwierigkeiten, geeignete Fachkräfte zu finden.[50] Dass das Gewinnen und Halten von qualifiziertem Personal zu den wichtigsten Themen unserer Zeit gehört, zeigt sich aber auch im globalen Vergleich: Um die eigenen Wachstumsziele erreichen zu können, steht die Talentgewinnung für CEOs länder- und branchenübergreifend an erster Stelle der strategischen Topprioritäten.[51] Mehr denn je geht es also darum, sich im verschärften Wettbewerb die geeigneten Köpfe für den weiteren Unternehmenserfolg zu sichern.

Dabei kann es sich kein Unternehmen erlauben, nicht auch attraktiv für weibliche Talente zu sein. Junge Frauen stellen über die Hälfte der Hochschulabsolvierenden in Deutschland und damit die Mehrheit des Fach- und Führungskräftenachwuchses.[52] Talentreservoirs nicht für alle Geschlechter gleichermaßen zu öffnen, führt deshalb kurz- und mittelfristig zu Problemen bei der Besetzung von Expert:innen-Positionen und mittel- bis langfristig zu einem Mangel an geeigneten Führungskräften.

Wenn man sich regelmäßig mit Recruiting und Retention beschäftigt, lässt sich unweigerlich feststellen, dass sich die Faktoren für die Hochschulabsolvierenden bei der Wahl des Arbeitgebers über die letzten Jahre verändert haben – geschlechtsunabhängig. Neben dem Gehalt haben Kriterien wie Jobsicherheit, die Vereinbarung von Privatleben und Familie mit dem Beruf sowie flexible Arbeitszeiten an Bedeutung gewonnen.[53] Das erlebe ich selbst in meiner täglichen Zusammenarbeit mit jüngeren Kolleginnen und Kollegen. Meine Teams haben ein großes Bedürfnis nach Flexibilität und einer familienfreundlichen Arbeitsorganisation. Vermeintlich weiche Faktoren wie Chancengleichheit, Fairness und vielfältige Karriereperspektiven werden als Selbstverständlichkeit angesehen und beim Arbeitgeber entsprechend eingefordert. Das beschränkt sich keineswegs auf junge Frauen, denn besonders auch junge Männer sehen ihren Beitrag zu Familienzeit, Haus- und Sorgearbeit als selbstverständlich. Wer diese Nachwuchstalente halten möchte, muss moderne Arbeitsbedingungen fördern und einen stärkeren Fokus auf Gerechtigkeit und Partizipation legen.

Bei der Umsetzung und dem täglichen (Vor-)Leben dieser Werte sind Frauen in Führungspositionen unerlässlich. Sie stellen aufgrund ihrer eigenen Lebenssituation besondere Anforderungen an Flexibilität sowie Vereinbarkeit und haben für sich bereits Wege gefunden, wie sich dies im Alltag umsetzen lässt.

Der Führungsstil von Frauen unterscheidet sich dabei nicht grundlegend von dem der Männer. Jedoch nehmen Frauen andere Blickwinkel ein und legen in ihrem Führungsverhalten häufig mehr Wert auf partizipative Entscheidungsprozesse, das Leben ihrer Vorbildfunktion sowie die Entwicklung und Förderung von Mitarbeitenden.[54] Genau das sind die Fähigkeiten und Sichtweisen, die die Vielfalt in Unternehmen fördern und damit die Belegschaftsinteressen angemessen repräsentieren. Fühlen sich Mitarbeitende wertgeschätzt und mit ihren spezifischen Bedürfnissen gehört, steigert dies die Zufriedenheit und Motivation. Das Ergebnis ist ein attraktives Image der Unternehmen am Arbeitsmarkt und bei der Kundschaft – und damit ein Beitrag zum nachhaltigen Unternehmenserfolg.

Der Schlüssel für erfolgreiche Unternehmen liegt deshalb darin, durch alle Hierarchieebenen hinweg ein attraktiver Arbeitgeber zu bleiben – sowohl bei der Mitarbeitenden-Akquise als auch bei der Bindung aufstrebender Talente und Führungskräfte. Dies kann nur gelingen, wenn jede Gruppe ausreichend repräsentiert wird und weibliche Führungsstärken ausgebaut werden. Warum sollten sich junge Menschen auch in Unternehmen bewerben, in denen es keine Frauen im Topmanagement gibt und wo die spezifischen Fähigkeiten sowie das persönliche Engagement von Frauen offenbar nicht geschätzt werden?

Der Beitrag von Diversität zum Unternehmenserfolg ist messbar

Wirtschaftlich erfolgreichen Unternehmen gelingt weiteres Wachstum – und profitable Unternehmen stehen für Jobsicherheit. Sie qualifizieren sich damit als attraktiver Arbeitgeber für Nachwuchstalente[55], welche wiederum den nachhaltigen Erfolg sicherstellen. Die Korrelationskette führt – zumindest mittel- und langfristig – zwangsläufig zurück zur gerade diskutierten Mitarbeitenden-Zufriedenheit. Darüber hinaus ist aber auch eine Verbesserung der Unternehmensperformance bereits bei alleiniger Betrachtung divers besetzter Führungsgremien messbar.

Zahlreiche Studienergebnisse stützen die Erkenntnis, dass Unternehmen, die Diversität generell einen hohen Stellenwert einräumen, auch wirtschaftlich erfolgreicher sind. Oder anders gesagt: Unternehmen, die keinen Wert auf Gender-Diversität legen, geht enormes unternehmerisches Potenzial verloren.

So wird in einer Analyse des Peterson Institute for International Economics belegt, dass eine Erhöhung des Anteils weiblicher Führungskräfte auf C-Ebene – also in den höchsten Management-Positionen – von null auf 30 Prozent bei bereits profitablen Unternehmen zu einer um 15 Prozent höheren Nettoumsatzmarge führen würde.[56] Generell steigt bei Unternehmen, die in den Führungsgremien gendergerecht aufgestellt sind, die Wahrscheinlichkeit einer finanziellen Outperformance gegenüber der weniger paritätisch besetzten Vergleichsgruppe um rund 25 Prozent.[57]

Betrachtet man anstelle von Profitabilitätskennzahlen den Effekt auf die Unternehmensbewertung, lassen sich ähnliche Erkenntnisse ziehen: Der Anteil weiblicher Führungskräfte in Kontrollgremien korreliert positiv mit dem Umfang eingegangener Risiken und damit mit der Höhe der Unternehmensverschuldung. Eine Erhöhung der Anzahl von Frauen in diesen Gremien kann also mit einem Anstieg der Marktkapitalisierung börsennotierter Unternehmensanleihen im Zusammenhang stehen.[58]

Einen Kausalzusammenhang zwischen Unternehmensperformance und Gender-Diversität nachzuweisen, wird mit wissenschaftlichen Methoden kaum bis gar nicht gelingen. Dennoch: Eine Korrelation ist klar belegbar und wurde bereits in einer Vielzahl von Studien aufgezeigt. Doch woraus resultieren diese positiven Effekte?

Was häufig als »weiblicher Führungsstil« abgetan wird, führt zu größerem und langfristigem Erfolg. Eine Studie der DeGroote School of Business an der McMaster Universität kam zum Ergebnis, dass Managerinnen tendenziell mehr Wert auf Fairness, Menschlichkeit und soziales Verhalten legen und in ihrer Entscheidungsfindung andere Blickwinkel einnehmen.[59] Die männlichen Teilnehmenden der Studie trafen ihre Entscheidungen nach festen Regeln und traditionellen Abläufen: in Konferenzen, per Paper, in

Diskussionen und am Ende auch oft ganz allein. Demgegenüber pflegten die Managerinnen eine eher kooperative Arbeitsweise, versuchten bei ihren Entscheidungen die widersprechenden Interessen aller Stakeholder zu berücksichtigen und am Ende einen fairen und ethisch vertretbaren Konsens zu finden.

Frauen im Vorstand sind daher nicht nur eine richtige, sondern auch die wirtschaftlich intelligente Entscheidung. Unternehmen mit wenigen Frauen im Management schaden de facto ihren Aktionären, weil sie durch die Besetzung ihrer Gremien eben gerade nicht dafür Sorge tragen, dass Entscheidungen zum langfristigen Wohle des Unternehmens getroffen werden.

(Geschlechter-)Vielfalt in Führungspositionen ist folglich deutlich mehr als »nice to have«. Sie gehört in den strategischen Unternehmenszielen fest verankert, um langfristig am Markt bestehen zu können. Unternehmen, die dies nicht erkennen und vorantreiben, werden das Rennen sowohl um die besten Talente als auch im ökonomischen Wettbewerb verlieren.

Lisa Hassenzahl: Von dunkelblauen Anzügen, blinden Flecken und rosa Finanzen

Lisa Hassenzahl, Certified Financial Planner©, begann ihre Karriere vor über zwölf Jahren bei einem Vermögensverwalter. Sie sammelte Erfahrungen in der Geschäftsführung und gründete 2019 die ersten deutschen Family Offices für Frauen. Sie ist Expertin im Bereich Female Finance und kennt die besonderen Anforderungen, die Frauen an ihre Finanzplanung stellen, und vor allem auch die Gründe, warum es noch immer weniger Anlegerinnen als Anleger gibt. »Finanzplanung zu einem Lifestyle-Thema machen« – das ist ihre Vision und Female Financial Empowerment ihre Herzensangelegenheit.

Warum wir mit mehr (Führungs-)Frauen in der Finanzindustrie die Gender Gaps bekämpfen und den größten Wachstumsmarkt der Welt erschließen könnten

Dienstagmorgen, 8:30 Uhr. Ich fahre in die Tiefgarage eines Hotels in Frankfurt und suche nach einem freien Parkplatz. Um 9 Uhr beginnt die Jahreskonferenz der Führungskräfte einer großen Bank. Ich wurde eingeladen, um einen Impulsvortrag zum Thema »Female Finance« zu halten und anschließend an einer Podiumsdiskussion teilzunehmen. Diese Einladung habe ich gerne angenommen, denn es freut mich, dass immer mehr Banken das Thema »Frauen und Finanzen« oder auch »Frauen als Zielgruppe« in den Fokus rücken – immerhin hat es der Vortrag auf die Agenda der Jahrestagung geschafft. Und es ist auch spannend, einen Einblick zu erhalten, wie die Großen der deutschen Finanzindustrie an das Thema herangehen.

Ich fahre also durch die bereits gut gefüllte Tiefgarage und muss schmunzeln. Hätte ich nicht gewusst, dass ich im richtigen Hotel bin, hätte ich es spätestens anhand der Autos erraten können. Die Autos sind schwarz, maximal dunkelblau und alles in allem sehr männlich – was eventuell der Car-Policy geschuldet ist, aber auch die hat sich ja jemand ausgedacht. Ich bin also sicher: Hier bin ich richtig. Als ich die Empfangshalle betrete, setzt sich das Farbschema fort: Dunkelblaue Anzüge so weit das Auge reicht, hier und da aufgelockert durch die salonfähig gewordenen weißen Sneaker. Zwischen dem Dunkelblau blitzen an wenigen Stellen bunte Blazer hervor, und mich übersieht man in meinem pinken Kleid sicherlich auch nicht. Ein Bild, dass die Statistiken untermauert: 2021 lag der Frauenanteil in Vorständen oder Geschäftsführungen von Banken bei 13,2 Prozent.[60]

»Schön, dass wir Frauen inzwischen den Mut zur Farbe und damit im wahrsten Sinne des Wortes zur Sichtbarkeit haben«, denke ich. Denn es fällt mir immer häufiger auf: Es sind (noch) nicht so viele Frauen, die an solchen Veranstaltungen teilnehmen. Aber die, die da sind, tragen bunte Farben und weibliche Kleidungsstile. Dabei geht es nicht darum, um jeden Preis aufzufallen. Es geht schlicht und einfach darum, als Frau das zu tragen, was einem gefällt.

Die Veranstaltung beginnt, und der erste Redner bezieht sich in seiner Begrüßung sogar explizit auf das Thema Female Finance. Konkret auf die Strategie, in den nächsten Jahren Frauen als Zielgruppe adressieren und gewinnen zu wollen. Unabhängig von allen Diversitätsbemühungen ist dieses Ziel auch aus unternehmerischer Sicht vollkommen verständlich. Denn die ausgelotete Zielgruppe besteht aus 50,7 Prozent[61] der Bevölkerung (schlimm genug also, dass sie bislang kein selbstverständlicher Teil der Zielgruppendefinition war) und das Vermögen in Frauenhand wächst jedes Jahr schneller – kurz gesagt: Die Female Economy ist der größte Wachstumsmarkt der Welt.[62] Durch verbesserte Karrieremöglichkeiten, mehr Unternehmerinnen, aber auch durch die »Erbinnengeneration« – denn hier gibt es auch mehr Frauen als Männer. Spannend in diesem Zusammenhang: Schon vor einigen Jahren haben mehrere große Banken genau dieses Thema erkannt und mit relativ großem Aufwand versucht, die Erbinnengeneration gezielt anzusprechen und als Kundinnen zu gewinnen. Mit eher mäßigem Erfolg.

Die Financial Services Gender Gap und Fonds mit rosa Anstrich

Stellt sich also die Frage nach dem »Warum«. Die kurze Antwort: Blinde Flecken, nicht zuletzt verursacht durch fehlende Diversität.

Genauer gesagt fehlte es an der richtigen Ansprache und vor allem dem Bewusstsein für die Bedürfnisse der Zielgruppe. Denn die Bemühungen um die Erbinnengeneration bestanden im Wesentlichen darin, die Bilderwelten und Farben der bereits bestehenden Broschüren »feminin« umzugestalten und im einen oder anderen Fall mit weiblichen Ansprechpartnerinnen zu werben. In Bezug auf die weiblichen Ansprechpartnerinnen blieb es leider häufig bei der Werbung, denn die Realität in den Banken sah damals wie heute eben anders aus: Es gibt zu wenig Beraterinnen, insbesondere je höher (in der Vermögensgröße und oft auch im Gebäude) es geht. Es fehlt also nicht nur an Frauen in Führungs- und damit Entscheidungspositionen. Es fehlen auch Beraterinnen, die als Ansprechpartnerinnen für die Kundinnen zur Verfügung stehen. Natürlich müssen Frauen nicht zwingend immer von Frauen beraten werden, aber viele Kundinnen wünschen sich nun mal eine Beraterin – und es geht doch in erster Linie darum, überhaupt eine Wahl zu haben. Aktuell besteht diese in vielen Fällen nicht – es besteht eine »Financial Services Gender Gap«[63].

Die Frage nach einer Frau als Ansprechpartnerin und damit der Verwirklichung des Werbeversprechens ist aber nur der eine Aspekt. Der zweite ist mindestens genauso wichtig. Reicht es aus, in einer Broschüre oder einem Werbefilm die Bilderwelt »weiblich« zu gestalten, vielleicht Farben auszutauschen? Oder hilft es, ein existierendes Produkt im wahren oder auch übertragenen Sinne rosa zu machen? Die Antwort ist ganz klar: Nein – und das bekommt die Finanzindustrie auch deutlich zu spüren. Bislang scheitern die Bemühungen, Frauen für das Thema Finanzen zu begeistern, mehr oder weniger kläglich. Das ist nicht nur schade, da eine sehr attraktive Zielgruppe nicht erreicht wird, das ist vor allem ein Problem, weil wir neben den bekannten Gender Gaps (Bezahlung, Pension ...) auch den Gender Wealth Gap nicht geschlossen bekommen. Konkret geht es hier um die Frage, wie Männer und Frauen ihr Vermögen auf unterschiedliche Vermögenswerte beziehungsweise Investitionen verteilen. Da Frauen von den Angeboten der Banken nicht erreicht werden, liegen größere Teile ihres Vermögens auf Konten oder in Anlagen mit geringen Renditen.

Randnotiz: Spätestens seit Carolin Kebekus' eindrucksvollem Auftritt als »Frau des Geldes« wissen wir: Frauen erhalten auch seltener Kredite für die Investition in Immobilien.[64] Laut der Weltbank ist die Wahrscheinlichkeit für Frauen, einen Kredit zu erhalten, 20 Prozent geringer als für Männer.[65]

Zurück zum Thema »Frauen als Zielgruppe erreichen«. Es genügt also nicht, bereits bestehende Angebote rosa einzufärben – aber solange die strategischen Einheiten und auch die Entscheidungsgremien oft ausschließlich aus Männern bestehen, werden auch weiterhin Produkte und Lösungen von Männern für Männer oder von Männern, die sich überlegen, was Frauen ansprechen könnte, entstehen. Den Unternehmen sollte es also ein reiner Eigennutz sein, an diesen Stellen eine höhere Frauenquote zu erreichen.

Denn die richtigen Ansätze liegen auf dem Tisch: Es braucht keine Produkte extra für Frauen, es braucht vor allem eine andere Ansprache und ein anderes Bewusstsein für die Unterschiede. Tatsächlich interessieren sich Frauen sehr wohl für ihre Finanzen, nur eben mit einem anderen Ansatz als Männer. Frauen nähern sich dem Thema Finanzen deutlich strategischer, haben ein höheres Informationsbedürfnis, möchten Zusammenhänge besser verstehen und legen bei Investition Wert auf Nachhaltigkeit![66]

Diversität in allen Dimensionen – ohne Männer geht es nicht und warum wir den gleichen Fehler nicht wieder machen dürfen

Eines ist aber auch klar: Neben mehr Frauen in sämtlichen Ebenen der Banken braucht es auch ein generelles Bewusstsein und Akzeptanz für die genannten Unterschiede. Ein Mann hat eben einen anderen Blick auf die Welt als eine Frau, und auch innerhalb dieser Gruppen gibt es unendlich viele Wahrnehmungen und Sichtweisen. Hier hilft Kommunikation, aber vielleicht auch technische Innovationen wie Wahrnehmungs-Bubbles, die mithilfe künstlicher Intelligenz die Möglichkeit bieten, sich in die Realität einer anderen Person hineinzuversetzen und deren Sicht der Dinge besser zu verstehen. Denn je mehr Männer wir für unsere Anliegen gewinnen, desto schneller wird sich etwas ändern. Dafür braucht es Bewusstsein!

Mir selbst wurde das sehr bewusst, als ich mich kürzlich mit einem bekannten Börsenmoderator unterhielt und er mir als Person of Color meinen ganz persönlichen Blinder-Fleck-Moment bescherte: Teile der Bevölkerung mit Migrationshintergrund und vor allem Persons of Color werden von der Finanzindustrie nicht erreicht. Auch hier gilt wieder: Nur die Bilderwelt zu ändern, ist sicherlich nicht die Lösung, und sicherlich gibt es auch viele, die mit den bestehenden Angeboten gut erreicht werden – aber unser Ziel muss doch sein, den Begriff Diversität auch umfassend zu verstehen.

Es bleibt also festzuhalten: Die Finanzindustrie hat die Chance, bislang kaum erreichte Zielgruppen zu gewinnen. Hierzu braucht es jedoch neue Wege und vor allem mehr Diversität.

Kapitel 3
Gleich ist nicht gleich gleich

Führungspositionen-Gesetz I und II, Entgelttransparenzgesetz und Gleichbehandlungsgesetz – bei so vielen offiziellen Maßnahmen sollte das Thema dieses Kapitels eigentlich ein alter Hut sein. Schließlich sollte man annehmen, dass damit verpflichtende Grundlagen geschaffen wurden, die dafür sorgen, dass Frauen und Männer nicht nur in der Theorie, sondern auch in der Praxis gleichgestellt sind. Trotzdem zeigt sich, dass Frauen es bis heute schwerer als Männer haben, ihre Ziele zu verwirklichen.

Wollen Frauen Karriere machen und in Führungspositionen aufsteigen, müssen sie bis heute Opfer bringen: Sie müssen härter arbeiten, sich (oft) mit weniger Geld zufriedengeben und ihre Familienplanung stärker unterordnen als ihre männlichen Kollegen. Während es für viele der männlichen Führungskräfte kein Problem zu sein scheint, Familie und Karriere unter einen Hut zu bringen, stellt gerade ein Kinderwunsch für Frauen bis heute ein reales Karrierehindernis dar – was sowohl zahlreiche Studien als auch viele meiner persönlichen Gespräche bestätigen. Gerade, wenn ich höre, wie Frauen nach der Geburt ihrer Kinder aufs berufliche Abstellgleis geschoben wurden, wundere ich mich: Auf der einen Seite heißt es, dass in Deutschland – ebenso wie in anderen Industrienationen – zu wenig Nachwuchs geboren wird. Wollen Frauen aber Kinder bekommen, werden sie dafür abgestraft.

Bevor wir einen genaueren Blick darauf werfen, muss aber eines gesagt werden: Die Ungleichbehandlung von Frauen liegt nicht allein an den Unternehmen. Vielmehr haben wir es hier mit den Konsequenzen einer patriarchalen Gesellschaft zu tun, die Frauen bis heute Steine in den Weg legt, wenn sie die für sie vorgesehenen Wege verlassen wollen.

Exkurs: Patriarchat

Gerade in den letzten Jahren tauchen immer öfter die Begriffe »Patriarchat« beziehungsweise »patriarchy« auf, wenn es um das Thema Gleichberechtigung geht. Das Wort stammt aus dem Altgriechischen und bedeutet so viel wie »Vaterherrschaft«, also ein soziales System, das vor allem von Männern und ihren Bedürfnissen geprägt wird. Das fängt im Kleinen an, zum Beispiel dass Frauen sich um den Haushalt und die Kinder zu kümmern haben, während Männer einem Beruf nachgehen, geht darüber, dass Frauen nicht selbst entscheiden, mit wem sie zusammen sein oder wen sie heiraten möchten, und reicht dahin, dass Frauen nicht wählen gehen dürfen und damit keine vollwertigen Bürgerinnen sind. Besonders im Zuge der zweiten Welle der Frauenbewegung in den 1960er-Jahren etablierte sich der Begriff und behält auch heute, in der sogenannten »vierte Welle« der feministischen Bewegung seine Relevanz. (Als erste feministische Welle wird die politische Bewegung Ende des 19. Jahrhunderts bezeichnet, die sich für das Frauenwahlrecht einsetzte. Danach folgten die zweite Welle in den 1960ern, die sich insbesondere mit der Frauenrolle in der Gesellschaft auseinandersetze; die dritte Welle in den 1990ern, bei der ein Fokus darauf lag, wie verschiedene Arten von Diskriminierung sich basierend auf Geschlecht oder Hautfarbe überschneiden – die »Intersektionalität«. Die aktuelle vierte Welle, die unter anderem mit der MeToo-Bewegung startete, setzt sich insbesondere mit der Frage auseinander, was Inklusion, Gleichberechtigung und Freiheit im digitalen Zeitalter bedeuten.)

Auf den ersten Blick haben wir spätestens seit den 1970ern das Patriarchat hinter uns gelassen. Das ist allerdings ein Irrglaube, denn es versteckt sich nur besser – und das bis heute. Die grundlegenden patriarchalen Strukturen bestehen bis heute fort, sei es in der Politik, den Führungsetagen, in Beziehungen, auf dem Arbeitsmarkt oder bei einem Blick aufs Konto.

Es ist nicht alles Gold, was glänzt

Im ersten Moment klang die Meldung traumhaft: Ende 2022 stellte die Wirtschaftsprüfungs- und Beratungsgesellschaft EY fest, dass Frauen in den Vorständen deutscher Unternehmen zum siebten Mal in Folge mit ihrem Gehalt vor ihren Kollegen liegen. Dabei untersuchte die Studie Spitzenunternehmen aus DAX, MDAX und SDAX und stellte fest, dass Frauen in den Führungsgremien der 160 darin gelisteten Unternehmen durchschnittlich 2,4 Millionen Euro im Jahr verdienten – rund 348.000 Euro mehr als die männlichen Vorstandsmitglieder. In den 40 im DAX gelisteten Unternehmen lagen die Gehälter der 24 Topmanagerinnen sogar durchschnittlich bei 3,45 Millionen Euro, allerdings »nur« 80.000 Euro über den Vergütungen der 124 Männer. In den 60 nächstgrößten börsennotierten Unternehmen des MDAX sieht es allerdings schon etwas anders aus – hier liegen nämlich die Gehälter der 92 Männer mit durchschnittlich 1,49 Millionen Euro im Vergleich zu 1,4 Millionen Euro für die 15 Frauen vorn. In den 70 wiederum kleineren börsennotierten Unternehmen des SDAX kamen die zehn weiblichen Führungskräfte immerhin im Durchschnitt auf 1,2 Millionen Euro und verdienten damit rund 18 Prozent, 218.000 Euro, mehr als die 98 männlichen Vorstandsmitglieder.

Generell ist das natürlich eine gute Neuigkeit, allerdings täuschen diese Zahlen, für sich genommen, über einige Dinge hinweg, die durchaus Beachtung verdienen.

Zum einen wurden für die Studie ausschließlich Vorstandsmitglieder betrachtet, die das komplette Jahr im Vorstand vertreten waren, und CEOs wurden ausgelassen – da es nämlich immer noch kaum weibliche Vorstandsvorsitzende in den Unternehmen der DAX-Indizes gibt. Beispielsweise verfügt unter den im DAX gelisteten Unternehmen einzig die Merck KGaA mit Bélen Garijo über eine Vorstandsvorsitzende. Am Ende wurde daher die Kombination aus Fixgehalt sowie Boni von 52 Frauen gegenüber derer von 314 Männern verglichen. Obwohl Frauen also mehr verdienten, sind sie dennoch in der Minderheit. Gleichzeitig befinden sich die Gehälter der Vorstandsmitglieder zwar auf einem neuen Höchststand, nahmen aber in sehr unterschiedlichem Maße zu: Während die Gehälter der Männer um 25 Prozent anstiegen, wuchsen die der Frauen nur um 17 Prozent. Allein im DAX bedeutet das, dass der Gehaltsvorsprung der Frauen innerhalb eines Jahres von 300.000 Euro auf 80.000 Euro schrumpfte. Auch im SDAX sind die Zahlen nicht so positiv, wie sie auf den ersten Blick wirken: So nahm die durchschnittliche Gesamtvergütung der Topmanager von 2020 auf 2021 um 2 Prozent zu, während die der weiblichen Führungskräfte sogar um rund 7 Prozent schrumpfte.[67]

Einerseits liegen Frauen mit ihrer Vergütung immer noch vorn und haben auch – so die Experten von EY – aktuell eine sehr gute Verhandlungsposition, da viele Unternehmen verstärkt versuchen, Frauen für ihre Vorstände zu gewinnen. Aber das müssen sie ja seit Einführung des Führungspositionen-Gesetzes II auch. Gleichzeitig wirkt es aber so, als ob die Bemühungen nicht weit genug reichen, schaut man sich das bestehende Mengenverhältnis zwischen weiblichen und männlichen Mitgliedern in den Vorständen an – davon, wer meistens deren Leitung übernimmt, ganz zu schweigen.

Andererseits zeigt sich aber deutlich, dass der Abstand zwischen den Vergütungen immer geringer wird und dass die Männer von den Wachstumsraten ihrer Gehälter und Boni her im Vorteil sind.

Prinzipiell ist es natürlich kein Problem, dass sich die Entlohnungen angleichen, allerdings ist zu befürchten, dass sich an den Wachstumsraten nichts ändert und die männlichen Vergütungen bald die der Topmanagerinnen übertreffen werden. Dann wären die sieben Jahre, in denen weibliche Führungskräfte vorn lagen, nur ein Intermezzo gewesen, in dem genug Frauen mit Gehältern angelockt wurden, um die gesetzlich vorgegebenen Quoten zu erfüllen – und kein genereller Wandel mit der Folge, dass Vorstandsmitglieder aller Geschlechter langfristig gleichbehandelt werden.

Fehlende Lohngerechtigkeit – ein Problem für viele Frauen

Während sich Vorständinnen in Anbetracht der Höhe ihrer Vergütung sowie im Gehaltsvergleich mit ihren Kollegen in einer wahrhaft paradiesischen Situation befinden, sieht der Alltag für die große Mehrheit der Frauen deutlich anders aus. Überall in Europa verdienen Frauen in der Regel nämlich weniger als Männer – in Deutschland liegt diese Lohnlücke bei 18 Prozent. Bereinigt man diese Zahl um Gründe wie Teilzeitjobs, Elternzeiten, Alter und Unterschiede in der Qualifikation, sorgt allein die Zugehörigkeit zum weiblichen Geschlecht zu einem Gehaltsminus von 6 Prozent. Dieses Problem ist sogar dem Bund schon aufgefallen: Das Bundesministerium für Familie, Senioren, Frauen und Jugend (BMFSFJ) bewertet diesen Umstand als »[klaren] Hinweis auf versteckte Benachteiligung von Frauen am Arbeitsmarkt«.[68]

Allerdings gibt es große Uneinigkeit bei der Höhe der Zahlen, und verschiedene Untersuchungen deutscher sowie internationaler Forschender kommen zu deutlich anderen Ergebnissen – und höheren Gehaltseinbußen für Frauen.

So hat eine internationale Forschendengruppe Daten erhoben, die auf noch frappierendere Unterschiede hinweisen. So berechneten die Forschenden, dass der Lohnunterschied zwischen männlichen und weiblichen Mitarbeitenden in Deutschland innerhalb des gleichen Berufs mit 54 Prozent noch weit höher liegt als die 18 Prozent, die der Bund annimmt. Auch andere Länder schneiden nicht besonders rühmlich dabei ab. So liegt der Unterschied in Ungarn sogar bei 96 Prozent. Und sogar in den normalerweise als Positivbeispiel gehandelten skandinavischen Ländern Dänemark, Norwegen und Schweden liegen Männer deutlich vorn: Schweden bildet unter den drei Staaten mit 43 Prozent Lohnunterschied das Schlusslicht, während die Distanz zu Norwegen mit 42 Prozent und Dänemark mit 40 Prozent nicht allzu groß ist.

Natürlich ergeben sich Gehaltsunterschiede auch durch andere Lebensumstände. Daher reicht es bei diesem Thema nicht, sich nur die ganz groben Zahlen anzusehen, sondern Faktoren wie Alter, Bildungsstand und zum Beispiel Teilzeitarbeit herauszurechnen. Nur mit dieser bereinigten Zahl sind die Gehälter von Männern und Frauen wirklich vergleichbar, und der einzige Unterschied, der sich bemerkbar macht, ist der des Geschlechts. Wünschenswert wäre natürlich, dass die Forschenden nach dieser Bereinigung auf 0 Prozent Unterschied gekommen wären, aber dem ist leider nicht so. Stattdessen stellten die Forschenden für Deutschland – anders als das Bundesministerium – bei den bereinigten Zahlen immer noch 24,1 Prozent statt 6 Prozent Lohnunterschied fest, allein aufgrund des Geschlechts. Und während Ungarn wie bereits erwähnt zwar bei den Bezahlungen innerhalb eines Berufs große Unterschiede verzeichnet, beträgt der Anteil, den Frauen dort weniger als Männer verdienen – nachdem andere Faktoren als Geschlecht herausgerechnet wurden –, nur noch 9,9 Prozent.[69]

Ein weiterer Grund für die generelle Lohnlücke zwischen den Geschlechtern liegt darin, dass bis heute Frauen in anderen Berufen arbeiten als Männer. So sind Frauen laut BMFSFJ »häufiger in sozialen oder personennahen Dienstleistungen [zu finden], die schlechter bezahlt werden als beispielsweise technische Berufe«. Hierbei stelle ich mir die Frage, ob diese Berufswahl nicht auch ein Überbleibsel patriarchalischer Strukturen ist, die Frauen traditionell in einer »fürsorgenden« Rolle sehen und bis heute Interessen an beispielsweise naturwissenschaftlichen, technischen oder informatikbasierten Berufen im Keim ersticken. Ich kann mir schwer vorstellen, dass es ein Zufall ist, dass bis heute die Mehrheit der unbezahlten Care-Arbeit an Frauen hängen bleibt und sie bis heute auch verstärkt in solchen Berufen arbeiten. Und tatsächlich: Der Großteil der wissenschaftlichen Untersuchungen führt diese »Wahl« in den meisten Fällen auf veraltete Rollenbilder, die immer noch in der Gesellschaft verankert sind, zurück.[70] Zu behaupten, dass Frauen diese Berufe ausschließlich freiwillig wählten, ist also schlichtweg falsch. Vielmehr ist es eine lebenslange Konditionierung, die Frauen in solche Rollen drängt.

Gleichzeitig machen aber auch »(längere) familienbedingte Erwerbsunterbrechung und der anschließende Wiedereinstieg in Teilzeit und Minijobs« laut BMFSFJ einen Grund für den Gehaltsunterschied zwischen den Geschlechtern aus. So gibt das Bundesministerium an, dass allein 47 Prozent der sozialversicherungspflichtig beschäftigten Frauen in Teilzeit und knapp 62 Prozent aller sogenannten »Minijobs« von Frauen ausgeübt werden.[71] Auch regionale Unterschiede spielen eine Rolle, wie aktuelle Daten der Bundesagentur für Arbeit zeigen. So beträgt die Lohnlücke im ehemaligen »Osten« Deutschlands nur 17 Prozent – allerdings insofern, dass Männer hier weniger verdienen. Im Median verdienten 2021 sozialversicherungspflichtige Vollzeitbeschäftige in den neuen Bundesländern 3.007 Euro, wobei Frauen im Durchschnitt 3.060 Euro und Männer 2.978 Euro am Ende des Monats erhielten. Doch auch hier war jede zweite Frau in Teilzeit beschäftigt, was bedeutet, dass viele der Frauen weniger als den Gehaltsdurchschnitt verdienten.[72] Die Daten zeigen auch, dass es gerade in den alten Bundesländern sehr traditionell zuging: In 75 Prozent der Fälle gingen Männer hier in Vollzeit arbeiten, während die Frauen in Teilzeit etwas dazuverdienten und – unbezahlt – den Großteil der Care-Arbeit übernahmen.[73]

Mehr Arbeit für weniger Anerkennung

Vor ein paar Jahren schrieb Meta-COO Sheryl Sandberg in ihrem Buch *Lean in*, dass Frauen zu zögerlich seien, sich auf Ausschreibungen zu melden. Sie behauptet, dass sich Männer schon bewerben, wenn sie nur 60 Prozent der Voraussetzungen erfüllen, Frauen aber erst bei 100 Prozent. Abgesehen davon, dass sich diese Behauptung nicht mit harten Zahlen stützen lässt und scheinbar einen langen Weg als Manager-Anekdote hinter sich hat,[74] finde ich den Fokus falsch. Diese Aussage verlegt nämlich die Verantwortung dafür, dass Frauen es schwerer als Männer haben, Karriere zu machen, auf die Frauen selbst. Nach dem Motto »Natürlich bekommt ihr keine Führungspositionen, wenn ihr euch nicht darauf bewerbt. Ihr müsst halt mal selbstbewusster sein!« werden Probleme wie Unconscious Bias, patriarchale Strukturen und ganz offensichtliche Diskriminierung aus der Gleichung herausgestrichen. Das ist schön einfach und lässt die Leute, die so etwas von sich geben, gut dastehen.

Natürlich trägt jede Frau, so wie jeder Mensch, ein Päckchen mit persönlichen Unsicherheiten mit sich herum, und es ist generell hilfreich, daran zu arbeiten und sich von diesen Dingen zu befreien. Allerdings existieren viele dieser Unsicherheiten auch deswegen, weil Frauen von den auch heute noch vorhandenen patriarchalen Strukturen in bestimmte Rollen gepresst werden. Ein paar Beispiele? Frauen sind gut in Sprachen, aber nicht in Mathe und anderen Naturwissenschaften. Frauen sind von Natur aus empathisch, können gut mit Gefühlen umgehen und sind nah am Wasser gebaut. Harte Entscheidungen zu treffen und sich durchzusetzen, liegt ihnen nicht, weil Frauen eher auf Harmonie aus sind. Frauen kümmern sich gerne um andere und gehen in dieser fürsorglichen Rolle auf. Daher streben auch alle Frauen tief in ihrem Inneren danach, Mutter zu werden und sich um ihre Familie zu kümmern.

Ehrlicherweise wird mir ein bisschen schlecht, wenn ich das schreibe. Ich denke, jeder Frau ist mindestens einmal in ihrem Leben eines dieser Vorurteile begegnet, im schlechtesten Fall sogar mehrere davon. Manchmal wurden sie vielleicht nicht explizit formuliert, manchmal kamen sie von scheinbar wohlmeinenden Verwandten, Lehrkräften oder Vorbildern. Da wird gesagt »Rede mal nicht so laut, das ist unweiblich« oder selbstbewusstes Auftreten wird zu Arroganz uminterpretiert. Gerade als junge Person bemerkt man nicht, wie tiefgreifend frauenfeindlich und entmenschlichend diese Aussagen sind – offensichtlich sind Frauen ja keine eigenen Personen mit individuellen Persönlichkeiten, Interessen und Talenten, sondern Blaupausen ein und derselben »perfekten Frau«. Und so werden Frauen schon von der Wiege an in eine Form gepresst, aus der sie sich später erst mühevoll wieder befreien müssen. Worauf ich hinauswill: Viele dieser »individuellen« Probleme wie das scheinbar mangelnde Selbstbewusstsein, die Frauen daran hindern, Karrieren anzustreben, sind nicht ihre Schuld, sondern wurden ihnen von der Gesellschaft in den Kopf gedrückt.

Aber die Widrigkeiten hören damit nicht auf: Haben sich Frauen erst einmal von all diesen ihnen indoktrinierten Rollenbildern befreit, wartet schon die nächste Herausforderung. Nicht nur Frauen werden nämlich geprägt, auf welche Art sie »perfekt« sind, sondern alle Menschen. Schließlich muss ja auch der Unconscious Bias irgendwo herkommen – und so wohnen in all unseren Köpfen Vorurteile darüber, wie Männer und Frauen »zu sein haben«. Wenn Frauen sich selbst davon befreien, ist das schon einmal ein guter Schritt, aber sie können es nicht für andere tun – erst recht nicht, wenn diese Personen Entscheidungspositionen zum Beispiel als Geschäftsführende, Personalverantwortliche oder Vorgesetzte innehaben.

Warum Frauen sich mehr anstrengen müssen

Obwohl Sandbergs Aussage so problematisch war, resonierte sie mit vielen, die ihr Buch lasen, und verbreitete sich wie ein Lauffeuer. Ich denke, dass es zum einen daran liegt, dass es eine einfache Erklärung für ein komplexes Problem ist. Zum anderen zeigt es aber auch, dass bei Männern scheinbar nicht ganz so wichtig ist, was sie bereits an Kompetenzen mitbringen, sondern vielmehr das Potenzial, mit dem sie sich neue Dinge aneignen können.

Gleichzeitig zeigen Studien wie die von Yale-Professorin Kelly Shue, dass bei Frauen – ungerechtfertigterweise – generell weniger Potenzial gesehen wird, sich Skills anzueignen. Gemeinsam mit zwei Co-Verfassenden von der University of Minnesota und des MIT untersuchte sie 2021 Daten von rund 30.000 Mitarbeitenden einer großen nordamerikanischen Kaufhauskette. Dabei stieß sie darauf, dass zwar 56 Prozent der Berufseinsteigenden Frauen waren, es aber seltsamerweise immer weniger weibliche Manager gab, je mehr die Führungsverantwortung zunahm. So machten Frauen noch 48 Prozent der Abteilungsleitenden aus, aber nur noch 35 Prozent der Store-Leitenden und 14 Prozent der Regionalleitenden.

Auf der Suche nach der Ursache für diese Auffälligkeit stießen Shue und ihre Co-Verfassenden in den Personaldaten bald auf den Grund: In den Leistungsbewertungen der einzelnen Mitarbeitenden und den Unterlagen über ihre Beförderungen fiel auf, dass weibliche Mitarbeitende zwar bei den halbjährlichen Leistungsbewertungen durchschnittlich höher bewertet wurden als ihre männlichen Kollegen – also nicht nur die Erwartungen erfüllten, sondern übertrafen –, ihr Entwicklungspotenzial aber trotzdem durchgehend geringer eingeschätzt wurde.

Die Forschenden führten diese Diskrepanz darauf zurück, dass Eigenschaften wie Durchsetzungsvermögen, Umsetzungsstärke, Charisma, Führungsqualitäten und Ehrgeiz gemeinhin eher als »männlich« wahrgenommen werden und die Mitarbeiterinnen von einem Unconscious Bias ihrer Vorgesetzten zurückgehalten werden. Um zu prüfen, ob dies tatsächlich der Fall war, prüften die

Forschenden die Daten von weiblichen und männlichen Mitarbeitenden, die befördert wurden oder ihre Position behielten. Egal in welchem der beiden Fälle, Frauen erhielten bei der Potenzialbewertung im Voraus durchschnittlich niedrigere Bewertungen als ihre Kollegen und erzielten bei der darauffolgenden Leistungsbewertung bessere Ergebnisse – was sich von Halbjahr zu Halbjahr wiederholte. Egal, wie gut die Leistungen der Frauen also ausfielen, es brachte ihnen nichts für die zukünftigen Bewertungen. Offensichtlich würden Frauen an einem höheren Standard gemessen als die männlichen Mitarbeitenden, schloss Shue in ihrer Studie. Außerdem wurde die Messlatte für Frauen immer höher gelegt, je weiter sie im Management aufstiegen – es wurde für sie also immer schwieriger und schwieriger, höhere Führungspositionen zu erreichen.[75]

Andere Studien dieser Art zeigen, dass es sich hierbei leider nicht um einen Einzelfall handelt. In einer Studie aus dem Jahr 2019 untersuchten Forschende des Psychologie-Departments der University Kent, ob und inwiefern Bewerbungen von Frauen und Männern für eine hypothetische Führungsposition unterschiedlich bewertet werden. Dabei ließen die Verfassenden der Studie 297 Teilnehmende fiktive Lebensläufe von weiblichen und männlichen Bewerbenden ansehen, in denen entweder die Führungserfahrung oder das Führungspotenzial betont wurde. Danach sollten sie entscheiden, wen davon sie für die ausgedachte Führungsrolle vorschlagen würden.

Bald zeichnete sich ein Muster ab: Während die Bewerbungen der Männer empfohlen wurden, wenn sie sich auf das Führungspotenzial fokussierten, wurden Bewerberinnen nur ausgewählt, wenn sie bereits Führungserfahrung mitbrachten. Die Forschenden urteilten, dass im Durchschnitt das Potenzial der Frauen als geringer eingeschätzt wurde als das der Männer und sie gleichzeitig einem höheren Maßstab entsprechen mussten, um in Betracht gezogen zu werden.[76]

Für mich zeigen diese beiden Studien, exemplarisch für eine ganze Reihe anderer mit ähnlichen Ergebnissen, dass auch in diesem Bereich Frauen und Männer weitaus weniger gleich sind, als sie es sein sollten. Während Männer oftmals einen Vertrauensvorschuss bekommen, der allein darauf basiert, was die Gesellschaft als »typisch männliche Eigenschaften« wahrnimmt, müssen sich Frauen an deutlich höheren Maßstäben abarbeiten. Kein Wunder, dass viele Unternehmen als Grund dafür, dass sie immer noch keine paritätischen Vorstände haben, angeben, dass es nicht genug qualifizierte Bewerberinnen gibt. Wer zwei verschiedene Maßstäbe an Männer und Frauen anlegt und es Letzteren auf jeder Sprosse der Karriereleiter schwerer und schwerer macht, braucht sich nicht wundern, dass es scheinbar nicht genug Bewerberinnen gibt. Schließlich wurde der Großteil ja schon ausgesiebt, bevor sie ihre Potenziale überhaupt realisieren konnten.

Es macht mich ziemlich betroffen, wenn ich mir vorstelle, wie viele talentierte und qualifizierte Frauen allein deswegen nie Karriere gemacht haben, weil sie das »falsche« Geschlecht hatten. Denn einerseits empfinde ich das als zutiefst persönliche Tragödie, aber andererseits auch als einen unfassbaren Verlust für die Wirtschaft. Wie viel weiter könnten wir schon in vielen Bereichen – sozial, kulturell, wissenschaftlich und technisch – sein, wenn wir uns nicht von so etwas lächerlich Zufälligem wie dem Geschlecht ablenken ließen, sondern uns auf die wirklich wichtigen Dinge, nämlich Kompetenz und Talent, konzentrierten. Aber stattdessen verbannten wir damals und verbannen wir noch heute viele dieser kompetenten Frauen in Rollen, die sie eigentlich gar nicht einnehmen wollen, oder zwingen sie, sich diesen unrealistisch hohen Maßstäben unterzuordnen. Dass gerade bei Letzterem etwas auf der Strecke bleiben muss, ist wenig verwunderlich – und meistens ist es das Privatleben. Die Frage »Kind oder Karriere« treibt heute noch viele Frauen – mit gutem Grund – um, wie zahlreiche Untersuchungen zeigen.

Kinder als Karrierehemmer

Unabhängig von den bereits genannten Faktoren wie der Lohnlücke und unverhältnismäßigen Leistungserwartungen spielen auch gesellschaftliche Anforderungen bei der Ungleichbehandlung von Männern und Frauen immer noch eine starke Rolle. Besonders Frauen stehen weiterhin vor der Frage: Kind oder Karriere? Selbst, wenn diese rein theoretisch ist.

Allein ein Blick in mein persönliches Umfeld zeigt, dass die Situation alleinerziehender oder geschiedener Frauen oft noch prekärer ist als die der Frauen, die in einer klassischen Familie leben, und besonders Frauen mit Kindern haben es nach wie vor schwer, die Karriereleiter zu erklimmen. So kommt eine Umfrage der Agentur OMR und des Marktforschungsinstituts Appinio aus dem Jahr 2022 zu dem erschreckenden Ergebnis, dass 37 Prozent der befragten Frauen der Wiedereinstieg in den Beruf aufgrund ihrer Mutterschaft erschwert wurde. In leitenden Positionen waren es sogar 48 Prozent der Befragten, die angaben, dass ihre Rolle als Mutter sie am Wiedereinstieg hindere. 44 Prozent schreckten laut der Befragung sogar ganz davor zurück, Karriere mit Kind zu machen. Als die beiden wichtigsten Gründe nannten sie die fehlenden Möglichkeiten, Beruf und Privatleben zu vereinbaren, und die potenzielle Überbelastung, die dadurch entstehen könnte, trotzdem zu versuchen, Beruf und Familie unter einen Hut zu bekommen.

Beim Thema Diskriminierung im Arbeitsumfeld aufgrund der Mutterschaft sah es ähnlich aus. Hier erwähnten 38 Prozent der befragten Frauen, dass sie schon einmal Diskriminierung ausgesetzt waren, und mit 49 Prozent waren besonders Frauen in Führungspositionen davon betroffen. Laut der Befragung gaben sowohl Mütter (47 Prozent) als auch kinderlose Frauen (43 Prozent) an, dass sie das Gefühl haben, dass ein Kind ihre Karriere negativ beeinflusst oder beeinflussen würde. Und das, obwohl Unternehmen laut Aussagen der Frauen mit Maßnahmen wie flexiblen Arbeitszeiten, Kinderbetreuung oder Jobsharing versuchten, Mütter weniger zu benachteiligen. Trotzdem empfand gut ein Viertel der befragten Frauen, dass sie in ihrem Unternehmen nicht problemlos Kinder bekommen können. 44 Prozent der Frauen ohne Kinder, die aber einen Kinderwunsch hatten, meinten sogar, dass sich aufgrund ihrer Karriere die Familienplanung nach hinten verschoben habe.[77] Offenbar sind Maßnahmen zur Vereinbarkeit von Familie und Karriere in Unternehmen zwar sinnvoll, müssen aber auch durch einen Kulturwandel in den Firmen unterstützt werden. Es bringt schließlich nichts, wenn sich Frauen aufgrund von Diskriminierungen immer noch entweder für eine Familie ohne Karriere oder eine Karriere ohne Kinder entscheiden.

Lösung Elterngeld?

Auch die Bundesregierung hat erkannt, dass es ein Problem ist, Kind und Karriere zu vereinbaren – hat dabei aber weniger das Thema Diskriminierung als finanzielle Sorgen im Fokus. 2007 führte sie deshalb das Elterngeld ein. Hierbei erhält der jeweils betreuende Elternteil für bis zu zwölf Monate nach der Geburt etwa 67 Prozent des vor der Geburt erhaltenen Einkommens. Eine Besonderheit: Nehmen beide Elternteile mindestens zwei Monate Elterngeld, erhalten sie die Leistung für zwei weitere Monate. Das Elterngeld Plus, das 2015 eingeführt wurde, ergänzt diese Bezüge noch einmal und soll vor allem Vätern einen Anreiz bieten, sich an der Betreuung des Kindes zu beteiligen. Gleichzeitig will die Bundesregierung so Mütter dabei fördern, wieder in ihren Beruf einzusteigen.

Nach etwas mehr als 15 Jahren zeigt sich, dass das Elterngeld durchaus Erfolge beim Thema Gleichstellung erzielt hat, es aber immer noch jede Menge Handlungsbedarf gibt. Tatsächlich kümmerten sich die Väter seit Einführung des Elterngelds wirklich mehr um die Kindererziehung, allerdings gerät dabei gerade in der Öffentlichkeit etwas aus dem Fokus, was das eigentliche Ziel der Aktion war: Frauen den Wiedereinstieg in ihren Beruf zu erleichtern. Stattdessen erscheinen fast jede Woche Artikel in den Zeitungen, die sich mit den »neuen Vätern« beschäftigen und wie sehr sich diese »weicheren Männer« um ihren Nachwuchs kümmern. Allerdings nehmen die meisten dieser »neuen Männer« das Elterngeld nur für die zwei Monate in Anspruch, die ausreichen, um den Bonus mitzunehmen. Von den Müttern bezogen seit dessen Einführung dagegen durchgehend über 98 Prozent länger Elterngeld – meistens sogar über die zwölf Monate hinaus, indem sie noch die zusätzliche unbezahlte Elternzeit in Anspruch nahmen. Bei der tatsächlichen Verteilung der Familienarbeit änderte das Elterngeld also nur wenig. Eine aktuelle Untersuchung des Bundesinstituts für Bevölkerungsforschung zeigt, dass sich erst etwas ändert, wenn Väter drei Monate oder länger Elterngeld in Anspruch nehmen. Erst dann beteiligen sich diese laut der Befragung signifikant stärker an der Kinderbetreuung.[78]

Trotzdem scheint sich das Elterngeld auf den ersten Blick positiv auf die Erwerbsbeteiligung von Frauen ausgewirkt zu haben. Die Erwerbstätigkeit von Müttern mit Kindern unter drei Jahren stieg seit der Einführung von 43 auf 56 Prozent an. Allerdings hatte das Elterngeld auch negative Effekte: Während Väter ihr berufliches Ansehen besonders nach einer Elternzeit, die länger als drei Monate dauerte, steigern konnten, war der Effekt bei Frauen umgekehrt. Selbst, wenn diese keine oder nur eine kurze Elternzeit nahmen, sank ihr Ansehen.[79]

Mich erinnert das ungut an Szenen, die man vielerorts beobachten kann: Geht ein Mann mit seinem Nachwuchs auf den Spielplatz oder zum Arzt, wird er von der Öffentlichkeit fast schon als Held gefeiert – all die Frauen, die jeden Tag das Gleiche machen, bekommen allerdings keine solchen Komplimente. Vermutlich, weil sie ja als Mutter nur ihre »Pflicht« in den Augen unserer immer noch patriarchal geprägten Gesellschaft erfüllen – wieder arbeiten gehen zu wollen, grenzt mit diesem Blickwinkel wahrscheinlich schon stark an Vermessenheit.

Ungleichbehandlung als Gesellschaftsproblem

Dass Frauen im Beruf benachteiligt werden, hat aber nicht nur mit dem Thema Familie zu tun. Das Thema »Kind oder Karriere« ist nur ein Beispiel für eine gesellschaftliche Erwartungshaltung, die es Frauen alles andere als leicht macht, ihren Weg zu gehen. Auch, wenn wir 2023 schon lange davon entfernt sein sollten, ist die gesellschaftliche Messlatte für Frauen in vielen Fällen immer noch auf Höhe der 1950er-Jahren stecken geblieben. Nur, dass es heutzutage nicht mehr genügt, eine gute Mutter *oder* Führungskraft zu sein. Nein, die Gesellschaft erwartet von Frauen, beide Rollen perfekt auszufüllen, und hat den Druck damit noch einmal erhöht.

Wie negativ sich dieser Perfektionsdruck auswirken kann, zeigt das Beispiel Essen. Schlankheit wird in unserer Gesellschaft mit Fitness und Attraktivität gleichgesetzt, genauso wie mit Erfolg und Leistungswillen. Wer diesem Bild nicht entspricht, kann es schnell mit Diskriminierung zu tun bekommen. Und tatsächlich sind Frauen im mittleren und höheren Management dazu bereit, für den vermeintlich perfekten Körper ihr Essverhalten so stark zu kontrollieren, dass sie damit ihre eigene Gesundheit gefährden.[80]

Der hohe persönliche Preis der Karriere

Bislang habe ich vor allem über Frauen mit eigenen Familien geredet. Dass diese nach dem Erklimmen der Karriereleiter überhaupt noch existieren, ist aber keinesfalls sicher. Eine Studie, die die schwedischen Wissenschaftler Olle Folke und Johanna Rickne 2020 veröffentlichten, kommt zum Ergebnis, dass das Scheidungsrisiko von Frauen steigt, sobald sie die Spitze ihres Unternehmens erreichen. Drei Jahre nach der Beförderung sind sie doppelt so häufig geschieden wie ihre männlichen Kollegen. Auch hier sorgen sehr wahrscheinlich gesellschaftliche Stereotype dafür, dass Frauen am Ende einen persönlichen Preis für ihre Karriere zahlen müssen. Denn zum einen hat der berufliche Aufstieg bei Männern keinen

Einfluss auf das Scheidungsrisiko, und zum anderen treten diese Scheidungsquoten nur bei den Paaren auf, die laut Studie eine traditionelle Verteilung der Geschlechterrollen leben. Gleichberechtigte Partnerschaften hätten dagegen eine deutlich höhere Chance, den Karrierewunsch der Frau zu überstehen.[81]

Für mich zeigt dieses Unterkapitel eindrücklich, wie wichtig es ist, dass wir uns alle mit den Folgen eines patriarchalen Frauenbildes auseinandersetzen – und uns davon freimachen. Nur weil Teile der Gesellschaft noch in den 1950er-Jahren feststecken, bedeutet es ja nicht, dass wir das auch müssen. Wenn wir alle Frauen dabei unterstützen, eigene Wege zu gehen und sich Partner zu suchen, die ebenfalls ein gleichberechtigtes Leben anstreben, können wir gemeinsam viel erreichen. Für uns, ebenso wie für all die zukünftigen Generationen – und das stimmt mich, trotz all der ernüchternden Zahlen, hoffnungsvoll. Die folgenden Beiträge aus dem echten Leben sollen auch ganz bewusst Mut machen.

Aus dem echten Leben

Kasia Mol-Wolf: Karriere, Aussehen, Beziehung – Warum verspüren viele Frauen den Druck, perfekt sein zu müssen?

Dr. Katarzyna (Kasia) Mol-Wolf ist Geschäftsführende Gesellschafterin von Inspiring Network und Editorial Director der Frauenzeitschrift emotion. Seit 2015 ist sie Aufsichtsratsmitglied der FAZ, seit 2021 außerdem bei Studio Hamburg/NDR Media.
Kasia wurde 2018 vom Fachmagazin Horizont *zum »Medienmensch des Jahres« gekürt. Sie lebt mit ihrem Mann und den zwei Kindern in Hamburg.*

Wer ist schon perfekt? Niemand. Wissen wir doch! Ist es da nicht umso absurder, dass wir Frauen trotzdem immer wieder versuchen, perfekt zu sein? 20 Jahre bin ich jetzt schon auf meinem Karriereweg, 20 Jahre, in denen ich viele Erfahrungen sammeln konnte: in einem Land, in dem das Thema Gleichstellung noch ein großes Thema ist. Und da die Fakten dafür sprechen, dass es noch einige Zeit dauern wird, bis wir dieses Problem gelöst haben, finde ich es umso wichtiger, dass wir es uns nicht noch zusätzlich schwer machen. Das sage ich auch vor dem Hintergrund eigener Erfahrungen. Rückblickend sehe ich es klar: Oft waren die Erwartungen, die ich an mich selbst gestellt habe, zu hoch.

Das ändert aber an meiner festen Überzeugung nichts: Wir Frauen können heute alles sein. In der freiheitlichen, demokratischen und wohlständigen Gesellschaft, in der wir hier leben, sind wir in der großartigen Situation, selbst entscheiden zu können, wie wir unsere Freiheit nutzen wollen. Als Frau können wir – erst mal theoretisch – alles schaffen. Aber wenn ich alles sein möchte – wie in meinem Fall Unternehmerin, Führungskraft, Mutter, Ehefrau und Freundin –, muss ich auch Entbehrungen in Kauf nehmen. Vor allem, wenn ich außerdem noch versuche, in allen Rollen perfekt zu sein. Mutterwerden öffnet eben das Tor für unendlich viele Meinungen und Bewertungen, denen wir ungefragt ausgeliefert sind. Beim ersten Kind war ich mit 38 Jahren im ersten Jahr meiner Unternehmensgründung, beim zweiten mit 46 Jahren Super-Spätgebährende mit der Verantwortung für ein Media-Haus. Das zog logischerweise Kritik und Verzicht nach sich. Aber ich habe nach einigen Blessuren und Selbstzweifeln beschlossen, dass ich eben nicht hundertprozentige Unternehmerin und hundertprozentige Mutter gleichzeitig sein kann.

Was ich gelernt habe, ist, dass es viel leichter ist, Entbehrungen und Bewertungen hinzunehmen, wenn man sich selbst vertraut – und nicht dem »Außen« oder den anderen (hier kann ich mit allen anderen Müttern sicher die Erfahrung teilen, dass man es den anderen nie recht machen kann). Inzwischen weiß ich selbst, dass ich eine gute Mutter bin – zumindest meist. Ich spüre, wann meine Kinder mich brauchen, fühle, wann sie glücklich sind und wann nicht. Und das ist das Einzige, was zählt.

Ich habe beschlossen, dass ich die Maßstäbe für mein Leben selbst definiere. Wieso sollen jüngere Frauen oder solche, die nicht arbeiten, die besseren Mütter sein? Und was ist das überhaupt: eine bessere Mutter? Vergleiche verschwenden nur unsere Energie, die wir für Wichtigeres brauchen. Der Blick zu den anderen verleitet uns eher dazu, ein schlechtes Gewissen zu haben! Viel zu schnell sehen wir, was die anderen (vermeintlich gut) bewerkstelligen – und vergessen darüber, wertzuschätzen, was wir selbst leisten und geleistet haben (davon abgesehen spiegeln die Bilder, die wir von anderen sehen, nie die Wirklichkeit mit all ihren Facetten wider). Wer zu sehr mit dem Außen beschäftigt ist, kommt weniger dazu, herauszufinden, wo die eigentlichen, eigenen Bedürfnisse liegen. Die Frage nach meinem Weg, nach dem Leben, das zu mir und meinen Bedürfnissen und Stärken, Talenten und Sehnsüchten passt, hat mich in den letzten Jahren am weitesten gebracht.

Übrigens: Gemeinsam mit anderen Frauen fällt alles leichter. Mit Frauen-Frauen – also Frauen, die auch andere Frauen im Blick haben. Ich muss nicht das Licht der anderen auspusten, um selbst heller zu leuchten. Es macht Spaß und gibt viel Energie zurück, andere Frauen dabei zu unterstützen, dorthin zu kommen, wo sie hingehören: auf die Bühnen unseres Landes. In die erste Reihe. Denn unser Land braucht uns. Und dieses Bewusstsein sollte uns dabei stärken, selbstbewusst unseren individuellen Weg zu gehen, so unperfekt wie jede von uns eben ist.

Nina Michahelles: **Finde dein ganz eigenes »Perfekt«**

Nina Michahelles ist Direktorin bei Google und unterstützt globale Konzerne mit Branchenfokus Consumer Brands, Healthcare, Finance & Insurance beim Meistern der digitalen Transformation und Erreichen ambitionierter Wachstumsziele.

Nina lebt mit ihrem Mann, ihren zwei Töchtern und ihrem Hund in Hamburg und engagiert sich unter anderem in dem Managerinnen-Netzwerk »Mission Female«.

Mein Maßstab an das Wort »perfekt« lautet »genau perfekt für mich«. Die perfekte Karriere, eingebettet in die perfekten Lebensumstände, muss genau für mich selbst stimmig, rund und passend sein – und für niemanden sonst.

Wenn ich einen Wunsch für Frauen habe, dann ist es, dass sie glücklich und zufrieden mit ihrem eigenen Verständnis von »perfekt« sind und sich nicht auf ihrem Weg zu ihrer eigenen Idealvorstellung ihrer Lebensumstände beirren lassen, weil andere Personen dies anders sehen. Jede bestimmt ihr eigenes »Perfekt für mich«.

Im Umkehrschluss heißt das auch, allen anderen ebenfalls ihr eigenes »Perfekt für mich« zuzugestehen. Ich glaube fest daran, dass die Welt ein kleines Stückchen besser wird, wenn wir uns gegenseitig beim Suchen und Finden unseres ganz eigenen »Perfekt für mich« unterstützen. Statt zu be- und verurteilen, sollten wir positiv ermutigen – und andere nicht durch unsere eigenen Idealvorstellungen, die uns selbst natürlich viel besser erscheinen, von ihren Vorstellungen abbringen. »Live and let live« fällt vielen Menschen leider immer noch sehr schwer. Lasst uns das gemeinsam ändern und als gute Beispiele vorangehen!

Mach dir frühzeitig Gedanken, wie du dir dein eigenes »Perfekt« in der Zukunft vorstellst und handle entsprechend

Wir haben das Glück, in Deutschland zu leben – in einem Land, in dem Frauen sämtliche Freiheiten haben, ihres eigenen Glückes Schmied zu sein. Das war nicht immer selbstverständlich. Meine Schwiegermutter erzählt meinen Töchtern immer wieder gerne, dass sie für die Ausübung ihres ersten Berufs sowie für die Eröffnung eines eigenen Bankkontos (für unter anderem die Einzahlung jenes selbst verdienten Gehalts) in den 1960er- und 1970er-Jahren noch die Zustimmung ihres Mannes brauchte. Ein Glück, dass diese Zeiten in unserem europäischen Kulturkreis lange vorbei sind, und jede Frau genau das Lebensmodell verfolgen und in die Tat umsetzen kann, das sie will.

Rückblickend auf mich als 15-, 20- oder 25-Jährige hatte ich für mich bereits relativ früh eine klare Vorstellung davon, wie ich mir mein ideales Lebensmodell für mein zukünftiges Ich vorstelle und was dafür alles getan und erreicht werden muss.

Geprägt haben mich dabei sicherlich diverse Erfahrungen aus meiner Kindheit, die sehr viel dazu beigetragen haben, warum ich bereits früh die Weichen für sowohl eine mich erfüllende Karriere, als auch ein damit gut einhergehendes Familienleben gestellt habe, damit die Vereinbarkeit dieser beiden scheinbaren Gegenpole bestmöglich gelingt.

Positiv beflügelt wurden meine Ambitionen beispielsweise durch meine Erfahrung als Expat-Kind, bei der es während eines vierjährigen Auslandsaufenthalts meiner Familie – sehr vereinfacht dargestellt – darum ging, ob wir jetzt in den Herbst- oder Osterferien nach Hawaii oder Fidschi fliegen – oder einfach beides. Ein Jahr der Arbeitslosigkeit, das direkt darauf folgte, war hingegen eine schwierige Erfahrung, die mich allerdings auch im Positiven beeinflusst hat – ich wollte dadurch immer zur finanziellen Sicherheit meiner Familie beitragen.

Nach dem für die 1970er- und 1980er-Jahre typischen Familienmodell war mein Vater Alleinverdiener, während meine Mutter sich um uns Kinder und den Haushalt kümmerte. Für meine Eltern war dieses Modell perfekt – mich hat diese Erfahrung allerdings in meiner Entscheidung bekräftigt, mehr Verantwortung für die finanzielle Sicherheit meiner Familie übernehmen zu wollen. Ich wollte mehr Flexibilität und Freiheit haben und nicht alle Entscheidungen, die die Familie betrafen, den beruflichen Tätigkeiten einer Person unterordnen müssen – zum Beispiel Entscheidungen wie Umzüge in mal mehr, mal weniger, entfernte Städte und Länder. Als Teenager ging es in meiner Vision vom für mich perfekten Lebensmodell daher sowohl um einen Beruf, der mich erfüllt und meine Familie und mich finanziell absichert, als auch um eine Partnerschaft auf Augenhöhe, in der wir uns gegenseitig den Rücken sowohl freihalten als auch stärken.

Um meine Vision von diesem Leben anzugehen, war mir klar, dass nach dem Abitur der Abschluss an einer guten Universität helfen würde, um einen guten Job zu ergattern. So entschied ich mich mit 17 Jahren aufgrund eines Berichts im *Spiegel*-Magazin meines Vaters, Betriebswirtschaftslehre an der in der Zeitschrift hochgelobten Universität Mannheim zu studieren. Während meine fünf Jahre Studium auf dem Papier stehen, mit Lehrstuhljobs, relevanten Praktika, einem Auslandsjahr und ordentlichen Noten, sind aber das kontinuierliche Auf und Ab an Emotionen, die Versagens- und Existenzängste nicht auf dem Lebenslauf zu sehen. Auf und ab deshalb, da ich das Studium in Mannheim sehr anspruchsvoll fand und ich alle Kosten zu 100 Prozent allein finanziert habe – mit mehreren Jobs gleichzeitig, die jedoch nicht alle lebenslauftauglich sind (von McDonalds bis Testdieb war alles dabei). Ich befand mich also in einem stetigen Spannungsfeld zwischen Lernen und Arbeiten – und erfuhr hier früh, was es heißt, mehreren Ansprüchen gerecht werden zu wollen. Das »Schaffen« meines Abschlusses als Diplom-Kauffrau trotz aller Herausforderungen hat mir unfassbar viel Kraft und Selbstvertrauen gegeben, denn seitdem weiß ich, dass ich alles, was ich mir vornehme und anpacke, auch wirklich erreichen kann.

Der Weg zum für mich perfekten Beruf und Arbeitsumfeld

Nach dem Abschluss war auch die Bewerbungsphase für den ersten Job erst einmal alles andere als perfekt – viele meiner Freunde promovierten und gingen zu großen Beratungen. Auch wenn ich im Herzen wusste, dass das nicht der für mich perfekte Weg sein würde, eiferte ich dem erst einmal nach. Doch perfekt für viele andere im direkten Freundes- und Kollegenumfeld heißt nicht perfekt für einen selbst. Seitdem ich das begriffen habe, bin ich ehrlicher zu mir und reflektiere besser, was mir liegt und was eben nicht. Ein Jahr Lehrstuhltätigkeit habe ich benötigt, um zu dieser Erkenntnis zu gelangen und schließlich bei einem großen Markenartikelhersteller im Globalen Marketing mein erstes berufliches Zuhause zu finden.

Hier traf ich auf das nächste große »Perfekt-für-mich«-Dilemma. Ich hatte eine rundum großartige Zeit, die ich auch auf keinen Fall missen möchte, und in den ersten Berufsjahren habe ich nicht nur viel gelernt, sondern auch Freunde sowie ein tolles Netzwerk fürs Leben gewonnen. Allerdings bin ich stets den vielen Ansprüchen und Erwartungen hinterhergestrampelt. Während ich meiner ersten Managerin für immer dankbar sein werde, dass sie die rundum beste Führungskraft war, die ich mir nur wünschen konnte, erlebte ich auch viel anderes Führungsverhalten. Von dort nahm ich mit, was ich eher anders machen würde, sollte ich denn irgendwann einmal Führungskraft sein. Dafür bin ich rückblickend sehr dankbar, denn um Klarheit zu haben, was »perfekt« für einen selbst bedeutet, hilft es, auch die Gegenpole kennenzulernen.

Ich erkannte im Laufe der Zeit, dass ich mich sehr anpassen und charakterlich ändern müsste, um in diesem Umfeld erfolgreich zu sein. Trotz meines Drangs nach finanzieller Sicherheit entschied ich mich daher, den Arbeitgeber zu wechseln. Um mich nicht zu sehr zu verbiegen, entschied mich sehr bewusst für ein völlig anderes kulturelles Umfeld, in dem meine persönlichen Eigenschaften eher als Stärken wahrgenommen wurden und ich positiven Rückenwind für meinen Ideenreichtum und meinen Tatendrang bekam, anstelle gefühlt kleingehalten zu werden. Auch diese Entscheidung habe ich nicht einen Tag bereut. Im Gegenteil, das neue Umfeld bei einem anderen globalen Topmarkenartikelhersteller zu meistern, hat meinen Glauben an mich selbst wieder in Balance gebracht. Dort fühlte ich mich bald »zu Hause«, konnte mich einbringen, Erfolge zeigen und erhielt für mein Engagement recht zügig meine erste Führungsverantwortung.

Mit jeder weiteren Berufsentscheidung reflektierte ich danach, wie ein für mich perfektes Arbeitsumfeld aussehen muss, damit ich Topergebnisse liefern und mich selbst sowie später auch meine Teammitglieder weiterentwickeln kann.

Mein Weg zur Vereinbarkeit von mehreren Interessen

Im Alter von etwa 30 Jahren, frisch verheiratet, fing ich auch an, darüber nachzudenken, wie mein Mann und ich unser jeweils perfektes berufliches Umfeld mit unseren Wünschen nach Nachwuchs vereinen. Auch hier musste ich im Einklang mit meinem Mann eine wichtige Entscheidung fällen – und diesmal entschied ich mich gegen berufliche Wachstumsmöglichkeiten. Statt bei jenem zweiten Arbeitgeber im Rheinland zu bleiben, entschied ich mich für einen Umzug nach Hamburg, um dort an der Familienplanung zu arbeiten.

Unsere Wahl fiel vor allem deshalb auf Hamburg, weil uns beiden klar war, dass wir jegliche Unterstützung bei der Umsetzung unserer Vision von der Vereinbarkeit von Familie mit zwei gerne Vollzeit arbeitenden Elternteilen in ambitionierten und auch reiseintensiven Berufen benötigen würden. Hamburg bot daher die ideale Umgebung für unsere Pläne, denn die zukünftige Großmutter und unsere weitere Familie wohnte nur wenige Blöcke von unserer neuen Wohnung entfernt. Auch diesen Schritt habe ich nie bereut, denn er hat sich sowohl perfekt für meine Familie als auch positiver als erwartet für meine berufliche Entwicklung herausgestellt.

Zum einen ging unser Familienwunsch nach anfänglichen Schwierigkeiten voll auf. Hier eine Ermutigung an alle werdenden Mütter oder Frauen mit Kinderwunsch: Auch mit Kindern wird sich alles fügen, gerade in der heutigen Zeit. Qualität setzt sich immer durch. Frauen, die wollen und auch können, werden immer gefragt sein. Ich blicke heute voller Stolz und Dankbarkeit auf unsere beiden großartigen Töchter und bin wahnsinnig froh, dass ich sie in meiner Mutterrolle erleben und begleiten darf.

Zum anderen ging die persönliche Entscheidung für den Standort Hamburg Hand in Hand mit vielen Erfahrungen und Lernkurven, aufgrund derer ich mich innerhalb von fast zehn Jahren bei meinem mittlerweile dritten Unternehmen in verschiedenen – mal meine Fachexpertise, mal meinen Verantwortungsbereich erweiternden – Karriereschritte bis zur Geschäftsführerin eines global erfolgreichen Markenartikelherstellers entwickeln konnte.

Das alles funktionierte nur deshalb, weil aus einem »Perfekt-für-mich«- ein »Perfekt-für-uns«-Modell wurde. Mein Mann und ich haben sehr früh, noch bevor wir geheiratet haben, über unsere Wunschvorstellungen für die Zukunft gesprochen. Mein Mann wollte ein aktiver Vater sein und seinen fairen Anteil zur Care-Arbeit beitragen. Also hat er es insofern nicht nur begrüßt, sondern auch tatkräftig unterstützt, dass ich mich fünf bis sechs Monate nach den beiden Geburten unserer Töchter wieder Vollzeit zurück in den Job und zum nächsten, weiterführenden Karriereschritt gewagt habe.

Mein damaliger Arbeitgeber ermöglichte mir das sicherlich zum einen aufgrund meiner Leistungen und meines Potenzials, zum anderen aber bestimmt auch aufgrund meines frühzeitigen Ansprechens, dass bitte nach sechs Monaten Elternzeit auch wieder voll mit mir gerechnet werden solle. Die Überzeugung, dass meine Karrierepläne auch mit Kindern weiterhin Bestand haben, schien meinen Managern zu imponieren. Sprüche aus dem Freundeskreis, warum wir denn überhaupt Kinder hätten, und von Kollegen, ob wir finanzielle Probleme hätten oder warum sonst ich mir das antun würde, haben wir zusammen weggelacht – unser Modell muss für unsere Familie funktionieren und für niemanden sonst.

Neben der Tatsache, dass mein Mann immer gleichberechtigt zur Stelle war und die Großmutter unglaublich viele Kindergarten-Abhol-Touren erledigt hat, waren noch ein paar andere Faktoren entscheidend dafür, dass unser Lebensentwurf anfangs mit einem, dann mit zwei Kindern so gut funktioniert. Bei meinem Arbeitgeber habe ich mit meinem Wiedereinstieg nach der Elternzeit früh Fakten geschaffen, wie ich meiner Vollzeitverantwortung auch mit zeitlicher Flexibilität gerecht werden kann. So konnte ich zeitig zum Abendbrot zu Hause sein und dafür für ein regelmäßiges Gute-Nacht-Ritual mit abendlichem Vorlesen sorgen. An einigen Tagen gab es nichts Schöneres, als nach Hause zu kommen, das Business-Kleid und die High Heels in eine Jogginghose und Puschen zu tauschen und mich zu den Kindern ins Bällebad zu stürzen oder eine »Let-it-go«-Discoparty mit Ballons zu veranstalten. Dafür saß ich jedoch viele Abende und auch mal an Wochenenden noch am Rechner – ein Preis, den ich für diese Flexibilität gerne weiterhin bezahle. Beim ersten Mal, als ich nachmittags eine Kitaaufführung vor einem Meeting mit meinem Manager priorisierte, bekam ich auch erst einmal eine hochgezogene Augenbraue zu sehen – darauf folgten dann aber die Worte »Na, dann viel Spaß!«.

Was mir zu Beginn meines »Faktenschaffens« noch nicht bewusst war, ich aber graduell immer mehr realisierte: Für viele andere Frauen im Konzern waren das wichtige Signale, dass der Balanceakt zwischen Beruf und Familie ja doch machbar ist. Viele tolle, meist jüngere, Kolleginnen haben sich im Lauf der Jahre für diese positive Signalwirkung und Inspiration bedankt. Dadurch zeigte sich mir, wie wichtig es ist, dass jemand vorangeht und weiteren Frauen den Weg dadurch leichter macht.

Alle haben ein eigenes »Perfekt« verdient

In den letzten Jahren habe ich gelernt, dass sich wirklich alle ihre idealen Rahmenbedingungen selbst schaffen können. Das Wichtigste, was ich aus meinen eigenen Erfahrungen und auch Gesprächen mit anderen Frauen, egal ob Hausfrau, Teilzeitangestellte, erfolgreiche Managerin mit oder ohne Kinder mitgenommen habe: Wir sind leider noch immer unsere eigenen schlimmsten Schlechtes-Gewissen-Macher. Gefühlt darf sich jede Frau kontinuierlich, egal welches Modell sie lebt, rechtfertigen. Mein Wunsch für die Zukunft lautet daher: Lasst uns alle dazu beitragen, es anderen leichter zu machen, ihre Version vom »Perfekt für mich« zu leben – am besten direkt ab heute.

Motsi Mabuse: **Gleichbehandlung im Showbusiness**

Motsi wuchs in einem kleinen Dorf in Südafrika auf und zog im Alter von fünf Jahren mit ihrer Familie nach Pretoria. Dort eröffnete ihr Vater eine eigene Anwaltskanzlei, die Motsi eigentlich fortführen sollte. Während ihres Jurastudiums entdeckte sie dann aber ihre Leidenschaft für den Tanz und entschied sich für einen ganz anderen Lebensweg: Sie wurde Vizeweltmeisterin in den Lateinamerikanischen Tänzen, nahm am renommierten Tanzturnier »British Open« teil, zog nach Deutschland, erntete weitere Erfolge als Profitänzerin und wurde schließlich Mitglied in der Let's-Dance-Jury. 2014 beendete sie ihre Karriere als Profitänzerin und widmet sich seitdem vielseitigen Projekten – als Jurorin, Fernsehstar, ihrer Taunus-Tanzschule und ihrem Traumjob als Mutter.

Als ich am Anfang meiner Tanzkarriere stand, war es für mich absolut normal, mich in das vorherrschende System einzufügen und einfach hart zu arbeiten, ohne Fragen zu stellen. Ich hatte oft das Gefühl, dass wir Frauen noch mehr leisten müssen und von uns noch mehr abverlangt wird als von den männlichen Kollegen – hatte das aber zu diesem Zeitpunkt überhaupt nicht infrage gestellt. Für mich war das einfach normal, und ich wollte alles geben, denn ich wusste, dass ich gut bin, und wenn ich mich nur genug anstrengen würde, würden das auch alle anderen sehen. In dieser Gedankenspirale sind viele Frauen heute (leider) immer noch gefangen. Sich noch mehr beweisen zu müssen, noch ein paar Überstunden mehr oder noch eine zusätzliche Trainingsstunde am Wochenende – während die Männer Freizeit hatten. Also, um die Frage zu beantworten: Nein, ich wurde in meiner beruflichen Laufbahn nicht immer gleich behandelt.

Als ich irgendwann herausfand, dass die männlichen Kollegen für ein und dieselbe Show deutlich mehr verdienten als ich, kam ich ins Grübeln und begann (endlich) zu realisieren, dass das hier alles andere als »normal« ist. Das war für mich ein Schlüsselerlebnis, und ich ärgerte mich, dass ich das all die Jahre so akzeptiert hatte. Vermutlich ist uns Frauen das auch gesellschaftlich anerzogen: nett sein, Dinge nicht zu hinterfragen und einfach noch mehr leisten zu müssen, um überhaupt gesehen zu werden. Jedenfalls wollte ich das für mich nicht mehr so akzeptieren – ich verstand, dass ich dieser Situation nicht hilflos ausgeliefert bin, dass es einzig und allein an mir selbst liegt, all diesen Leuten zu zeigen, dass ich es draufhabe, und für meine Leistung angemessen bezahlt werde. Alles, was ich heute erreicht habe, habe ich mir selbst erarbeitet mit dem richtigen Support– darauf bin ich schon ein bisschen stolz. Und genau diese Botschaft möchte ich anderen Frauen mit auf den Weg geben: Es lohnt sich, den eigenen Wert einzufordern, ganz persönlich für sich selbst, aber auch für die nächste Generation an großartigen jungen Frauen – wir brauchen definitiv mehr Role Models/Vorbilder. Das macht nicht alles besser, aber zumindest ein bisschen einfacher. Und genau da müssen wir – alle gemeinsam – ansetzen. Meiner Tochter möchte ich schon früh die Bedeutung von Gleichberechtigung vermitteln, damit genau diese für sie normal sein wird und nicht die patriarchalen Strukturen, die ich als normal ansah. Für mich war das damals ein harter Weg, und ich wäre froh gewesen, andere Frauen an meiner Seite zu haben. Deshalb ist es mir heute eine Herzensangelegenheit, mit gutem Beispiel voranzugehen und junge Frauen zu motivieren, ihren eigenen Weg zu gehen. Mutig und stark.

Julia Neuen: **Warum Vereinbarkeit ein gesellschaftliches Thema ist**

Julia Neuens Passion liegt in der Digitalisierung von Female-Health-Themen. Sie ist Mutter von vier Kindern und gründete 2019 ihr erstes Tech-Start-up. Inzwischen ist storchgeflüster.de die größte B2C-Plattform für Online-Kurse im Bereich Kinderwunsch und Schwangerschaft in der DACH-Region. 2022 gründete sie ihr zweites Start-up, »peaches Benefits«. Als eine der Ersten in Deutschland bringt sie das Thema Fertility- und Family-Building-Benefits in die Unternehmen und setzt so zukunftsorientierte Trends für innovative Arbeitgeber.

Sie unterstützt Unternehmen aktiv, die Frauenquote zu steigern und die Herausforderungen von jungen Eltern zu lösen, und setzt sich für Diversität ein. Ihre Vision ist, dass Firmen in Zukunft immer frauen- und familienfreundlicher werden und Frauen sich nicht mehr zwischen Kind und Karriere entscheiden müssen.

Die Zeiten, um Kind und Karriere zu vereinbaren, waren für Frauen noch nie besser. Sie sind zwar noch lange nicht perfekt, aber immer mehr Unternehmen begreifen, wie wichtig Diversität und ein höherer Frauenanteil für die Kultur und den Unternehmenserfolg sind.

Aktuell kommt uns Frauen zugute, dass Unternehmen stärker denn je nach weiblichen Fach- und Führungskräften suchen und sich familienfreundlicher positionieren müssen. Sicher ist die Vereinbarung von Kind und Karriere auch ein gesellschaftliches Thema. Während die Veränderung in Wirtschaft und Gesellschaft allerdings noch auf sich warten lässt, sollten wir Frauen uns davon nicht beeinflussen lassen. Frauen waren schon immer kreativ, Wege nach oben zu finden – und genau das macht uns aus.

Die Chance, neue Wege zu gehen

Mein Weg begann bei der Lufthansa als Stewardess. Heute bin ich CEO von zwei HealthTech-Start-ups. Als ich zum ersten Mal schwanger wurde, war für mich schnell klar, dass mein damaliger Job nicht mit kleinen Kindern vereinbar war.

Bevor ich gegründet hatte, beeindruckten mich schon immer erfolgreiche Frauen, die ihr eigenes Unternehmen führten, und ich konnte mir gut vorstellen, mich eines Tages ebenfalls selbstständig zu machen. Nur womit? Das war für mich damals die Frage aller Fragen. Während ich persönlich das unfassbare Glück hatte, sofort schwanger werden zu können, erlebte ich bei vielen Freunden genau das Gegenteil. Ich war schockiert, als ich erfuhr, dass Studien zufolge jedes sechste Paar darunter leidet. Daraus ergab sich für mich die Frage, warum es kaum Hilfe für Kinderwunsch-Paare gab. Da war sie – die Idee, die mein Leben veränderte!

Mit drei kleinen Kindern im Schlepptau hatte ich also eine Idee, jedoch keinerlei Ahnung von der Umsetzung. In dieser Kombination erschien mir eine Gründung zum damaligen Zeitpunkt ziemlich gewagt. Mein Mann ermutigte mich jedoch und hielt mir den Rücken frei, damit ich meine Idee weiterentwickeln konnte. Vereinbarkeit ist meiner Meinung nach auch ein Thema einer gesunden Partnerschaft. Wenn Paare sich gemeinsam dafür entscheiden, Kinder zu bekommen, sprechen sie oft nicht darüber, was das bedeutet und wie ein Kind das Leben verändert. In vielen Fällen herrscht nach wie vor die unausgesprochene Annahme, dass sich die Frau kümmert. Dies führt neben zahlreichen Konflikten zu viel Unzufriedenheit. Denn auch wenn man die kleinen Knopfaugen seines Kindes über alles liebt, wünscht man sich doch als Frau ab und zu ein bisschen Raum für Selbstentfaltung. Man sollte also seine Wünsche und seine Ängste ganz klar mit dem Partner besprechen und eine gemeinsame Strategie entwickeln. Das ist gut für die Beziehung, und auch das Kind profitiert von diesem familiären Masterplan. Mit einem starken Mann und drei Kindern im Rücken gründete ich also 2019 die Kinderwunsch-Plattform »Storchgeflüster«.

Gesellschaftliche Erwartungen

Die Entscheidung, Unternehmerin zu werden, hängt von vielen Faktoren ab. Einige lassen sich beeinflussen, andere kommen wie aus heiterem Himmel und erfordern gerade am Anfang Mut, Ausdauer und ein dickes Fell.

Unternehmerische Ambitionen von Müttern werden weiterhin unter dem Vorwand belächelt, dass sie um 12 Uhr den Stift fallen lassen. Dass Karriere auch in Teilzeit funktioniert, machen Frauen wie Simone Carstens von der Deutschen Telekom vor, die nach ihrer zweiten Elternzeit als Geschäftsführerin in einem erfolgreichen Teilzeitmodell tätig war.

Was in anderen Ländern längst funktioniert, ist hierzulande noch verpönt. In Frankreich ist es gang und gäbe, dass Kinder ab drei Monaten bereits in die Kita gebracht werden. Bei uns werden Frauen, die ihr Kind früh betreuen lassen, häufig als Rabenmütter bezeichnet. Am Ende konnte ich allerdings keinen Unterschied zwischen französischen und deutschen Kindern feststellen. Es kommt doch vielmehr darauf an, welche Werte wir unseren Kindern mitgeben. Ob wir ihnen Flügel schenken oder unsere alten Gewohnheiten auferlegen. Unsere gesellschaftliche Vorstellung, dass eine gute Mutter rund um die Uhr für ihr Kind verfügbar sein muss, ist hoffentlich bald überholt. Es gibt verschiedene Betreuungsmodelle, und keines ist richtig oder falsch. Es muss zu einem passen. Wichtig finde ich immer, dass man sich mit dem Modell wohlfühlt und nicht vom eigenen schlechten Gewissen geplagt wird. In meinen Fall habe ich die allerersten Einnahmen genutzt, um eine Kinderbetreuung zu organisieren und mir somit freie Zeit zu schaffen. Schritt für Schritt.

Leider musste ich feststellen, dass man als junge Mutter und Gründerin gerade von Männern oft belächelt wird. Erst als offensichtlich war, wie erfolgreich meine Plattform ist, wurde ich ernst genommen. Aber selbst bei Frauen spüre ich nach wie vor regelmäßig das Mitschwingen gewisser Vorwürfe, mich nicht genug um meine inzwischen vier Kinder zu kümmern. Mittlerweile habe ich gelernt, darüber hinwegzusehen.

Als Mutter gründen und loslegen

Der Vorteil, seine eigene Chefin zu sein, bedeutet die eigenen Arbeitszeiten freier einplanen zu können. Als junge Mutter ist das ideal. Die größte Herausforderung liegt darin, dass man sich gut strukturieren muss. Es gibt viele spannende Gründungsideen, die Mütter gut neben Kind und Kegel verwirklichen können und die sich auch mit wenig Kapital ermöglichen lassen. Geld sollte kein Grund sein, nicht Unternehmerin zu werden, sondern nur eine weitere Herausforderung darstellen, die es zu lösen gilt. Ich selbst komme aus einer normalen Arbeiterfamilie und weiß, dass die Elternzeit auch viele finanzielle Lücken bereithalten kann. Man hört und liest immer wieder von sogenannten »Funding-Runden«, mit denen Start-ups Millionenbeträge von Investoren erhalten – aber es geht auch anders. Ich habe ohne jegliches Fremdkapital angefangen und war so in meinem Tun und meiner Zeiteinteilung deutlich freier.

2022 habe ich »peaches Benefits« gegründet – für Unternehmen, die ihre Mitarbeitenden bei der Vereinbarkeit von Kind und Karriere unterstützen wollen. Hier findet man von der Hebamme bis zur Kinderbetreuung alles, was junge Eltern brauchen, um sich auf die Karriere konzentrieren zu können. Und auch dabei war es so, dass die Idee eher zu mir kam. Wenn ich beschreiben müsste, was mich antreibt, auflädt und erfüllt, ist es die Kombination aus einer wundervollen Familie und meiner persönlichen Entfaltung. Beides zusammen macht mich glücklich und fühlt sich für mich heute genau richtig an.

Ein weibliches Ökosystem entsteht

Gerade in den letzten Jahren hat sich so einiges getan. Zahlreiche beruflich erfolgreiche Mütter setzen sich immer stärker dafür ein, dass die Bedingungen in den Unternehmen verbessert werden. Sie wissen aus eigener Erfahrung, wie schwer die Vereinbarkeit von Kind und Karriere ist, und sorgen in ihren Unternehmen zum

Beispiel für flexiblere Arbeitsmodelle und für Mitarbeiter-Benefits rund um die Familienplanung und Kinderbetreuung.

Aber auch für Gründerinnen gibt es fantastische Accelerator-Programme und Investmentfonds, die zunehmend weibliche Gründende fördern. Start-ups von Frauen stehen im Fokus und bekommen einen hohen medialen Zuspruch. Das sollten junge Gründerinnen unbedingt nutzen und sich nicht scheuen, diesen Bonus auszuspielen. Mentorinnenprogramme helfen, schnell zu lernen, und immer mehr Frauennetzwerke – wie Mission Female – entstehen und sorgen dafür, dass Frauen sich gegenseitig unterstützen. Diese sind gerade auch für junge Mütter empfehlenswert. Die Zeiten sind für uns Frauen also besser denn je, um beruflich durchzustarten. Um aber wirklich »ganz nach oben« zu kommen, bedarf es neben guten Netzwerken und erfolgreichen Menschen, die einem Türen öffnen, vor allem eins: cleveres Handeln!

Clever an die Dinge herangehen

Als junge Unternehmerin und Mutter musste ich schnell lernen, dass auch mein Tag nur 24 Stunden hat. Aufgaben hatte ich allerdings für mindestens 48 Stunden. Mitarbeitende konnte ich mir anfangs nicht leisten. Die Lösung war daher, zunächst mit Freelancern zu arbeiten, um die Kosten besser planen zu können. Fakt ist: Man muss nicht alles selbst können, sondern nur wissen, wo man die Leute findet, die man braucht. Ich werde oft von jungen Gründerinnen gefragt, welche Tipps ich für sie habe. Einer wäre sicherlich, ein skalierfähiges Unternehmen zu gründen und eigenständig profitable Marketingkanäle zu entwickeln. Diesen Rat habe ich selbst zu Beginn erhalten, und heute weiß ich, dass er noch viel wichtiger war, als damals vermutet.

Auch hat mir eine sehr erfolgreiche Managerin einmal gesagt: »Du musst die Probleme von morgen sehen.« Diese Ratschläge waren die wichtigsten, die ich jemals bekommen habe – sie helfen mir jeden Tag, mich klar zu fokussieren.

Die tägliche Herausforderung: Vorstellung versus Realität

Es soll Frauen geben, bei denen immer alles perfekt läuft. Doch das große Geheimnis um sie ist schnell gelüftet: Es gibt sie nicht – und es gab sie auch nie. Dennoch hält sich die gesellschaftliche Erwartung an eine perfekte Mutter, 24 Stunden am Tag für ihr Kind da zu sein, äußerst hartnäckig. Berufstätige Mütter machen sich immer Gedanken darüber, ob das Kind rundum gut versorgt ist. Selbst vor wichtigen Meetings sind sie in der Lage, alles umzuplanen, weil die Nanny spontan krank geworden ist – oder sie wechseln noch zügig die Bluse, weil die Stilleinlage verrutscht ist. Ich habe als Mutter schnell gelernt, dass Multitasking und Flexibilität zu meinen Kernkompetenzen gehören müssen. Mutter zu sein, ist kein »9-to-5«-Job. Es ist ein Vollzeitjob, ohne Wochenende und ohne Urlaubsansprüche. Natürlich an 365 Tagen im Jahr. Sind Mütter krank, machen sie einfach alles, damit sie weiter funktionieren, und jammern nicht.

Was ich damit sagen möchte, ist: Mütter sind unglaublich belastbar, und darauf dürfen wir auch stolz sein. Kind und Karriere immer unter einen Hut zu bekommen, ist schlichtweg unmöglich. Es gibt Tage, da funktioniert überhaupt nichts: Das Kind ist krank oder die Kita geschlossen. Ich habe gelernt, diese Situationen so anzunehmen, wie sie sind. In solchen Momenten profitieren Frauen von familienfreundlichen Arbeitgebern, die ihnen beispielsweise das Arbeiten von zu Hause erlauben oder Zugang zum Kinderarzt ermöglichen, ohne dass man stundenlang im Wartezimmer sitzen muss.

Ich finde, eine gute Mutter ist nicht notwendigerweise die, die immer da ist. Sie muss die Bedürfnisse ihres Kindes verstehen und darf dabei ihre eigenen nicht vergessen. Die besten Mütter sind die, die mit sich selbst zufrieden sind und gleichzeitig die qualitativen Momente mit ihrem Kind voll auskosten.

Alles ist möglich!

Als ich 2019 gestartet bin, wurde ich belächelt. Heute werde ich von einflussreichen Menschen gefragt, wie man ein HealthTech-Start-up aufbaut. Es gehört sicherlich eine gute Portion Mut dazu, aber eines sollten sich Mütter unbedingt immer wieder bewusst machen: Sie dürfen stolz sein auf das, was sie jeden Tag tun. Sie sollten mit viel mehr Selbstbewusstsein auftreten und sich nicht kleinreden lassen von Menschen, die bestenfalls einen Artikel über die Vereinbarkeit von Kind und Karriere gelesen haben. Wenn du ein Ziel vor Augen hast, dann ist dein Weg dorthin als Mutter zwar oft etwas holpriger, aber er lohnt sich! Denn am Ende finden wir doch unsere Erfüllung und unser Glück vor allem darin, unsere Träume verwirklichen zu können – auch, wenn die Gesellschaft in Teilen noch nicht so weit ist: Wir Frauen sollten es sein!

Britta Heer: Wie überzeugt man Männer, Frauen im Job zu stärken?

Britta Heer war über 20 Jahre als Führungskraft in der PR- und Marketingbranche tätig, davon viele Jahre in internationalen Unternehmen. In den letzten zehn Jahren lag ihr Schwerpunkt auf der Beratung von globalen Unternehmen aus der FMCG-, Healthcare- und Techbranche im Bereich der integrierten Kommunikation.

Vor Kurzem hat sie ihre eigenes Beratungsunternehmen consensLab gegründet.

Britta hat neben ihrem geisteswissenschaftlichen Abschluss in Geschichte, Französischer Literatur und VWL auch einen MBA-Abschluss und ist ausgebildete Wirtschaftsmediatorin. Was Britta antreibt: »fail forward« als Motto, beruflich wie privat.

Mit ihrem Mann und dem französischen Wasserhund Fredo lebt Britta in Hamburg. Sie liebt es, die Welt zu erkunden, meistens in Form von Büchern, Reisen, Rudern, guten Gesprächen mit Freunden und Fremden sowie Essen und Trinken in jeglicher Form.

Kann man Männer davon überzeugen, Frauen auf ihrem Karriereweg zu unterstützen?

In den ersten Jahren meiner Zeit als Führungskraft hatte ich es schwer, mein männliches Umfeld davon zu überzeugen, Frauen gezielt zu fördern. Viele meiner männlichen Kollegen und Chefs hatten damals ein schrecklich traditionelles Frauenbild. Es waren die Jahre, in denen Bewerberinnen noch unverhohlen nach ihrer »Familienplanung« gefragt wurden und so manche meiner Chefs selbstgefällig über das Aussehen von Mitarbeiterinnen sinnierten. In dieser Zeit war es auch durchaus üblich, Müttern Karriereambitionen abzusprechen und sie aufs Abstellgleis zu schieben.

Ich erinnere mich noch gut an eine Auseinandersetzung zu diesem Thema, die ich damals mit meinem äußerst konservativ tickenden Chef hatte. Eine meiner Mitarbeiterinnen wollte bereits einige Wochen nach der Entbindung an ihren Arbeitsplatz zurückkehren und schlug vor, in den ersten Monaten von zu Hause aus in Teilzeit zu arbeiten. Ihr Mann wollte sich in der Zeit um das Baby kümmern, sodass das Homeoffice reibungslos funktionieren würde. Mein Boss regte sich über dieses Modell auf und bezeichnete den Vater des Kindes doch tatsächlich als »Versager«. Er lehnte den Vorschlag ab und bestand auf einer Präsenzpflicht.

Wie hast du darauf reagiert?

Ich hielt ihm seine unfaire Sichtweise und sein veraltetes Rollenbild vor. Zudem argumentierte ich mit der Kompetenz und der Motivation der Mitarbeiterin. Viele Diskussionsrunden später hatte ich mich endlich durchgesetzt. Interessanterweise zählte mein Argument der Benachteiligung von Müttern weniger als die Sorge, auf die Arbeitsleistung einer kompetenten Mitarbeiterin verzichten zu müssen. Diese Erfahrung habe ich in den ersten Jahren meiner Karriere immer wieder gemacht. Männliche Vertreter eines traditionellen Frauenbildes zur Selbstreflexion anzuregen, schien reine Zeitverschwendung zu sein.

Welche Konsequenz hast du daraus gezogen – hast du aufgegeben?
Nein. Ich habe mich beharrlich weiter eingesetzt für die Gleichberechtigung von Geschlechtsgenossinnen, insbesondere von Müttern, weil diese in besonderem Maße unfair behandelt wurden. Mein Hauptargument war, dass Mütter echte Vorbilder in Effizienz und Effektivität sind. Da ich selbst keine Mutter bin, zog dieses Argument ganz gut, man unterstellte mir jedenfalls kein Eigeninteresse in dieser Sache.

Wie erlebst du die Situation heute?
Ich bin froh, dass heute so vieles selbstverständlicher ist. Mütter haben viel bessere Rahmenbedingungen als noch vor 20 Jahren.

Was ich allerdings immer noch sehe, ist die ungleiche Bezahlung von Frauen im Vergleich zu Männern. Letztere sind aber viel offener als früher, hier Abhilfe zu schaffen. Ich muss hier jetzt weniger intervenieren.

Frauen sollten sich aber auch in dieser Sache noch mehr untereinander unterstützen. Gerade die Älteren können hier viel für die Jüngeren tun.

Hast du selbst immer Jüngere unterstützt?
Wann immer es ging, habe ich talentierte jüngere Frauen an meinen Erfahrungen aus Gehaltsverhandlungen teilhaben lassen und sie motiviert, für sich das Beste auszuhandeln. Mich freut es, dass diese Beratungsgespräche manchen Frauen zu einer ordentlichen Gehaltssteigerung verholfen haben.

Ich selbst habe auch in jungen Jahren von einer Frau profitiert, die mir die Augen geöffnet hat: Es war meine Englischlehrerin in der Oberstufe. Sie nahm mich gegen Ende des Schuljahres beiseite und wollte von mir wissen, welche Note ich verdiente. Auf meinen verwunderten Blick antwortete sie sinngemäß: »Britta, Sie werden in einigen Jahren Ihr Gehalt verhandeln. Dafür müssen Sie wissen, welchen Wert Ihre Leistung hat, denn man wird Ihnen nichts schenken. Das üben wir jetzt mal. Also: Welche Zensur soll ich Ihnen geben und warum?«

Ich kann dieser Frau gar nicht genug danken für diesen klugen Impuls, der mein ganzes Berufsleben beeinflusst hat. Ich habe dadurch sehr früh gelernt, für mich selbst gut zu verhandeln, und konnte so auch andere Frauen in meinem Berufsumfeld ermutigen, für sich einzustehen.

Renate Prinz: Kind oder Karriere? Wie wir dafür sorgen, dass sich diese Frage in Zukunft nicht mehr stellt!

Renate Prinz ist Partnerin der internationalen Kanzlei McDermott Will & Emery im Bereich Gesellschaftsrecht, M&A und Finanzaufsichtsrecht. Sie berät Unternehmen, Gesellschafter, Aufsichtsräte und Unternehmensvorstehende sowie Investoren sowohl bei allgemein gesellschaftsrechtlichen Fragestellungen als auch bei Unternehmenstransaktionen. Sie begleitet ihre Mandanten zudem bei finanzaufsichtsrechtlichen Fragestellungen und hat umfangreiche Erfahrung in der Beratung von internationalen Investmentgesellschaften, FinTechs und Banken.

Renate ist Vorsitzende der Working Moms e.V. Düsseldorf und vertritt den Verband als Repräsentantin beim Impact of Diversity (einer Initiative des Frauen-Karriere-Index). Sie steht für die Vereinbarkeit von Karriere und Familie sowie vor allem für Chancengleichheit.

Kind oder Karriere, Kind und Karriere, Rabenmutter und Familienvater, Powerfrau und Softie. Kinder haben viele, aber in Deutschland kann man es als Frau mit Kind beruflich nur falsch machen. Ist das so – oder geht das auch anders?

Vor einigen Jahren begrüßte mich auf meiner Beförderungsfeier ein Kollege sichtlich irritiert mit den Worten: »Hast du nicht gerade ein Kind bekommen?« »Ja.« »Was tust du dann hier, solltest du nicht bei deinem Kind sein?« Wir schrieben das Jahr 2016 ... oder doch 1956? Sie fehlt noch immer: die Normalität und Selbstverständlichkeit. Das Hinnehmen, Akzeptieren und vielleicht sogar Unterstützen einer Mutter in Führungsposition. Nicht in der Familie und im Haushalt, sondern in Wirtschaft, Politik, Gesundheitswesen und so weiter. Die Mutter ist ein gefühlter Fremdkörper im Karrierekontext, und man muss sich eine harte Schale zulegen, um das zu ignorieren. Denn schwingt da nicht stets der Vorwurf mit: »Vernachlässigst du gerade deine Kinder?«

Nein, wir möchten nicht dafür bejubelt werden, dass wir arbeiten und Kinder haben. Wir sind keine Superpower-Frauen und mitnichten besser oder schlechter als Mütter, die sich mit der Geburt der Kinder ganz auf die Familie konzentrieren und ihre berufliche Tätigkeit hintanstellen. Ich habe höchsten Respekt davor, aber es war eben nicht die Entscheidung, die ich traf. Wir sind auch keine Rabenmütter (oder auch doch, denn Raben kümmern sich sehr gut um ihre Kinder). Wir geben alle unser Bestes bei dem, was wir lieben. In meinem Fall sind das meine Kinder und mein Beruf. Ob ich gut darin bin, mögen andere entscheiden – aber ob ich meinen Job als Mutter gut mache, sollten ausschließlich meine Kinder entscheiden. Mein Eindruck bisher ist, dass sie ganz zufrieden sind. Sie wachsen und gedeihen, bekommen regelmäßige Mahlzeiten und nein – sie sind abends nicht allein zu Hause, wenn ich länger arbeiten muss. Warum ich das erwähne? Weil ich so etwas gefragt werde. Immer und immer wieder, manchmal direkt, manchmal subtil. Deshalb muss es auch im Jahr 2023 noch einen Beitrag zum Thema Kind und Karriere geben. Die Schwierigkeiten der Gleichstellung von Vätern und Müttern sind größer und andere als diese der Gleichstellung von Mann und Frau.

Mein Weg: Als meine Mutter in den 1980er-Jahren als selbstständige Apothekerin drei Kinder bekam und nach den Geburten zeitnah im Laden stand, zugleich mein Vater bei Kinderbetreuung und im Haushalt mit in der Pflicht stand, war das ein Einzelfall, zumindest im Westen Deutschlands. Kinderwagen wurden einfach nicht von Vätern geschoben – und meiner Mutter wurde der Vorwurf gemacht, ob sie nicht besser bei den Kindern sein sollte, statt hinter der Ladentheke zu stehen. Als ich 30 Jahre später selbst in dieser Situation war, dachte ich, die Welt habe sich in der Hinsicht weiterentwickelt. Für mich war es selbstverständlich, nach einer kurzen Elternzeit wieder in meinem Beruf als Rechtsanwältin einer Großkanzlei zurückzukehren. Vielleicht war ich naiv, meine Entscheidung im Jahr 2015 für normal zu halten, aber ich hatte es selbst ja auch nicht anders kennengelernt. »You can't be what you can't see« – das galt für mich nicht.

Ich wurde in puncto Normalität und Weiterentwicklung eines Besseren belehrt. Mit der Schwangerschaft musste ich feststellen, dass es für viele befremdlich bis unmöglich erschien, nach der Geburt wieder schnell in die alte ambitionierte Position zurückzukehren. Mein geplantes und für selbstverständlich gehaltenes Lebensmodell eines vereinbarten Familien- und Berufslebens schien aus der Sicht vieler Mitmenschen, gleich ob alt, jung, Mann oder Frau, für mich nicht vorgesehen. »Warte mal ab, wenn dein Kind da ist, dann wirst du nicht mehr in deinen Beruf zurückwollen« oder »Das überrascht uns jetzt, dass Sie schwanger sind. Wollten Sie nicht Karriere machen?« Warum gingen alle davon aus, dass ich meine Karriere nun an den Nagel hinge? War ich wirklich ein Einzelfall? Wo waren sie, die 30 Jahre Weiterentwicklung der Rechte der Frauen, der Vereinbarkeit von Familie und Beruf, der Normalität einer Vollzeit arbeitenden Mutter?

Abgesehen davon, dass ich sicher ein ziemlicher Sturkopf sein kann, hatte ich damals vor allem zwei sehr prägende und meine Entscheidung stützende Momente, für die ich bis heute dankbar bin. Zum einen hatte ich einen Vorgesetzten, der meiner Karriere noch in der Schwangerschaft einen unerwarteten Schubs gab und mich in all meinen späteren Forderungen unterstützte, zum anderen profitierte ich von großartigen Frauennetzwerken.

Mein damaliger Chef schlug mir schon kurz nach Bekanntgabe meiner Schwangerschaft vor, nach einem halben Jahr aus der Elternzeit zurückzukommen, um dann direkt in das Beförderungsverfahren für die nächste Karrierestufe gehen zu können. Er hielt das für richtig und wollte mich in dem Jahr in der Beförderungsrunde dabeihaben – und so verhindern, dass ich durch die Geburt gegenüber den anderen Kollegen ein Jahr verlor. Er stellte mir dabei frei, nach der Beförderung wieder in die Elternzeit zu gehen, wenn ich es wollte. So teilten mein Mann und ich uns die Elternzeit 50/50 auf, und ich kehrte in die Kanzlei zurück, was für mich genau der richtige Schritt war. Die Beförderung als frische Mutter zurück im Beruf gab mir einen Push. Ich merkte, da geht was, »trotz« Kind. Und es gibt Menschen, die mich dabei unterstützen und genau da haben wollen, wo ich jetzt bin. Ich bekam das Feedback, ich sei als bessere und noch motiviertere Anwältin aus der Elternzeit zurückgekehrt. Und das war auch so. Ich hatte meine Position gefunden – in der Familie und im Beruf.

Das Erschreckende daran: Ich selbst hätte in dieser Situation nicht nach der Beförderung gefragt, noch viel weniger verlangt. So sehr ich schon immer an die Vereinbarkeit von Familie und Karriere glaubte – ich hätte mich damit abgefunden, meinen Beruf mit Kind zunächst unverändert weiter ausüben zu können. So geht es vielen Frauen und vor allem Müttern. Sie fragen und verlangen zu wenig. Sie warten darauf, dass ihnen Möglichkeiten offeriert werden, anstatt sie sich aktiv zu nehmen. »Die anderen sehen ja, wenn ich einen guten Job mache.« Die andere Seite aber denkt: »Sie möchte vermutlich gar nicht in die Führungsposition, sonst hätte sie ja danach gefragt.«

Und damit zum zweiten Punkt unterstützender und wegweisender Momente – das Netzwerk. Kurz nach der Rückkehr in den Beruf kam ich zu den Working Moms e.V. und nahm an einer ihrer Abendveranstaltungen teil. Nachdem ich im beruflichen Umfeld ganz überwiegend nur mit Männern zu tun hatte und der sehr große Teil meiner Kolleginnen den Job oder zumindest die weitere Kanzleikarriere mit der Familiengründung an den Nagel gehangen hatte, hatte ich mich auf die Suche nach Gleichgesinnten gemacht – und bin fündig geworden. Bei der ersten Veranstaltung, die ich besuchte, traf ich auf circa 30 Frauen, die alle als Mütter in Führungspositionen tätig waren und ihre Karriere auch mit Kindern genauso ambitioniert verfolgten wie zuvor. Viele in männerdominierten Branchen, zumindest ab einer gewissen Karrierestufe. Ich hörte zahlreiche Geschichten mit ähnlichen Erfahrungen wie den meinen und erfuhr dadurch mental eine sehr große Unterstützung. Da war sie plötzlich – die Normalität und Selbstverständlichkeit, die mir gefehlt hatte. Und ein ganzer Saal voll mit Vorbildern. Frauen sind nicht gut im netzwerken, heißt es oft. Ich glaube, sie netzwerken anders als Männer und nutzen dies viel zu selten. Aber der Support, den Frauen erfahren und bieten, ist einzigartig und für mich als Teil meines Werdeganges nicht wegzudenken.

Steine werden allerdings nicht nur den Müttern in den Weg gelegt. Ich kenne viele Beispiele, in denen sich Männer, die sich für mehr als zwei Monate Elternzeit oder gar Teilzeit entscheiden, relativ schnell einen neuen Job suchen mussten. Ist ja doch eher lästig, wenn jetzt auch noch die Männer an den Herd wollen und damit unkalkulierbar ausfallen. Aber wie sollen Frauen nach vorn kommen, wenn wir nicht auch die Homecare unter beiden Elternteilen aufteilen dürfen? Ich hätte meine Karriere ohne die Unterstützung meines Mannes nicht so verfolgen können (und wollen). Für meinen Mann und mich fiel früh die Entscheidung, dass wir uns zu Hause aufteilen, jeder von uns mal die Kinder abholt und bei Krankheit einspringt. Das bedeutete auch für ihn berufliche Einschnitte und die Notwendigkeit mit Sprüchen umgehen zu müssen, wie »Meine Frau möchte auch gerne arbeiten, aber 20 Stunden die Woche müssen da doch wohl ausreichen«. Also, bitte keine Abweichungen von der Norm ... und willkommen in der finanziellen Abhängigkeit der Frau!

Was tun? – Wir brauchen ein neues Narrativ

Vor Kurzem hielt ich einen Vortrag zum Thema Diversität in unserem Pariser Büro. Mit Französinnen das Thema der Vereinbarkeit aufzunehmen, fand ich schon immer bereichernd und erfrischend. Dort gibt es sie, die Selbstverständlichkeit der Vollzeit arbeitenden Mutter. Die Frage des »Ob« stellt sich nicht. Kinder wurden dort schon immer und von klein an ganztags betreut – es ist selbstverständlich und erfahrungsgemäß unschädlich (*surprise!*). Die Pariser Kolleginnen stellten Fragen, die mich noch im Nachgang sehr nachdenklich machten. Warum Teilzeit, warum ein Jahr oder länger aussetzen, warum keine Ganztagsbetreuung? Ich will nicht sagen, dass die Franzosen deshalb hinsichtlich Gleichberechtigung besser oder weiter sind als wir, aber zumindest gehen die Frauen nicht allein aufgrund einer Schwangerschaft »verloren«.

Solange sich in Deutschland nicht diese Normalität und Selbstverständlichkeit – oder, wie wir in Köln sagen würden, ein »levve und levve losse« – entwickeln, steht es für die meisten Frauen hier nicht infrage, dass sie diejenigen sind, die nach der Geburt eines Kindes erst einmal längere Zeit zu Hause bleiben, um danach vielleicht in Teilzeit in den Beruf zurückzukehren. Das wäre auch vollkommen in Ordnung, wenn es eine bewusste und gewollte Entscheidung ist, mit Kenntnis aller Handlungsoptionen und Alternativen. Es wird jedoch meiner Erfahrung nach oft nicht hinterfragt und das Gespräch mit dem anderen Elternteil gar nicht ernsthaft gesucht, wer von beiden im Job zurücktritt oder ob es auch eine Option gibt, in der beide beruflich gleichberechtigt arbeiten können. Die Situation verunsichert Frauen, die Karriere machen wollen. Man fühlt sich unwohl in einer Rolle, die man selbst vielleicht anders vorgelebt bekommen hat und die von der »Norm« abweicht. Gerade in Deutschland lässt es sich so wunderbar ablesen, wie viel das zu Hause vorgelebte Rollenverhalten damit zu tun hat. In den neuen Bundesländern ist die Erwerbstätigkeit von Frauen höher und wird viel weniger hinterfragt – hier ist man genau damit großgeworden.

You can't be what you can't see – Was wir für eine Veränderung brauchen

Was können wir also ändern, um es zumindest zu schaffen, dass jede Frau für sich selbst bewusst und frei entscheiden kann, welchen Weg sie einschlägt? Aus meiner Sicht braucht es drei ganz wesentliche Dinge:

1. Sie darf für ihre Entscheidung, gleich welche es ist, von der Gesellschaft nicht verurteilt werden. Denn nur dann hat sie eine eigene und freie Entscheidungsmöglichkeit.
2. Sie muss Strukturen hinterfragen können und dürfen, auch ihre eigenen, und dann für sich selbst überlegen, was sich richtig anfühlt: »Was ist mein innerer Antrieb? Bin ich es, die dieses Lebensmodell will oder ist es die gesellschaftliche Norm?«
3. Es braucht ein Netzwerk, um Vorbilder und Gleichgesinnte zu haben, die einen unterstützen und einem zeigen, dass man nicht der einzige Fisch ist, der gegen den Strom schwimmt. Es ist gut, zu sehen, dass auch andere diesen Weg gegangen sind und mit Familie und Karriere ein glückliches und erfülltes Leben führen.

Damit das möglich ist, braucht es flexible Arbeitsmodelle, Sichtbarkeit von Role Models, Unterstützung in den Unternehmen selbst und ein Umdenken, was die Förderung von Frauen angeht. Sie müssen sich nicht der Männerwelt anpassen, aber müssen gesehen werden. Auch eine Teilzeittätigkeit darf mal hinterfragt werden und ist oft gar nicht erforderlich, um den Nachmittag mit den Kindern zu verbringen. Nach meiner Erfahrung schaffen die meisten Teilzeitkräfte den gleichen Job in kürzerer Zeit, weil sie effizient und strukturiert sind – werden dabei aber schlechter bezahlt. In den letzten Jahren hat sich schon viel getan, in vielen Berufen sind flexible Arbeitszeitmodelle und Job-Sharing möglich. Und immer mehr Männer fordern das auch für sich ein (meist aber mit einer ganz anderen Selbstverständlichkeit). Vieles wird nach und nach auf den Weg gebracht. Jetzt braucht es vor allem auch Frauen, die diesen Weg bewusst gehen wollen – aus ganz eigenen, freien Stücken.

Tatjana Kiel: Mein Weg ist bunt, unkonventionell und erfüllt

Tatjana Kiel ist CEO von Klitschko Ventures und langjährige Geschäftspartnerin von Dr. Wladimir Klitschko. Aus seiner Expertise aus fast 30 Jahren Leistungssport haben sie die Methode »FACE the Challenge« extrahiert. Basierend darauf bietet Klitschko Ventures individuelle Consulting-Maßnahmen für Unternehmen und Organisationen, Education-Formate für Einzelpersonen und Teams an. Seit Kriegsbeginn in der Ukraine hat sich der Schwerpunkt von Tatjana Kiels Arbeit verändert. Zusammen mit Wladimir Klitschko, der die Bedarfe aus dem Kriegsgebiet übermittelt, hat sie die Initiative #WeAreAllUkrainians gegründet und ist inzwischen gemeinsam mit Dörte Kruppa Co-Geschäftsführerin der gleichnamigen gGmbH. Mit ihrem Netzwerk entwickelt sie konkrete Sofortmaßnahmen sowie nachhaltige Hilfsprojekte, um möglichst vielen Menschen in der Ukraine sowie Geflüchteten in Deutschland zu helfen.

Blicke ich zurück und beschreibe meinen Karriereweg kurz und knapp, kann ich sagen: Es ist immer anders gekommen, und trotzdem bin ich mir stets treu geblieben.

Es ist essenziell, ein Ziel und einen Plan zu haben. Das brauche ich, um loszumarschieren und selbstbestimmt zu handeln. Dennoch rechne ich immer damit, dass sich Dinge entgegen meinen Erwartungen entwickeln. Wenn ich mich darauf einstelle, kann ich meinen Plan souverän anpassen. Als ich mich beispielsweise nach meinem Studium aus einer Vielzahl an Möglichkeiten für einen Job entschied, habe ich diese Entscheidung nie mit »Was-wäre-gewesen, -wenn ...«-Theorien hinterfragt. Das hilft mir besonders in schwierigen Phasen, in denen die Versuchung naheliegt, Entscheidungen aus der Vergangenheit infrage zu stellen.

Was im Leben wirklich zählt

Daran angelehnt bedeutet Karriere für mich nicht, bestimmte Punkte im Leben zu erreichen. Vielmehr geht es darum, das zu tun, was mir die meiste Energie gibt. Voraussetzung eins dafür ist, selbstbewusst für mich zu reflektieren, wann ich nach meinen Werten gehandelt habe. Voraussetzung zwei ist eine gesunde Balance zwischen persönlichen Zielen und der Möglichkeit, gesellschaftliche Themen aktiv mitzugestalten beziehungsweise die Welt mitverändern zu können.

Meine Mission war es schon immer, übergeordnete Herausforderungen angehen zu dürfen. Am Beispiel von Box-Events, die ich viele Jahre federführend organisiert habe, lässt sich das gut erklären: Hier stand immer jemand im Mittelpunkt, der in etwas besonders gut war. Daher war es mein Ziel, die Box-Events so zu gestalten, dass er ohne Einschränkung sein Bestes geben sowie alle Fans und Gäste ein bestmögliches Erlebnis für sich mitnehmen konnten. Das trieb mich an, zusammen mit dem Anspruch, kontinuierlich noch besser zu werden. Es ging also nicht um meine Karriere, sondern immer um etwas Größeres.

Karriere hat mit Verantwortung zu tun, aber nicht mit Macht

Karriere hat für mich außerdem nichts mit einer Position zu tun. Karriere hat mit Verantwortung zu tun, aber nicht mit Macht. Meine Beobachtung über die Jahre ist, dass wir in unserer Gesellschaft

Karriere oft mit Macht verwechseln. Imaginäre Macht plus Geld plus Entscheidungen, die nichts für das große Ganze beitragen – das ist ein Spiel, das wir spielen, und das ist aus meiner Sicht falsch.

Warum ist uns Menschen Macht, Stakeholder-Befriedigung und Status so viel wichtiger, als die Welt für unsere Kinder besser zu machen? Wenn große internationale Player beispielsweise keine Steuern zahlen müssen, aber problemlos 150.000 Euro für Jobs im mittleren Management bezahlen können, wir als NGO dagegen Steuern zahlen müssen und vergleichbare Gehälter weder zahlen können noch dürfen – wie sollen wir dann gute Leute finden und weiterkommen? An der Stelle führt uns diese imaginäre Macht in eine sehr ungesunde Schieflage.

Und immer wieder öffnet sich eine unerwartete Tür

Mein Weg ist bis heute sehr bunt, sicher nicht immer konventionell und dennoch mit einer klaren Konstante: Ich folge dem, was mich wirklich erfüllt.

Nach meinem Abitur machte ich für ein halbes Jahr ein Praktikum bei einem Fernsehsender in New York. Danach durchlief ich eine Ausbildung zur Werbetexterin, wobei mir schnell klar wurde, dass Texten gar nicht mein Ding ist. Doch, wie so oft in meinem Leben, öffnete sich damit ein anderes Türchen. Ich lernte, Zusammenhänge zu verstehen und viel über Strategien. Ich verstand, was Kausalität und Konsequenz bedeutet. Wenn »A« passiert, kann »B« oder »C« eintreten. Die Kunst liegt darin, zu bewerten, was die bestmögliche Entscheidung für Person, Marke oder Produkt ist. Diese Kausalität zu verstehen, fand ich extrem spannend, und es begleitet mich bis heute in meinem täglichen Handeln.

Während meines anschließenden Studiums arbeitete ich beim BJU (Bund junger Unternehmer) und im Bundestag in einem klassischen »9-to-5«-Tagesrhythmus. So weit, so gut. Erst bei meinem ersten Box-Kampf in New York wurde mir klar, dass auch ein 18-Stunden-Tag möglich war und mich sogar glücklich machen konnte. Denn hier gab es einen Abschluss, ein Endergebnis. Ich trug Verantwortung und konnte Dinge verändern, etwas bewirken. Diese Erfahrung wurde zu einem ungeplanten Wegweiser für mich.

»Ich wachse an meinen Herausforderungen – so kam ich zu dem, was mich wirklich erfüllt«

Seitdem, das war im Jahr 2007, arbeite ich eng mit den Klitschko-Brüdern zusammen. Bis 2016 war ich hauptverantwortlich für die Umsetzung und die Stakeholder rund um die Box-Veranstaltungen. Schon früh konzentrierte ich mich nebenbei auf die Markenpositionierung – mit der Besonderheit, dass ich statt einer starren Marke, wie man sie in der Wirtschaft oft aufzuladen versucht, die Persönlichkeitsmarke »Klitschko« aufbaute und etablierte. Ziel war es, sie so zeigen, wie sie sind – authentisch und kraftvoll. Dabei ergaben sich zwei Herausforderungen. Die erste: Wie schaffen wir es, die Klitschkos nicht als sportliche »Maschinen« zu inszenieren, sondern eher die Expertise in den Mittelpunkt zu stellen? Die zweite: Eine Sportlerkarriere ist endlich, was bleibt, wenn das Boxen vorbei ist? Wir nannten das »Karriere nach der Karriere« und bezogen das Thema seither immer in all unsere Gedanken mit ein. Vor allem bei Wladimir, der nicht direkt in die Politik gehen wollte, wurde es ein wichtiges Thema.

Soft Skills im Fokus

Glücklicherweise war es Wladimir schon immer ein Anliegen, Wissen weiterzugeben. Beim Aufbau des Geschäftsmodells von »Klitschko Ventures« – 2017 nach dem Boxen – ging es uns dabei nicht um das Boxen als Hard Skill, sondern um die Frage, wie und mit welchen Soft Skills er es geschafft hat, so lange so erfolgreich zu sein, und wie andere davon lernen können. Daraus ist schließlich die Methode »FACE the Challenge« entstanden. Bis heute wird sie in unterschiedlichsten Bereichen eingesetzt. Statt über große Online-Plattformen wollten wir bei der Wissensvermittlung vorzugsweise mit kleinen Peer-Gruppen beginnen. Mit Menschen, die auf dem Weg waren, ihre nächsten Schritte, also im Grunde auch ihre Karriere nach der Karriere zu planen. Was auch diesmal keiner vorausahnen konnte: Wir entwickelten aus der Methode unterschiedliche Programme, für Einzelpersonen oder im Unternehmenskontext – immer in einer Kombination aus Mentalem und Körperlichem.

Geben ist immer mehr als Nehmen

Meine beruflichen Stationen fanden bisher mehrheitlich in Männerdomänen statt. Typische Verkaufsattitüden wie »Ich weiß alles, ich kann alles« und »Du kannst mir nichts sagen« (gedacht: »… schon gar nicht als blonde junge Frau«) kenne ich in- und auswendig. Was mir fehlte? Ein authentischer und transparenter Austausch auf Augenhöhe und gemeinsames Gestalten.

Im Austausch mit Frauen merkte ich, dass das in der Regel anders war, und wollte das für mich und mein Netzwerk bewahren, um uns auch in gefühlt schwachen Momenten gegenseitig zu stärken. So initiierte ich 2010 das Netzwerk »Ladies Mentoring«, eine Plattform für Frauen, die verstanden haben, dass Geben immer mehr ist als Nehmen. Hier ist Platz für Fragen und Antworten ohne Wenn und Aber. Ich habe verstanden, dass wir alle immer Mentor und Mentee zugleich sind. So profitieren wir jederzeit voneinander. Das schließt unsere Kinder, Eltern und unsere Partner im Übrigen mit ein.

Viele meiner damaligen Mentoren waren Männer. Das hat sich in den letzten Jahren stark verändert. Doch was bei allen gleich war: Sie haben mich darin bestärkt, meine eigene Persönlichkeit und meine Ansicht beizubehalten, Haltung zu haben und zu zeigen. Dazu braucht es Selbstbewusstsein, immer einen Plan B in der Hinterhand oder die nötige Größe, Dinge auch sein zu lassen.

Das Bewusstsein für Loyalität und Werte lohnt sich

Natürlich gibt es eine Vielzahl an Einflüssen, die mich mein Leben lang begleiten – Personen, Situationen, aber auch Zufälle. Trotzdem gibt es ein paar persönliche Ansätze, die mir auf meinem Weg bis heute sehr geholfen haben:

- Ich trage einen gewissen Trotz in mir. Wenn mir jemand sagt, »Das geht nicht«, mache ich es erst recht. Wichtig dabei ist jedoch, dass ich mir meine Kämpfe sehr bewusst auswähle, um mich nicht zu verzetteln.
- Beispiel: Mit der FACE-Methode haben wir uns anfangs bewusst auf eine kleine Peer-Gruppe konzentriert. Eine große Plattform hätte uns vielleicht kurzfristig weitere Umsatztüren geöffnet, doch wir haben uns dagegen entschieden und stattdessen auf exzellente Inhalte fokussiert.
- Nach fast zwölf aktiven Jahren im Box-Umfeld weiß ich, dass Loyalität und Werte einem auch mal im Weg stehen können. Dann ist es Zeit, sich wieder bewusst zu machen, warum einem die Werte so wichtig sind oder warum man loyal ist.
- Beispiel: In fast *jedem* Job werden Aufgaben irgendwann zur Routine, möglicherweise gibt es kein Höher und Weiter mehr. Ich hatte solche Momente und mich dann erinnert, warum ich an der Seite von Vorbildern wie den Klitschkos stehe und daran auch nie etwas ändern wollte.
- Ich nehme Steine im Weg nicht als Sperre wahr, sondern nutze sie. Warum? Weil ich genau weiß, was ich kann und wie ich (allein oder gemeinsam) das Beste aus einer Situation herausholen kann. Dabei nutze ich klare und ehrliche Worte, damit alle wissen, woran sie sind.
- Beispiel: Ich wurde trotz meiner CEO-Rolle schon das ein oder andere Mal gebeten, mit dem »eigentlichen« Entscheider im Unternehmen sprechen zu dürfen. In dem Moment ist wichtig, auf absoluter Augenhöhe und demselben Kommunikationslevel selbstbewusst aufzutreten.

Pure Herzenssache: gesellschaftlich etwas bewegen

Seit ich meine berufliche Laufbahn begonnen habe, hat sich die Welt erheblich verändert. Sie hat auch mich erheblich verändert. Aber ich habe nie den Willen verloren, die Welt auf meine Weise zu verändern.

Ganz im Sinne von Unvorhersehbarem durchkreuzte dann Anfang 2022 der Krieg in der Ukraine unser Leben. Ungerechtigkeit war für mich schon immer ein Trigger. Natürlich habe ich das Ausmaß an Ungerechtigkeit noch viel stärker wahrgenommen, weil ich Informationen direkt von Wladimir bekam. Beide Brüder hätten nicht in der Ukraine bleiben müssen, haben sich aber entschieden, sich vor Ort zu engagieren. Diese Art von Vorbildern braucht unsere Welt. Ein Glück haben das auch viele andere gesehen und uns mit ihrer Solidarität unterstützt. Ich selbst war der verlängerte Arm in die Wirtschaft, Politik und Gesellschaft. Relativ schnell habe ich damals verstanden: Wenn die Aufgabe ist, laut zu sein, werde ich auch selbst laut sein müssen, sprich ich werde in den Vordergrund treten müssen.

Think big

Man solle »groß denken«, hört man immer wieder und neigt dennoch dazu, sogenannte »Quick Wins« im reduzierten Radius vorzuziehen. Das ist gefährlich, wenn man keine Chancen mit hoher Wirksamkeit verpassen möchte. Ich bin persönlich sehr gut, groß zu denken, und habe keine Angst davor. Während manche Helfer unserer Hilfsinitiative für die Ukraine verständlicherweise gerne schnell kleine Dinge machen wollten, um ein schnelles Ergebnis zu erzielen, gab es oft die Situation, dass wir innehalten mussten. Wir mussten verstehen, wann wir in welchem Maße mehr Menschen helfen können.

Beispiel: Zu Beginn des Krieges bekamen wir sehr viele Lebensmittel geschenkt, doch das nahm bald ab. Natürlich hätten wir den

Hörer in die Hand nehmen und alle Hersteller nochmal ansprechen können. Vielleicht hätten wir mit Druck auch noch einiges bekommen, aber ein zweites oder drittes Mal hätte das wohl nicht funktioniert. Stattdessen haben wir mit anderen NGOs in Kooperation in der Ukraine Millionenprojekte aufgebaut und umgesetzt. So etwas gelingt nur mit den richtigen Partnern, die wir über viele Jahre kennen, und die Sichtbarkeit in den sozialen Medien. Wo sich Chancen auftun, lohnt es sich, diese zu Ende zu denken – deswegen sind auch Netzwerke wie »Mission Female« so wichtig. Hier ziehen wir Mut und Umsetzungswillen von anderen, vernetzen und unterstützen uns. Und machen die Welt damit gemeinsam ein Stückchen besser.

Sei offen und heiße den Zufall willkommen

Fasse ich die für mich wichtigsten Bereiche, die mein Handeln und meine Haltung beschreiben, zusammen, komme ich auf folgende drei:

1. Die Kausalität von Situationen oder Themen gibt mir die Zielrichtung vor. Damit meine ich die Wenn-dann-Beziehung, die sich immer anwenden lässt, um schließlich die beste Variation zu wählen und zu verfolgen. Ich denke dabei immer möglichst groß und reduziere eine mögliche Komplexität im Laufe der Umsetzung.
2. Wichtig ist, ins Tun zu kommen, statt lange Eventualitäten und Wahrscheinlichkeiten auf die Goldwaage zu legen. Wer in die Umsetzung geht, kommt voran. Wer etwas bewegt, lernt und macht allein dadurch einen Unterschied und wird zum Vorbild.
3. Es geht weniger darum *was*, sondern vor allem, *wer* man sein will. Welche Werte sind mir wichtig? Was habe ich gelernt, und wo kann ich dies (wieder) einsetzen? Wann bin ich in meiner Komfort-, wann in der Challenge-Zone? Dabei hilft

der Blick auf die Soft Skills, wie zum Beispiel Offenheit oder Agilität, mehr als auf starre erlernte Kompetenzen. Es geht darum, zu verstehen, was uns als Mensch auszeichnet.

Nennen wir das jetzt Erfahrung oder Mindset oder eine Mischung aus beidem. In jedem Fall bin ich überzeugt, dass »Erfolgreich statt perfekt« eine sehr gesunde Einstellung ist. In diesem Sinne wünsche ich allen, die diese Zeilen lesen, dass sie herausfinden, was im Leben wirklich zählt – wer sie sind, und so den eigenen Weg zu finden und zu gehen.

Kapitel 4
Warum Frauen keine »Männer« sein müssen, um Karriere zu machen

Wenn Frauen Karriere machen wollen, stehen die Startbedingungen alles andere als gut für sie – so viel haben die vorangegangenen Kapitel bereits gezeigt. Allerdings gibt es auch jede Menge Grund zum Optimismus, schließlich sprechen die Ergebnisse für Einzelpersonen ebenso wie für Unternehmen und Gesellschaft deutlich dafür, Frauen stärker in Führungspositionen einzubinden. Was hält uns also auf?

So gemein es klingt: In vielen Fällen wir uns selbst – aber nicht auf die Art und Weise, wie man es zuerst vermuten mag. Das hier soll nämlich kein weiterer Beitrag in der langen Liste von Texten werden, die Frauen erzählen, wie sie zu sein haben. Davon gab es in den letzten Jahrzehnten mehr als genug, und bis heute wimmeln Frauenmagazine vor gut gemeinten Ratschlägen, wie man sich angeblich in »Fünf Schritten zum Erfolg« befördert. Die Wahrheit sieht aber anders aus: Was Frauen in den meisten Fällen davon abhält, Karriere zu machen, ist weder die Art, wie sie sich kleiden, noch in welcher Stimmlage sie reden. Es sind die patriarchalen Strukturen, die tief in den Köpfen – auch unseren eigenen – stecken. Da können weibliche Führungskräfte also noch so sehr Powerdressing mit maskulin geschnittenen Anzügen betreiben, die Farbe Pink wie den Teufel meiden oder à la Elisabeth Holmes vom ehemaligen Biotech-Wunderkind Theranos viel Geld in Stimmtrainings stecken, um mit einer tieferen und vermeintlich für Investoren ansprechenderen Stimme zu sprechen – die patriarchalen Strukturen brechen sie damit auch nicht auf. Vielmehr stehen wir uns selbst damit im Weg, wie wir immer weiter versuchen, uns an ein schlechtes, schädliches System anzupassen, und uns anstrengen, »Tricks« zu finden, mit denen wir das System nutzen können. Ich bin der Meinung, dass wir viel mehr erreichen können, wenn Frauen authentisch zu sich selbst stehen und ihren eigenen Weg gehen – den *einen* Weg die Karriereleiter empor gibt es nämlich nicht.

Der wichtigste Punkt, den wir als Gesamtgesellschaft angehen müssen, um wirkliche Gleichberechtigung und infolgedessen auch paritätische Vorstände zu erreichen, liegt meiner Meinung nach darin, die patriarchalen Strukturen zu identifizieren und aufzubrechen. Das fängt in unserem eigenen Kopf an, in dem die uns von klein auf vermittelten Frauenbilder der sich stets kümmernden und sich aufopfernden Mutter stecken, geht über ein Hinterfragen unserer Beziehungsdynamiken weiter, bis hin zu unserem Arbeitsalltag, in dem die Leistungen von Frauen und Männern leider immer noch mit zweierlei Maß gemessen werden. Je mehr von uns – Frauen wie Männer – diese unbewussten Vorurteile in uns selbst identifizieren und anderen bewusst machen, desto besser können wir damit umgehen und uns absichtlich *gegen* das entscheiden, was uns immer wieder die gleichen Fehler machen lässt.

Ich bin nämlich fest davon überzeugt, dass selbst die Männer, die immer wieder andere Männer, die so sind wie sie selbst, zu ihren Nachfolgern bestimmen – gemäß dem Thomas-Prinzip –, das nicht machen, weil sie es bewusst und rational für eine gute Sache halten, sondern vielmehr unbewusst danach handeln, was ihnen ihr Bauchgefühl beziehungsweise ihr Unconscious Bias sagt.

Exkurs: Das Thomas-Prinzip

Wer vom »Thomas-Prinzip« spricht, hat zumeist weder etwas gegen den beliebten Vornamen, noch etwas gegen die Männer, die ihn tragen. Tatsächlich steht der Begriff »Thomas-Prinzip« für den Umstand, dass die Vorstände vieler deutscher, an der Frankfurter Börse notierter Unternehmen Monokulturen im wahrsten Sinne des Wortes sind. So umgeben sich die männlichen Mitglieder dieser Gremien mit anderen Männern, die ihnen sehr ähnlich sind, was Alter, Herkunft sowie Ausbildung angeht – und im Idealfall sogar den gleichen Vornamen tragen. Der aktuelle Bericht der AllBright Stiftung zeigt beispielsweise, dass das durchschnittliche Vorstandsmitglied eines Börsenunternehmens im Jahr 2022 zu 86 Prozent männlich, zu 74 Prozent deutscher Staatsbürgerschaft und 1968 geboren ist. Auch in Sachen Ausbildung ist man(n) sich sehr ähnlich: So haben 64 Prozent der männlichen Vorstandsmitglieder in Westdeutschland studiert und sich dabei zu großen Teilen entweder für Wirtschaftswissenschaften oder Ingenieurwesen entschieden.[82] Lange Zeit gab es mehr Vorstandsmitglieder, die den Namen »Thomas« trugen, als insgesamt Frauen in den Vorständen[83] – ein Umstand, der sich erst 2019 änderte.[84] Bis heute hat sich allerdings wenig an dem zugrunde liegenden Prinzip geändert, und die Neuankömmlinge in den Unternehmensvorständen ähneln den Bestandsmitgliedern bis aufs Haar.

Diese unbewussten Vorurteile erklären meiner Meinung nach auch die Abneigung, die viele Menschen – aber gerade auffallend viele Männer – im Bezug auf die Frauenquote äußern. Statt als notwendiges Übel, um patriarchale Strukturen aufzubrechen, wird die Quote als tiefgreifend ungerecht empfunden und mit Anekdoten untermalt, in denen schlechter qualifizierte Frauen ausgewählt werden mussten, während die besser geeigneten Männer diskriminiert würden. Vielleicht kommt so etwas in Einzelfällen vor, aber basierend auf den Ergebnissen der dargestellten Studien habe ich – meiner Meinung nach berechtigte – Zweifel daran, dass die ausgewählten Frauen tatsächlich weniger qualifiziert waren.

Wir haben es schon in den vorigen Kapiteln gesehen: Frauen müssen in unserer heutigen Gesellschaft, die immer noch viel zu sehr nach patriarchalen Mustern agiert, eine Vielzahl von Vorgaben erfüllen, um als »gut genug« eingestuft zu werden. Dabei ist es egal, um welchen Bereich es tatsächlich geht, ob als Mutter, Angestellte, Führungsperson oder schlichtweg in der Identität als Frau – es gibt so viele Vorstellungen, auf die eingegangen werden muss: schlank, schön, intelligent, fleißig, den Haushalt im Griff, nicht zu wenig oder zu viel arbeitend, sich Zeit für die Kinder nehmend (aber auch nicht zu viel Elternzeit beanspruchen, sonst sinkt das Ansehen im Job). Und das ist nur eine Auswahl, die Vorstellungen nehmen kein Ende. Niemand kann all diese Erwartungen erfüllen.

Leider versuchen dennoch viele Frauen bis heute, diesen irrationalen, viel zu hoch gegriffenen Anforderungen zu entsprechen. Sei es, weil sie sich gar nicht bewusst machen, wie unerfüllbar das alles ist, oder weil sie denken, dass sie es allen »zeigen«, wenn sie es schaffen, diesem Maßstab zu entsprechen. Fakt ist aber, dass sich eine Vielzahl dieser Frauen an diesen Maßstäben aufreibt und ihre körperliche und geistige Gesundheit dabei auf der Strecke bleibt. Experten sind sich einig, dass einer der Gründe, warum Frauen doppelt so häufig an Depressionen erkranken, darin liegt, dass Frauen in unserer Gesellschaft bis heute einem Machtgefälle und einer deutlich höheren Arbeitsbelastung ausgeliefert sind.[85] [86] [87] Während sie jeden Tag aufs Neue um Anerkennung im Job kämpfen, in ihrem Privatleben einen Großteil der Care-Arbeit leisten und dann auch noch gesellschaftlich vorgegebenen Schönheitsidealen entsprechen sollen, bleibt wenig Zeit, sich um die eigenen Bedürfnisse und Wünsche zu kümmern. Auf Dauer macht das – logischerweise – krank. Das Gleiche gilt übrigens für Männer: Auch hier sind viele toxische gesellschaftliche »Ideale« am Werk, die dafür sorgen, dass es ihnen schlecht geht.

Ich bin daher fest davon überzeugt, dass es uns allen – Frauen wie Männern – besser geht, wenn wir an einem Strang ziehen, statt uns gegenseitig zu bekämpfen. Gemeinsam können wir gegen veraltete Rollenbilder in unseren Köpfen vorgehen, unsere Leistungen fair bewerten und wirkliche Gleichberechtigung schaffen. Am Ende brauchen wir dann vielleicht wirklich keine Quoten mehr, weil sich alles von allein paritätisch aufteilt – unser Alltag ebenso wie die Führungsetagen.

Mehr Sichtbarkeit, Disziplin und Durchsetzungsfähigkeit – Stop fixing the women!

Seit der Gründung von »Mission Female« durfte ich viele beeindruckende Frauen kennenlernen, die sich trotz widriger Umstände ihren Weg in die Führungsetagen gebahnt haben. Dass es oftmals so schwierig war, diese Positionen zu erreichen, lag meiner Meinung nach sicherlich nicht daran, dass ihnen die notwendigen Fähigkeiten gefehlt hätten. Wer in der eigenen Karriere so weit ist, realistisch eine Führungsposition anzustreben, bringt meistens schon die Erfahrung, Disziplin und Durchsetzungsfähigkeit mit, die eine solche Rolle erfordert. Vielmehr fehlt es Frauen meistens schlichtweg am richtigen Mindset – wie ich bereits erwähnte, ist das oft nicht ihre eigene Schuld – und an der notwendigen Sichtbarkeit. Gerade um für Letztere zu sorgen und den Weg zur Führungsposition ein wenig leichter zu gestalten, sollen die folgenden Tipps dienen.

Die ersten Schritte auf dem Weg in die Führungsetage

Niemand wird als Führungsperson geboren – vielmehr geht es darum, im Laufe des Lebens Erfahrung darin zu sammeln, Menschen und Unternehmen zu leiten. Um Führungserfahrung zu sammeln, muss es nicht gleich der Einstieg in ein DAX-Unternehmen sein. Stattdessen kann sich auch eine Mitgliedschaft im Vorstand einer Genossenschaft oder einer karitativen Organisation lohnen, um die ersten Schritte auf der Karriereleiter emporzuklettern – schließlich lassen sich hier ebenfalls wertvolle Kontakte knüpfen.

Sich überlegen, warum man Mitglied des Verwaltungsrats oder des Vorstands sein möchte

Mitglieder des Verwaltungsrats und des Vorstands leiten eine Organisation nicht nach Gutdünken, sondern im Namen der Eigentümer, Aktionäre und Stakeholder. Daher müssen sich Führungskräfte in dieser Rolle als Verwaltende wohlfühlen. Außerdem sind sowohl Motivation als auch Qualifikation entscheidend: Welche Fachkenntnisse bringt man mit? Was möchte man als neues Mitglied erreichen? Welche inhaltlichen Schwerpunkte möchte man setzen?

Vertrauen in sich selbst haben

Viele Frauen sind es gewohnt, ihr Licht unter den Scheffel zu stellen – oder stellen zu müssen –, um nicht als »arrogant« wahrgenommen zu werden. Gleichzeitig hinterlässt es seine Spuren, ständig an einem anderen Maßstab gemessen zu werden: Es setzt sich eine tiefe Unsicherheit fest, ob man – trotz der vielen Erfolge und guten Zeugnisse – nicht doch zu wenig kann. Natürlich bringt man das nötige Selbstbewusstsein nicht von heute auf morgen auf, aber wer den eigenen Lebenslauf einmal neutral und losgelöst von der eigenen Person ansieht, wird erkennen, dass viele Frauen mehr können, als sie sich zugestehen.

Die passende Branche wählen

Wer ins Topmanagement möchte, muss sich früher oder später entscheiden, in welchem Bereich die eigenen Fähigkeiten und Interessen liegen. Schließlich ist es in der Führungsetage wie in jedem Job: Wenn man nicht mit Leidenschaft dabei ist, ist damit niemandem gedient, weder der eigenen Person und noch dem Unternehmen. Daher ist es wichtig, sich selbst zu fragen, welche konkreten Fähigkeiten und Erfahrungen man mitbringt, die für bestimmte

Branchen sprechen. Jemand mit Kenntnissen im Marketing von IT-Produkten wird sich wahrscheinlich im Bereich Mode schwertun, und umgekehrt ebenso. Auf der anderen Seite lassen sich aber auch viele Kenntnisse über Branchen hinweg übertragen.

Timing ist alles

Selbst wenn man großartige Kompetenzen mitbringt, heißt das nicht automatisch, dass diese genau in diesem Moment für eine entsprechende Position gesucht werden. Das ist aber kein Grund aufzugeben: Stattdessen hilft es, sich zu überlegen, in welchen Bereichen man sich weiterentwickeln möchte und sich diese Kenntnisse anzueignen, zum Beispiel über Führungskräftenetzwerke oder andere Weiterbildungen. Außerdem ist manchmal einfach Geduld gefordert – dann gilt es zu warten, bis sich eine passende Chance bietet. Auch in so einer Wartephase kann man trotzdem aktiv sein und den Grundstein für zukünftige Erfolge legen.

Aktiv werden

Selbst wenn aktuell keine Führungsposition in unmittelbarer Aussicht ist, gibt es jede Menge Möglichkeiten, sich auf diese vorzubereiten. Weiterbildungen, Workshops und Webinare bieten gute Möglichkeiten, den eigenen Horizont zu erweitern, mehr darüber zu erfahren, wie man sich für den Vorstand fit macht, und Kontakte zu knüpfen. Führungskräftenetzwerke wie »Mission Female« bieten verschiedene Workshops und Webinare an, in denen Member über ihre Arbeit sprechen oder in denen sich angehende Führungskräfte weiterqualifizieren können. Sich kontinuierlich weiterentwickeln zu wollen sowie Neugierde und Freude daran, Neues zu erfahren und zu erleben, sind Eigenschaften, die die besten Topmanagerinnen ausmachen.

Netzwerke aufbauen und nutzen

Es ist eine grundlegend menschliche Eigenschaft, lieber mit vertrauten Personen als mit Fremden zu arbeiten. Dieser Effekt verstärkt sich im Topmanagement, wenn die Anforderungen weniger scharf umrissen sind und es mehr darum geht, die eigenen Fähigkeiten gut zu verkaufen. Ein unterstützendes Wort aus dem eigenen Netzwerk kann in solchen Fällen helfen, viele Hindernisse zu überwinden und den eigenen Aussagen mehr Gewicht zu verleihen. Wer also auf der Karriereleiter höher klettern möchte, kommt nicht umhin, sich ein Netzwerk aus Kontakten aufzubauen und zu pflegen.

Gewisse Parallelen mit einem politischen Wahlkampf lassen sich hier durchaus erkennen: In gewisser Weise führt jede Frau mit Führungsambitionen eine Kampagne für ihre Karriere. Dabei kandidiert sie am besten für das Amt beziehungsweise für die Führungsposition, indem sie Ziele formuliert und eine Plattform dafür, in Form des eigenen Netzwerks, schafft. Danach gilt es, potenziellen Wählenden – also die eigenen Kontakte – erst einmal von den eigenen Inhalten zu erzählen und sie im nächsten Schritt zu überzeugen, diese Ambitionen zu unterstützen. Ist das gelungen, werden sie sicherlich von entsprechenden Ausschreibungen erzählen oder im Idealfall sogar ein gutes Wort für einen einlegen.

Viele Frauen tun sich aber schwer damit, Netzwerke aufzubauen – und das liegt nicht an mangelnden sozialen Fähigkeiten, sondern am Mindset. Allzu häufig sehen sie die Pflege von Beziehungen und deren Nutzung zu ihren Gunsten bestenfalls als ein notwendiges Übel an und nicht als Führungsskill. Sich gleichgesinnte, einflussreiche Kontakte zu suchen, sich deren Gunst zu sichern und sich gegenseitig beim Erreichen der Ziele zu unterstützen, ist aber in sich bereits eine Demonstration von Führungspotenzial.

Willkommen in der Führungsetage – und jetzt?

Ist man in der Führungsetage angekommen, hören die Herausforderungen bei Weitem nicht auf. Vielmehr bleibt die Menge gleich, aber ihre Art und Weise verändert sich – das fällt vor allem Personen auf, die lange operativ gearbeitet haben oder Teams geleitet haben, in denen es manchmal notwendig wurde, dass die Teamleitung doch das ein oder andere Mal Hand anlegt. Im Topmanagement dagegen ist man vom Tagesgeschäft recht weit entfernt – schließlich muss man jetzt bereits den strategischen Grundstein legen, auf dem das Unternehmen in den nächsten Jahren baut. Um sich in solchen Gremien durchzusetzen, bleiben Netzwerke unabdingbar – aber auch die Eigenschaft, im Zweifelsfall unbequeme Themen anzusprechen, erweist sich als wertvoll.

Die richtige Motivation als Board-Member

Auf dem Holzweg befinden sich diejenigen, denen es bei einer Führungsposition nur ums Geld geht. Gerade wer am Anfang der eigenen Führungserfahrung steht und im Vorstand zum Beispiel einer Non-Profit-Einrichtung tätig ist, wird zwar viel Zeit und Arbeit investieren, aber außer einem Unkostenzuschuss oder eines geringen Honorars nicht viel Bezahlung erhalten. Für eine bezahlte Tätigkeit in einem großen und sogar börsennotierten Unternehmen ist es aber unabdingbar, sich die nötige Erfahrung zu verschaffen – und die kann man sich nur mit Engagement und Einsatz verdienen. Daher ist es wichtig, echtes Interesse an der Organisation zu haben, in der man tätig ist. Die wichtigste Frage für eine Führungsposition ist »Was kann ich beitragen?« und nicht »Was habe ich davon?«.

Unbequem sein, wenn es der Sache dient

Auch wenn es unangenehm ist, gehört es zum Job als Aufsichtsrats- oder Vorstandsmitglied, schwierige Themen anzusprechen und unbequeme Wahrheiten auszusprechen. Nur so können schließlich in den jeweiligen Gremien sinnvolle Lösungen für unternehmerische Herausforderungen gefunden werden. Unerlässlich dafür ist ein ehrlicher und respektvoller Austausch unter den verschiedenen Mitgliedern – und die eigene Bereitschaft, auch mal eine Abfuhr einzustecken. Besonders schwierig wird es natürlich, wenn man sich gegen eigene Verbündete stellen muss, weil deren Vorschläge nicht dem besten Interesse des Unternehmens dienen. Doch gerade dieses Interesse vor allen anderen – persönlichen – Motiven zu vertreten und zu verteidigen, macht den Job aus. Daher ist es wichtig, Allianzen und Netzwerke aufzubauen, aber trotzdem nicht kritiklos alles zu unterstützen. Diese Balance zwischen der Wahrung der sozialen Beziehungen und eines trotzdem integren Handelns in Sachfragen stellt eine der größten Herausforderungen im Topmanagement dar.

Netzwerke anderer erkennen

So wichtig es ist, sich ein eigenes Netzwerk aufzubauen, so wichtig ist es auch, die anderer Leute zu erkennen und sich gegebenenfalls in bereits bestehende einzufügen. So verfügen die meisten Unternehmen über informelle soziale Geflechte, die ähnlich wichtig sind wie die offensichtliche Hierarchie – wenn nicht sogar wichtiger. Gerade für Personen, die neu in einem Unternehmen und einer Führungsposition anfangen, lohnt es sich, diese einflussreichen Peergroups zu erfassen. Vielleicht gibt es interne Fachgruppen, die sich monatlich treffen, um schwierige Probleme zum eigenen Themengebiet zu diskutieren? Höchste Zeit, diese Personen kennenzulernen, ihren Einflussbereich einzuschätzen und sich einzubringen. Das Wissen um informelle Teams und Allianzen hilft dabei, Zustimmung für Vorhaben zu gewinnen und unter Umständen Entscheidungen zu beeinflussen.

Führen – nicht ausführen

Wer bisher vor allem operativ an Themen gearbeitet hat, tut sich anfangs mit den veränderten Aufgaben einer Führungsposition schwer. Während es früher darum ging, selbst Dinge in die Hand zu nehmen und Aufgaben effizient auszuführen, gilt es im Topmanagement nun, Mitarbeitende zu fordern, zu beraten und zu ermutigen.

Es hilft, sich bewusst zu machen, dass Führungspersonal über einer Organisation steht und nicht in ihr arbeitet. Mitglieder der Führungsebene sind nicht dazu da, etwas umzusetzen oder auszuführen. Vielmehr geht es darum, die übergeordneten Themen im Auge zu haben, das eigene Urteilsvermögen einzusetzen und Strategien zu entwickeln, die es Mitarbeitenden ermöglichen, konkrete Maßnahmen umzusetzen. Dazu gehört auch das Vertrauen in die Fähigkeiten dieser Mitarbeitenden. Greift die Führungsebene ins operative Tagesgeschäft ein, transportiert das im schlechtesten Fall, dass Mitarbeitende für inkompetent gehalten werden, oder sorgt für Chaos, weil sie keinen Überblick über alle Vorgänge und To-dos haben.

Verschiedenen Meinungen Raum geben

Man sollte annehmen, dass es eine gute Sache ist, wenn es bei Sitzungen des Topmanagements wenig zu diskutieren gibt. Allerdings können sich daraus auch Probleme entwickeln: Wenn Führungsgremien regelmäßig versäumen, lebhafte und manchmal angespannte Debatten zu führen, übersehen sie unweigerlich Alarmsignale oder günstige Gelegenheiten. Jedes Mitglied eines solchen Gremiums kann dazu beitragen, eine strukturierte und produktive Debatte zu gewährleisten. Dazu zählt beispielsweise, proaktiv andere Mitglieder nach ihren Meinungen und Erfahrungen zu fragen. Oftmals präsentieren sich hier überraschende Einsichten, die Diskussionen bereichern und die Entscheidungsfindung erleichtern. Diese Einsicht ist auch wichtig, wenn es darum geht, den Vorsitz zu übernehmen: Effektive Vorsitzende glauben nicht, dass sie allein die beste Lösung für ein Problem zu besitzen, sondern moderieren vielmehr eine Gruppendiskussion mit dem Ziel, das beste Ergebnis für das Unternehmen zu finden. Studien zeigen, dass tatsächlich die Sitzungen am effektivsten sind, in denen eine solide Tagesordnung vorliegt und die Vorsitzenden weniger als 10 Prozent der Zeit für sich beanspruchen.[88]

Dass es zwar nicht immer leicht, aber durchaus machbar ist, sich gerade in Männer-dominierten Branchen die eigene Weiblichkeit zu erhalten – und wie das gelingt – zeigen die Autorinnen der folgenden Beiträge.

Aus dem echten Leben

Lore Maria Peschel-Gutzeit: So bleiben Frauen authentisch und setzen sich durch

Frau Dr. Lore Maria Peschel-Gutzeit studierte in Hamburg und Freiburg im Breisgau, hatte Referendariate in Hamburg, München, Speyer und Freiburg, war von 1960 bis 1991 Richterin in Hamburg, zuletzt Richterin am Oberlandesgericht Hamburg, eines Senats mit Schwerpunkt Erbrecht, und seit 1984 erste Senatspräsidentin am Hanseatischen Oberlandesgericht. Bereits 1968 trat die von ihr initiierte »Lex Peschel« in Kraft, ein Gesetz, das es Beamtinnen ermöglichte, aus familiären Gründen in Teilzeit zu arbeiten oder Familienurlaub zu nehmen, ohne aus ihrer Berufstätigkeit ausscheiden zu müssen. In den Jahren 1991 bis 2001 war sie Justizsenatorin, zunächst in Hamburg, dann in Berlin und dann wieder in Hamburg. Seit 2002 arbeitet Frau Dr. Peschel-Gutzeit als Anwältin für Familien- und Erbrecht in Berlin. Zudem ist sie Autorin des Buches Selbstverständlich gleichberechtigt, *eine autobiografische Zeitgeschichte, erschienen 2012 bei Hoffmann und Campe, Hamburg.*

Wie können Frauen authentisch bleiben und sich doch in einem männlich dominierten Berufsumfeld durchsetzen?
Befindet sich eine Frau in einem männlich dominierten Berufsumfeld, so befindet sie sich dort meiner Meinung nach nicht zufällig. Sie hat sich für diesen Betrieb entschieden und mithin

auch im Zweifel gewusst, dass es sich um ein männlich dominiertes Berufsumfeld handelt. Vermutlich möchte sie die Materie oder den Betrieb kennenlernen und nimmt daher in Kauf, dass die Männer das Geschehen dominieren.

Diese Voraussetzung muss sich Frau deutlich machen, wenn sie erlebt, dass sie sich in einem männlich dominierten Berufsumfeld befindet. Ganz sicher *muss* sie sich nicht besonders an dieses Berufsumfeld anpassen. Von Muss kann gar keine Rede sein, es geht um etwas anderes:

Aus Klugheit und aus Eigeninteresse sollte eine Frau in dieser Situation versuchen, sehr schnell die Regeln, und zwar die ausgesprochenen wie die unausgesprochenen, kennenzulernen, nach denen dieser Betrieb geführt wird. Das ist nicht so schwer, wie man zunächst meinen könnte. Das Ganze läuft über die Schiene Beobachtung männlicher Kollegen. Sehe ich als eine der wenigen Frauen in einem männlich dominierten Betrieb, wie Kollegen miteinander umgehen, wie sie sich gegenüber Vorgesetzten verhalten, wie sie mit Angestellten umgehen, die im Rang niedriger einzustufen sind, gewinne ich sehr schnell ein Bild davon, wie das Klima dieses Betriebes entstanden ist. Ich kann mir auch sehr schnell die Frage beantworten, ob ich in diesem Betrieb auf Dauer bleiben möchte, mit anderen Worten, ob ich an diesem Klima teilnehmen möchte. Bei dem heutigen Fachkräftemangel ist die Arbeitnehmerin in der guten Situation, ihr Berufsumfeld wechseln zu können, wenn ihr die allzu männliche Dominanz zu sehr gegen den Strich geht.

Meine Erfahrung ist eine andere: Interessiert mich die Materie und wird diese nur oder vorwiegend in männlich dominierten Betrieben behandelt und geleistet, so nehme ich das auf mich, versuche aber selbstverständlich, meine eigenen Ideen und Vorstellungen allmählich zur Wirkung zu bringen. Ich denke, dass Frauen, die ein eigenes Bild davon haben, was und wie sie arbeiten möchten, im Vorteil sind: Sie sind authentisch in ihren Wünschen und ihren Fähigkeiten und verlieren diese Wünsche und Fähigkeiten ja nicht dadurch, dass sie von Männern umringt sind. Im Gegenteil: Sie können im Stillen vergleichen, welche Lebensziele ihre männlichen Kollegen haben und verfolgen und welches ihre eigenen Lebensziele sind und ob sie sie in dieser Umgebung verwirklichen können oder nicht.

Authentizität ist ein Inbegriff von Eigenschaften, die die Echtheit des jeweiligen Menschen beschreiben sollen. Ist Frau, die in einem solchen Betrieb in einer solchen Umgebung tätig ist, noch sie selbst? Ich habe in meinem langen Leben die Erfahrung gemacht, dass ich als Frau sehr wohl ich selbst bleiben kann, auch wenn ich, wie zum Beispiel bei der Justiz, fast nur mit Männern gearbeitet habe. In diesem Zusammenhang kommt das Selbstwertgefühl ins Spiel, das in solchen Zusammenhängen unerlässlich ist und sich vor allen Dingen als unverlierbar erweisen muss.

Mit anderen Worten: Frauen bleiben selbstverständlich authentisch und setzen sich genauso selbstverständlich bei männlichen Kollegen und Geschäftspartnern durch, gerade weil sie eine Frau sind. Frauen haben ein anderes Einfühlungsvermögen als Männer, Frauen sind bisweilen geschickter in der Argumentation. Das sind alles Eigenschaften, die es ihnen leichter machen, sich durchzusetzen, als Männer in gleicher Position. Männer auf der anderen Seite argumentieren anders, gehen auch viel geübter und gewohnter mit Zurückweisungen und Niederlagen um. Das ist ein Feld, auf dem Frauen sehr viel lernen können und müssen.

Alles in allem ist die Frage, ob ich mich bei Kollegen und Geschäftspartnern, also Männern, durchsetze, nicht und schon gar nicht allein eine Frage der Authentizität. Sie ist vielmehr eine Frage des Mutes, des Selbstwertgefühls, der Einsatzbereitschaft, der Tüchtigkeit und der Entschlossenheit, dieses Ziel, das ich mir gesetzt habe und das ich für richtig halte, zu erreichen – trotz aller männlichen Widerstände.

Diese Entschlossenheit drückt sich im Allgemeinen im eigenen Verhalten aus: Schließe ich von vornherein für mich selbst ein Scheitern, eine Niederlage aus, gelingt mir fast immer ein

Erfolg. Die Arbeit beginnt also bei mir selbst und in mir selbst – nicht in der Auseinandersetzung mit dem Gegner. Denn trete ich diesem sicher und gewandt entgegen, bleibt im Allgemeinen der Erfolg nicht aus.

Wie können Frauen für noch für mehr Gleichberechtigung sorgen?

Gleichberechtigung ist ein Prozess und scheitert oft an der mangelnden Solidarität von Frauen. Viele vergessen nämlich, sobald sie am Ziel ihrer persönlichen Karriere angekommen sind, wie mühsam der Weg war. Damit bringen sie aber – ähnlich wie Bienenköniginnen – nur sich selbst nach vorn, und zwar dadurch, dass sie andere aufhalten. Ich halte mich sehr viel lieber an solche Frauen, die wie Brückenköpfe wirken und andere Frauen aktiv unterstützen auf ihrem Weg nach oben.

Was muss sich für komplette Gleichberechtigung noch ändern?

Ich sehe großen Handlungsbedarf in zwei Bereichen: Zum einen, was die Parität von Frauen und Männern im Landtag und Bundestag angeht. 70 Jahre nach Gründung der Bundesrepublik ist es verfassungsseitig immer noch verboten, eine gleichmäßige Verteilung der Sitze gesetzlich durchzusetzen, da die Verfassung eine Quote beziehungsweise Bevorteilung von Frauen auf 50 Prozent der Sitze nicht erlaubt. Ich denke, es ist eine großartige Herausforderung für alle jüngeren Frauen in der Politik, diese Änderung des Grundgesetzes durchzusetzen.

Zum anderen müssen Frauen, die ihre Eltern- und Schwiegereltern zu Hause pflegen, meiner Ansicht nach besser abgesichert werden. Das bedeutet, dass sie nicht nur Pflegegeld erhalten, sondern auch in die gesetzliche Rentenversicherung aufgenommen werden sollten. Aktuell arbeiten sie stattdessen in einem Fulltime-Job – denn das ist die Pflege von Angehörigen –, ohne im Alter abgesichert zu sein. Darin sehe ich einen Zustand, der so nicht bestehen bleiben darf.

Meike Finkelnburg: **Eine Einladung zu mehr Selbstüberschätzung**

Meike Finkelnburg ist Managing-Partnerin der Brand-Retail-Design-Agentur Designplus GmbH mit Sitz in Stuttgart. Sie ist der visionäre Kopf und die Strategin hinter der Agentur. Seit Ende 2021 ist Meike zudem Co-Founderin der Strategieberatung hi, tilda. Als Generalistin betrachtet sie Systeme ganzheitlich und analysiert Marken und Unternehmen in ihrem gesamtgesellschaftlichen Wirkungskontext. Als »Mission-Female«-Mitglied setzt sie sich unter anderem für die Gleichstellung und Förderung von Frauen in einer nachhaltigeren Arbeitswelt ein.

Dabei ist sie unter anderem regelmäßig Gastgeberin und Impulsgeberin verschiedenster Plattformen. Ihre heutige Haltung und persönliche Mission richtet sich stark an den Megatrends Neo-Ökologie, Gender-Shift, Individualisierung und New Work aus.

Selbstüberschätzung versus Selbstzweifel – Erfahrungen, Learnings aus Tipps aus einer nicht von Corporate-Unternehmen geprägten und sehr bewusst gestalteten Karriere

Mit 30 Jahren saß ich das erste Mal beim Notar, um meinen ebenfalls ersten Geschäftsführerinnenvertrag zu unterschreiben. Nach dem Abitur startete ich meine Ausbildung zur Kauffrau für Marketingkommunikation in einer Werbeagentur. Im Anschluss habe ich in acht Turbosemestern mein Studium zur Betriebswirtin mit dem Schwerpunkt Marketing und Kommunikation durchgezogen. Mit Abschluss des Studiums nahm ich meinen ersten Job im Marketing an, danach folgte der Start in der Werbebranche, und im besagten Alter von 30 Jahren habe ich mich dann erstmals ganz bewusst meinem Selbstüberschätzungsdrang hingegeben.

Jahre später – anderer Blickwinkel – habe ich mich zu meinem ersten CEO-Netzwerktreffen angemeldet und zum Start der Veranstaltung realisiert, dass ich die einzige Frau im Raum war, die keine corporate-geprägte Karriere und somit kein Brand- und Namedropping für die doch so wichtigen Positionierungs-Aha-Momente vorzuweisen hatte. Ich war quasi ein No-Name – was mir bis dato nicht in diesem Ausmaß bewusst war, aber mir in diesem Moment schlagartig vor Augen geführt wurde. *Okay, hi reality!* Ganz ehrlich, ich hatte Fluchtgedanken. Beim Start der Vorstellungsrunde hoffte ich, sie übersehen mich. Ich konnte keinem zuhören, weil ich in meinem Kopf so schnell denken musste, um mir eine beeindruckende Formulierung zurechtzulegen, die mich wichtiger erscheinen lassen würde, als ich dachte, zu sein. Als ich das Mikrofon in der Hand hielt, bin ich in meinem vollen Meike-Vertrauen in die Selbstzweifel reingesprungen, habe mich bewusst ohne diese Erfahrungen positioniert und mit erröteten Wangen meine These zum Workshop-Thema in den Raum gestellt.

Warum ich damit starte und die Erfahrung so aufzeige: Weil ich meinen jüngeren Selbstzweifelmomenten und allen Mitfühlenden heute zurufen möchte, dass es völlig normal ist, Zweifel und Ängste zu empfinden – dass diese aber immer als Chance zu begreifen sind. Heute weiß ich, dass meine Begeisterung, meine Neugierde, mein Gestaltungswille, mein positives Menschenbild und vor allem mein Vertrauen zu mir mich zur erfolgreichen Unternehmerin gemacht haben – nicht mein Lebenslauf.

Aus der Geschichte wissen wir, dass Frauen in der Gesellschaft für viele Aufgaben nicht berücksichtigt, ausgeschlossen oder unterdrückt wurden. Nur durch Mut und gewollten Aufbruch vieler Aktivistinnen finden wir uns heute in einer weitaus diverseren Gesellschaft wieder.

Genau für diesen Willen und Mut macht es mir mittlerweile auch Freude, rauszugehen und mich zu zeigen. Ich wünsche mir, dass wir uns alle mehr sehen und uns die Erlaubnis geben, mehr über unseren eigenen Schatten zu springen. Vor allem aber auch, uns zu akzeptieren, wenn wir uns selbst oder auch andere vermeintlich »scheitern« sehen.

Warum also die Einladung zu mehr Selbstüberschätzung?

Weil wir dadurch nicht nur für uns selbst, sondern auch für unsere Gesellschaft einen wertvollen Beitrag leisten werden. Im Zeitalter des Wandels und der Krisen gilt es, mit einem neuen Mindset dem Ungewissen kreativ, neugierig und bewusst zu begegnen und gelernte Muster aufzulösen.

In meinem Zukunfts-Mindset braucht es daher ein gutes Maß an Selbstüberschätzung, um Wirksames zu erreichen.

Was bedeutet Selbstüberschätzung überhaupt?

Wenn ich über Selbstüberschätzung schreibe, dann orientiere ich mich an einem gesunden Selbst- und Fremdbild, welches in meinem positiven Menschenbild verankert ist, und nicht an einer übertriebenen Fehleinschätzung, die ausschließlich auf einem konstruierten Selbstbild basiert.

Wir sprechen von ungesunder Selbstüberschätzung, wenn Menschen eine übertrieben positive Fehleinschätzung der eigenen Fähigkeiten haben. Auch die Annahme der eigenen Überlegenheit gegenüber anderen kann eine Art von Selbstüberschätzung sein. Dahinter steckt ein psychologischer Mechanismus, den die beiden Ökonomie-Nobelpreisträger Daniel Kahneman und Amos Tversky den Overconfidence-Effekt nennen.

Männer neigen übrigens im Geschlechtervergleich eher zur übertriebenen Selbstüberschätzung als Frauen, weil ihr innerer Antrieb und ihr Anerkennungsdruck stark über Werte wie Selbstbewusstsein, Stärke und Erfolg gemessen werden.

Selbstzweifel werden in der Psychologie als Zweifel an der eigenen Person bezeichnet. Wie eine innere Stimme, die dir sagt, dass du das nicht schaffst. Der Zweifel beziehungsweise die Stimme wird lauter, wenn wir etwas wagen, mit dem wir potenziell auch scheitern könnten – zum Beispiel beim Verlassen der eigenen Komfortzone, fühlen mindestens 70 Prozent der Menschen einmal im Leben das Impostor-Syndrom, sprich massive Selbstzweifel, die so stark verwurzelt sind, dass auch ein bestätigtes Erfolgserlebnis sie nicht von diesen abbringen kann. Begründung dafür ist eine starke Neigung zum Perfektionismus, also dem Wunsch, alles besonders gut machen zu wollen – und das betrifft sowohl Frauen als auch Männer. Jedoch wurde festgestellt, dass diese unterschiedlich damit umgehen.

Eine Studie der Universität in Ohio hat herausgefunden, dass Frauen in Erwartung eines negativen Feedbacks ängstlicher sind als Männer. Während Frauen sich nun also noch mehr anspornen, um eine bessere Leistung zu erbringen, akzeptieren Männer potenzielle Fehlschläge eher.

Eine Studie vom Bonner Institut zur Zukunft der Arbeit hat außerdem herausgefunden, dass Frauen im Wettbewerb um die Besetzung von Führungspositionen die eigene Leistung im Durchschnitt geringer einschätzen als Männer.

Unterschiede zwischen den Geschlechtern sind also faktisch da und bestätigen die erst mal ungeliebten Selbstzweifel von uns Frauen – die wir aber positiv nutzen können, um zu wachsen.

Selbstverständnis für Selbstzweifel entwickeln

Von außen bekomme ich oft die Rückmeldung, sehr selbstbewusst und souverän aufzutreten. Natürlich habe ich die letzten Jahre gelernt, eine persönliche Schutzmauer um mich herum aufzubauen, um in bestimmten Settings stärker wirken zu können, als ich mich manchmal fühle. Das finde ich aber auch in Ordnung. Nicht immer müssen wir zur Schau stellen, was innerlich in uns arbeitet.

Ich kann heute meine persönlichen Ängste aussprechen und sie benennen. Vor vielen Jahren hat mir das Konzept der Selbstwirksamkeit zu einem bewussten Umgang damit verholfen. Trotzdem bin ich nicht davor geschützt, Ängste zu haben. Entgegen allen Selbstzweifeln und Unsicherheiten renne ich jedoch mit diesen Ängsten von Roundtable zu Roundtable, von Bühne zu Bühne, von Situation zu Situation, in die ich mich in vollem Bewusstsein reinschmeiße. In welcher Situation ich mich in eine ausgeprägte Selbstüberschätzung und somit in große Selbstzweifel begeben habe, kann ich daher nicht konkret benennen – weil ich diese Selbstüberschätzung permanent in mir trage.

Wie läuft das ab? Ich fordere die Überschätzung quasi ständig heraus, indem ich mich in ungewohnte Situationen bringe und »Ja« sage. »Ja« zu Themen und Aufgaben, obwohl ich noch nicht weiß, wie ich diese erfüllen kann – inhaltlich und auch zeitlich.

Ob es ein Fachbeitrag, eine Key-Note, ein Beratungsmandat oder eine ehrenamtliche Führungsaufgabe ist. Es ist Fluch und Segen zugleich, weil in diesem Muster immer Selbstzweifel aufkommen, die mich dazu antreiben, mich mit noch mehr Leidenschaft reinzustürzen. Die Extrameile zu gehen. Hinzu kommt auch noch ein stark ausgeprägter Perfektionismus und ein hohes Maß an Leistungsanspruch. Aber genau das hat mich im Laufe meiner Karriere und in meinem Selbstverständnis von Erfolg weitergebracht.

Ich will den Status quo weiterentwickeln – und ich weiß, dass ich dazu immer die Wahl habe. Durch diese Freiheit habe ich eine gesunde Beziehung zu meinen Selbstzweifeln und den damit verbundenen Ängsten entwickelt. Und auch ich scheitere in meinem Anspruchsdenken immer und immer wieder.

Wie kann dieses Mindset entwickelt werden? Was ist förderlich, was hinderlich?

Ich glaube an die lebenslange Lernfähigkeit – das Growth-Mindset. Gefördert durch eine gesunde Form der Selbstüberschätzung und dem Glauben an selbstbestimmte Veränderungen. Wie kann ich herausfinden, ob ich mich selbst über- oder auch unterschätze? Kann ich die Aufgabe, das Thema, die Hürde trotzdem angehen, oder weise ich diese Dinge lieber von mir ab?

Essenziell und nicht verhandelbar ist, dass dieses Mindset immer beim eigenen Ich anfängt. Will ich es oder wird es von mir erwartet? Das Bild des »Pinguins in der Wüste« nutze ich dafür sehr gerne, weil es aus meiner Sicht perfekt beschreibt, was ich mir zumuten will und darf. Oder: wer ich gerne wäre, aber niemals sein kann, aufgrund von Werten, Grundmotiven, Herkunft, Menschenbild, Ausbildung, Erfahrungen. Stichwort: Lebenslauf.

Wie also kann ein Growth-Mindset entwickelt werden, wenn ich bereit bin, zu springen?

Die eigenen Ängste kennen, Ziele benennen und Erwartungen an einen selbst von den Erwartungen anderer abgrenzen. Dabei immer wieder mutig die Frage stellen, wofür ich bereit bin, meine Kraft zu investieren, und mir dabei aber auch einen Abbruch zu erlauben, wenn es sich nicht richtig anfühlt. Und damit meine ich nicht, wenn es unangenehm wird, sondern weiter reingehen und erkennen, woher die Angst kommt. Weil es nie einfach wird.

Den Unterschied zwischen »Müssen« und »Dürfen« verstehen. Ich habe bis vor vielen Jahren nur das Wort »Müssen« für meinen Antrieb gekannt – »Du musst das jetzt schaffen, da hast du dich selbst hineinmanövriert«, »Du musst jetzt performen, alles andere wäre peinlich«. Durch meine innere Erlaubnis »darf« ich mittlerweile sehr viel machen – und das fühlt sich weitaus besser an.

Die Angst vor dem Scheitern nicht als Einbahnstraße zu verstehen. »Wenn ich hier jetzt nicht wirke, dann brauche ich mich nicht mehr blicken lassen« – mir hilft hier immer die Gegenfrage: Wie würde ich reagieren, wenn ich jemanden beim Scheitern erlebe? Wir tragen alle tief in uns die Versagens- und »Nicht-geliebt-werden«-Angst. Damit sind wir nicht allein. Also wie kann ich mir und anderen dabei helfen?

Erfahrungen in bekannten Unternehmungen sind nicht der Maßstab dafür, »besser« zu sein. Erfahrenes und Bekanntes geben uns Sicherheit und strahlen Souveränität aus, sind allerdings kein entscheidender Wert für Erfolg. Das Vertrauen zu sich selbst ist der Wirkungsmotor.

An Menschen orientieren, die einen strahlen lassen, die einen bewusst wahrnehmen – und nicht das, was sie wahrnehmen wollen, beziehungsweise die Person, die sie gerne neben sich hätten. Sich aber auch an Menschen reiben, die einen fordern und aus der Komfortzone herausholen wollen. Mehr Zutrauen in einen selbst, wenn andere es einem zutrauen.

Sich in Settings setzen, die einem guttun. Kein Vergleichen, kein Kräftemessen. Mit feuchten Händen, klopfendem Herz reingehen und die Angst fühlen und zulassen. Ganz bewusst. Das klingt vielleicht etwas schräg, aber ich gehe mit meinem Mutausbrecher auf der einen Seite und meinem Zweifler auf der anderen Seite auch gerne mal in ein Zwiegespräch.

Nichts ist langweiliger als Stillstand

Ich wäre heute nicht da, wo ich bin, wenn ich nicht unzählige Selbstüberschätzungsmomente gehabt hätte. Wir dürfen als Zukunftsgestaltende Scheitern und Erfolg neu definieren. Scheitern nicht im Sinne von Versagen, sondern im Sinne einer mutigen und verantwortungsbewussten Handlung.

Daher wünsche ich mir, dass mehr Frauen mutig diese Grenzen zur Selbstüberschätzung ausloten und bewusst mit den damit verbundenen Ängsten in Beziehung gehen. Denn Angst haben wir alle.

Anmerkung: Dieser Gastbeitrag, umgeben von brillanten, intelligenten und mutigen Frauen, geht auch heute nicht spurlos und ohne Zweifel an mir vorbei. Aber welche Stimme in mir sagt denn, dass ich es nicht kann? Und wieder bin ich ein Stück gewachsen.

Laura-Marie Geissler: **Was es für mich bedeutet, Karriere zu machen**

Laura ist 24 Jahre alt und Rennfahrerin aus München. Im Alter von 10 Jahren begann sie mit dem Kartsport und erwarb mit 16 Jahren ihre offizielle Rennlizenz. Trotzdem zählt Laura zu den Quereinsteigerinnen im Rennsport und fuhr erst mit 22 Jahren ihr erstes Profirennen. Obwohl sie über ein außergewöhnliches Talent und Ehrgeiz verfügt, hatte sie lange keine wirkliche Chance, dies unter Beweis zu stellen. Heute fährt sie den Porsche Sports Cup (GT4 Series) und behauptet sich hier gegen ein ausschließlich männlich besetztes Fahrerfeld.

Meines Empfindens steht Karriere in erster Linie für Unabhängigkeit, Stärke und Einfluss. Diese Werte habe ich schon früh von meiner Familie mitbekommen – sie waren es auch, die mich früh auf Erfolg und Leistung getrimmt haben. Schon als Kind war »noch schneller, größer, weiter« der Maßstab, an dem ich gemessen wurde. Ich sollte lernen, mich mit anderen zu vernetzen und diszipliniert auf ein Ziel hinarbeiten. Während meiner Schulzeit habe ich noch nicht verstanden, was das bringen sollte, und es erschien mir nicht besonders hilfreich. Als ich älter wurde und in den Rennsport einstieg, wurde mir aber klar, dass genau diese Dinge essenziell für meinen Erfolg sein würden. Die Fähigkeit, sich ein Netzwerk aufzubauen, in dem man sich gegenseitig stützt, ist in meinem Beruf genauso wichtig wie motiviert zu bleiben und an sich zu arbeiten.

Beim Sport habe ich gelernt, als Team zu gewinnen. Ich wurde ja von klein auf darauf geeicht, alleine aus mir selbst heraus meine Ziele erreichen zu können. Als Rennfahrerin ist mir klar geworden, dass Karriere kein Einzelsport ist. Ganz im Gegenteil: Ohne meine Community und mein Team würde ich keinen einzigen Pokal gewinnen – und somit auch nicht die Karriereleiter erklimmen. Für mich bedeutet »Karriere machen« also auch, mit Menschen umzugehen, sie zu faszinieren und mitzureißen. Wer auf die Pole Position will, egal ob im Sport oder in der Wirtschaft, muss auch die eigene Mannschaft mitnehmen und motivieren.

Für jeden Menschen, egal ob Frau oder Mann, sieht Karriere aber anders aus. Anfangs habe ich in dem, was ich als Sportlerin mache, nie eine »Karriere« gesehen. »Karriere« war für mich bis dahin immer mit einem »sechsstelligen« Einkommen verbunden und im Rennsport habe ich damals kein finanzielles Feedback für meine Leistungen erhalten. Da musste der Sieg oder ein Platz vorne auf dem Treppchen Lohn genug sein. Mir hat das nicht gereicht – es zeigte mir, dass ich mich mit dem Sport breitgefächerter aufstellen und mir meine individuelle Version einer Karriere schaffen will. Eine, die mich vollumfänglich erfüllt.

Gerade stehe ich noch am Anfang und schreibe an der ersten Seite meiner Erfolgsgeschichte, aber ich habe viel vor: Neue Visionen leben, Leute faszinieren und in Richtung Forbes zu steuern. Ja, ich bin hauptberuflich Sportlerin, aber da geht so viel mehr!

Susanne Harring: **Ein Führungsteam und mittleres Management ohne Stefans und Thomasse: Absicht oder Zufall?**

Susanne Harring, geboren 1980, übernahm zum 1. Januar 2021 die Position der Geschäftsführerin bei der De'Longhi Deutschland GmbH. Als Geschäftsführerin verantwortet Susanne Harring die Leitung des operativen Geschäfts. Zuvor leitete die Sales-Spezialistin als Commercial Director zwei Jahre lang die Vertriebsaktivitäten des Unternehmens.

Susanne Harring blickt auf mehr als 16 erfolgreiche Jahre in verschiedenen internationalen Führungspositionen im Bereich Verkauf und Marketing zurück, einen Großteil davon sowohl im B2B- als auch im B2C-Geschäft beim Unterhaltungselektronikkonzern Philips, wo sie vor ihrem Wechsel zu De'Longhi zwölf Jahre lang in unterschiedlichen Positionen gearbeitet hat, zuletzt als Commercial Director Consumer Lighting DACH in Hamburg.

Passioniert engagiert sich Susanne Harring im Bereich Talentförderung und -gewinnung. Einen Ausgleich zum Job findet Susanne bei einer Runde Laufen an der Alster in ihrer Wahlheimat Hamburg oder auch beim Genuss eines besonderen Glas Weißweins mit ihrem Mann.

An unserem Standort finden sich aktuell 138 Mitarbeitende aus 15 verschiedenen Nationen. Dass dabei aber ganze 53 Prozent der Belegschaft weiblich sind, ist ein außergewöhnlicher Wert für die Technik- und Elektronikbranche, die gewöhnlich in Männerhand liegt. Um diesen bemerkenswerten Umstand zu erreichen, brauchte es aber stetige Reflexion, Arbeit, Feedback und klare Ansagen. Doch die Mühe hat sich gelohnt: Diese Diversität ist für uns ein Segen, der uns immer wieder dabei hilft, schneller, besser und umsichtiger zu entscheiden.

Wie man mehr Diversität schafft? Durch Inklusion!

Es fängt damit an, toxische Arbeitsumgebungen abzuschaffen. Das Problem dabei: Vielen Unternehmen ist nach wie vor gar nicht bewusst, dass sie ein Arbeitsklima pflegen, das für Frauen oder diversere Teams schlicht ungeeignet ist.

In meiner Laufbahn gab es zum Beispiel einen Unternehmensbereich, der regelmäßig jeden Monat gerne mal bis 5 Uhr morgens feiern gegangen ist. Im Laufe der Zeit wurde es zum unternehmensübergreifenden Ritual, donnerstags feiern zu gehen und Karaoke zu singen. Bis hinauf zum europäischen Managementteam wurden diese Feiern zelebriert und auch für gut befunden. Schließlich stärken solche Anlässe den Teamzusammenhalt und schaffen eine junge, frische Atmosphäre, oder nicht? Sollte man meinen.

Als aber eine alleinerziehende Mitarbeiterin zu mir kam und erzählte, wie schwierig es für sie sei, jeden Donnerstag eine Kinderbetreuung zu organisieren, sie sich aber gleichermaßen nicht traue, zu oft abzusagen, gab mir das schon zu denken.

Die Angst, etwas zu verpassen, ist keine pure Einbildung. Das Ganze nennt sich »Fear of Missing Out« (FOMO) und ist gut erforscht. Im Arbeitskontext wird diese Angst aber umso realer, wenn das Management eine solche Feierkultur vorlebt und man sich deshalb fast schon unter Zug-, wenn nicht gar Gruppenzwang gesetzt fühlt. Aus der einst guten Idee, gemeinsam nach Feierabend auszugehen, entwickelte sich so eine Dynamik im Arbeitsumfeld, die Diversität im Beisammensein verhindert statt fördert.

Die Lösung kann sicher nicht sein, alle Partys im Unternehmen abzuschaffen. Aber offen zu bleiben und sich immer wieder zu hinterfragen, ob solche Maßnahmen und Aktivitäten für alle zugänglich sind, ist ein guter Anfang. Schließlich hilft es, das eigene Gegenüber zu kennen und zu schätzen, um ein besseres Miteinander zu erreichen. Dafür sind regelmäßige Teamevents und Formate, wie die bei uns gepflegten »Lunch & Learns«, ein wichtiger Bestandteil.

Zusammenhalt entsteht nur selten am Bildschirm allein

Ein wichtiger Baustein für mehr Diversität sind aber auch die allgemeinen Arbeitsbedingungen, etwa ein familiäres Arbeitsumfeld und flexible Arbeitszeitmodelle. Wir haben schon vor der Pandemie festgestellt, dass ein guter Mix aus Präsenz und »Working from Home« hier die beste Mischung ist, solange dabei klare Spielregeln gelten. Das Büro soll ein Ort des Austausches sein – und auch dafür genutzt werden. Feste Bürotage pro Abteilung schaffen für uns Klarheit und Verlässlichkeit, aber auch Planbarkeit im privaten Umfeld. Von der Abstimmung der Kinderbetreuung bis hin zur Betreuung von Haustieren, Arztbesuchen, Außer-Haus-Terminen und mehr wird vieles durch diese Transparenz deutlich leichter.

Im Gegenzug schaffen wir im Büro eine Atmosphäre des Miteinanders, die in den Jahren der Pandemie zu kurz gekommen ist. Eine echte loyale Bindung zum Team, zu Kolleg:innen und letztendlich zur Firma kann meiner Meinung nach nur begrenzt am Bildschirm entstehen. Zudem entgehen uns am Screen die vielen Kleinigkeiten, die den Umgang untereinander ausmachen. Das kleine Wimpernzucken oder das nervöse Wippen mit dem Knie etwa, wenn jemand nicht einverstanden ist mit dem Gesagten. Insbesondere Frauen sind Meister der nonverbalen Kommunikation und entfalten ihre besondere Qualität in einem empathischen, situationsbezogenen Lesen dieser Signale. Eine Arbeitswelt, in der man sein Gegenüber nur noch in 2 D und als obere Körperhälfte kennt, beraubt uns vieler unserer Stärken.

»Eine Vertriebsorganisation braucht kein Englisch« – Well ...

Es ist aber nicht nur das mögliche Miteinander, das die Kultur eines Unternehmens prägt. Es sind vor allem die Menschen, die diese Kultur leben. Ihnen einen Zugang zu Unternehmen zu erleichtern, indem man von den ewig begangenen Pfaden abweicht und Türen öffnet, ist das A und O. Dafür müssen Unternehmen sich und ihre Kultur aber auch bewegen und verändern wollen.

Es ist bereits 18 Jahre her, seit ich als Junior Key-Account-Managerin ins Berufsleben einstieg. Damals wurden sämtliche Anglizismen penibel aus allen Präsentationen und Unterlagen rausgestrichen. Frei nach dem ehemaligen FDP-Chef Guido Westerwelle: »In Deutschland ist es üblich, dass man Deutsch spricht.«

Seitdem hat sich die Geschäftswelt zum Glück stark verändert. Wir alle sind in unserem Mindset heute internationaler aufgestellt als je zuvor, können uns global bewegen und austauschen – und bieten so Menschen im Berufsleben neue Möglichkeiten, die es Anfang der 2000er-Jahre in dieser Form noch nicht gab. Für uns heißt das unter anderem, dass wir aktuell elf Personen am Standort haben, die kaum bis kein Deutsch sprechen – unter anderem unsere HR-Business-Partner und unser CFO. Das stellt für sie dennoch keine Hürde dar. Sie bewältigen ihren Arbeitsalltag problemlos auf Englisch, arbeiten aber dennoch hart an ihren Deutschkenntnissen, um ein noch besserer Teil des Miteinanders zu werden.

In Anbetracht des »War for Talents« eröffnet uns das zusätzliche Möglichkeiten, um Talente auch aus dem Ausland zu rekrutieren oder aber angesichts der viel diskutierten »Arbeiterlosigkeit« Stellen intern neu zu besetzen. So hatte aufgrund eines Krankheitsfalles ein Kollege aus Italien interimsweise die Marketingleitung bei uns übernommen. Eine Kollegin aus der Ukraine kümmert sich hingegen aktuell um das Marketing unserer Marke Kenwood. Und ein Kollege aus Palästina kümmert sich um unsere IT. Wir erfahren durch das enge Beisammensein vor Ort so viel mehr über die unterschiedlichen Kulturen und Bräuche, lernen aber auch das respektvolle Anerkennen kultureller Unterschiede.

Wie gelingt mehr Diversität in der Führung?

Wie Diversität in den Teams durch inkludierendes Handeln und einen Blick über den Tellerrand der üblichen Möglichkeiten erreicht werden kann, haben wir beleuchtet. Aber die härteste Nuss, die es in puncto Diversität zu knacken gilt, bleiben die Führungsfunktionen.

Damit dieses Knacken möglich wird, muss eine Basis geschaffen werden – zur Not auch mit mehr als gutem Willen allein. Ich selbst habe lange genug geglaubt, dass sich junge (weibliche) Talente schon durchsetzen werden, wenn genügend von ihnen nachrücken. »Wozu also eine Quote?«, dachte ich mir. Mittlerweile habe ich meine Ansichten aber geändert.

Das Schaffen guter Diversität fängt immer ganz oben an. Ein diverses Führungsteam fördert diverse Teams und damit eine diverse Belegschaft. Daher gibt es aus meiner Sicht keinen anderen Weg, als verpflichtend divers zu besetzen. Natürlich müssen Qualifikation und Kompetenzen stimmen, das steht außer Frage. Als Geschäftsführerin liegt es daher an mir, mein Führungsteam möglichst divers zu besetzen, um eine bunte Kultur und ein vielschichtiges Team aufzustellen. Dauert so eine Besetzung länger? Ja. Ist es unmöglich? Natürlich nicht!

Dabei hilft es uns vor allem, dass der Auswahlprozess nicht nur von rein männlich oder rein weiblich besetzten Teams erfolgt. Wir hatten in der Vergangenheit den Fall, dass eine Kandidatin es nicht in die zweite Runde schaffen sollte, da sie sich zusätzliche Zeit zum Nachdenken erbeten hatte. Aus Sicht des Teamleiters war das ein klares Zeichen von Desinteresse. Aus Sicht unserer HR-Leiterin war es hingegen kein Malus, sondern nachvollziehbar, da die Kandidatin nach einer langen Anstellungsphase hätte wechseln müssen. Der Fall kam bei einem unserer Offsites zur Sprache, sodass wir im Leadership-Team beide Sichtweisen diskutierten.

Aus vielerlei Hinsicht war dieser Fall für unsere Führungsriege wichtig, denn er hat zum einen gezeigt, wie unterschiedlich man verschiedene Situationen wahrnehmen kann, und zum anderen, wie wertvoll es ist, eine Kultur zu haben, in der Dinge offen angesprochen und diskutiert werden können.

Vor dem »Unconscious Bias« ist niemand gefeit

Es braucht in unserer Berufswelt nicht nur Männer, die sich trauen, sich kontroversen Diskussionen zu stellen, und Frauen, die Vorurteile offen ansprechen. Es braucht vor allem ein breiteres Bewusstsein bei allen, dass wir teilweise in Denkmustern gefangen sind, von denen wir gar nicht wissen, wie sehr sie uns beeinflussen.

Denn natürlich gibt es auch die Unbelehrbaren, die mir im Laufe meiner Karriere ebenso untergekommen sind. Eine Situation werde ich nie vergessen: Es ist bereits zehn Jahre her. Ein Assessment-Center für New Talents. Eine junge Hochschulabsolventin sollte einen Business-Case vorstellen und zehn Minuten frei sprechen. Ich fand den Case gut und schaute fragend in die Runde, wie das Plenum reagieren würde, bis der Kollege aus dem Marketing meinte: »Nee, das geht gar nicht. Wir ziehen bald auf eine Open-Space-Fläche. Die Stimme ist viel zu hoch. Das würde alle nerven, wenn die Dame redet ...« – Da blieb mir erst einmal die Spucke weg bei so viel Dummfug. Hier handelte es sich auch kaum mehr um Unconscious Bias, sondern um offen ausgelebte Vorurteile. Der einzige Trost ist, dass eine solche Äußerung heute wohl nicht mehr öffentlich und vor allem ohne Gegenwind getroffen werden würde.

Hier mein dringender Appell an die Frauen in Führungspositionen und die vielen aufgeklärten Männer, die durch so ein steinzeitmäßiges Verhalten selbst peinlich berührt zurückbleiben: Wehrt euch! Sprecht es an! Setzt es auf die Tagesordnungen: Sexismus, Diskriminierung und Co. sind immer noch viel zu allgegenwärtig, als dass man sich nicht dagegen wehren und verbünden müsste.

Mehr Frauen in den Vertrieb

Es ist immer wichtig, auch genug weibliche Vorbilder zu haben. Denn ohne kann man nicht erkennen, dass andere Wege und Optionen möglich sind – und bleibt bei alten Klischees hängen. Ich war zu Beginn meiner Karriere in einer reinen Männerdomäne und bin nach sechs Jahren Vertrieb ins Ausland gegangen. Dort hatte ich zum ersten Mal eine weibliche Vorgesetzte. Das war für mich ein absoluter Eye-Opener. Erstmals hatte ich registriert, dass ich mir viele vermeintlich männliche Eigenschaften abgeschaut hatte. Das fing optisch mit streng zurückgekämmten Haaren und Hosenanzug an und ging über ein hartes Auftreten, starke Sprüche und wenig gezeigte Emotionen weiter. Meine damalige Vorgesetzte hatte hingegen einen absolut empathischen Führungsstil, war erkennbar weiblich gekleidet, war herzlich und warm – und doch in der Sache stets klar, konkret und bestimmt. Kurzum: Sie hat sich nicht verbogen. Sie war einfach sie selbst und hat ihre weiblichen Eigenschaften nicht versteckt. Das hatte mir imponiert und hat meinen Führungsstil fortan nachhaltig geprägt.

Wenn Frauen sich zu lange in einem rein männlich geprägten Umfeld bewegen, stelle ich auch heute noch immer wieder fest, dass sie sich oft Charaktereigenschaften und Verhaltensweisen abschauen. Sie haben oftmals dann den Drang, extra »Gas geben zu müssen« und extra hart zu sein. Wenn ich solche Verhaltensweisen sehe, ist das ein Zeichen, dass wir diesen Kolleginnen bei uns einen weiblichen Mentor zur Seite stellen, um die Frau im Frausein zu bestärken. Denn in einer ausgeglichenen, vielfältigen Organisation muss Frau nicht lauter sein.

Frauen halten? Lean in!

Seit Herbst/Winter 2022 haben wir eine ganz besondere Situation bei uns im Unternehmen: Von aktuell 65 Frauen sind ganze 15 schwanger oder in Elternzeit. Rechnet man noch die männlichen Kollegen dazu, die ebenfalls die Elternzeit in Anspruch nehmen, sind das knappe 20 Prozent unserer gesamten Belegschaft. Als Familienunternehmen unterstützen wir die Vereinbarkeit von Karriere und Familie für all unsere Mitarbeitenden so gut wie möglich. Aber – und so ehrlich möchte ich sein – es ist auch eine riesige Herausforderung hinsichtlich der Besetzung von Stellen während der Elternzeit. Dabei ist das Denken in »Headcounts« – also in Köpfen – und nicht in Arbeitsstunden eine der größten Hürden. Das Ergebnis: Da die Mutter in spe ein gesichertes Anrecht auf eine gleichbleibende Funktion bei ihrer Rückkehr hat, wird ihr Posten bis dahin entweder gar nicht nachbesetzt oder – schlimmer noch – behelfsmäßig mit Praktikanten. Das ist weder für die Frau beruhigend zu wissen noch für den Vorgesetzten.

Daher müssen Unternehmen bessere Voraussetzungen schaffen, wie sie Elternzeiten nicht nur ermöglichen, sondern die Stellen auch nachbesetzen. Hier kann ein Mix aus Interimskandidaten, Freelancern und Festanstellungen eine Lösung sein. Zudem muss sich der Blick, wie angesprochen, auf Arbeitsstunden erweitern, um Jobsharing-Modelle oder Kombinationen aus Neueinstellungen und Teilzeit zu ermöglichen.

Was bleibt noch zu sagen? Vielfalt im Unternehmen zu fördern, sollte im 21. Jahrhundert eine Selbstverständlichkeit sein. Dass dem nach wie vor noch nicht so ist, ist ein riesengroßes Problem. Aber eines, das sich lösen lässt, wenn alle sich reinhängen. Oder um Sheryl Sandberg zu zitieren: »Lean in!«

Anna Pütz: Warum weiterkommen wichtiger als aufsteigen ist

Anna Pütz ist Head of Marketing DACH bei Rituals Cosmetics. Sie verantwortet dabei den strategischen Markenaufbau des wachstumsstärksten Kosmetik- und Lifestyleunternehmens Europas. Seitdem Anna vor zehn Jahren bei Rituals einstieg, verzehnfachte sich der Umsatz in der DACH-Region.

Anna wuchs in Estland auf und kam mit zwölf Jahren nach Deutschland, um die Möglichkeiten für eine bessere Bildung zu nutzen. Nach einer Bankausbildung im Private Banking der Deutschen Bank AG und dem Studium im Bereich International Business mit Schwerpunkt Media Management, durchlief sie Stationen bei internationalen Unternehmen wie Mercedes-Benz und LVMH.

Heute ist Anna eine Female Leaderin mit Herz. Sie interpretiert ihre Rolle als Managerin darin, Menschen dabei zu unterstützen, individuelle Ziele zu erreichen. Um dieser Herangehensweise noch besser gerecht zu werden, hat Anna eine Weiterbildung zur systemischen Coachin abgeschlossen. Annas Kraftquelle ist ihre Familie mit ihren zwei wundervollen Töchtern.

Ich bin in einem Haushalt mit zwei berufstätigen Eltern aufgewachsen. Daher ist es für mich völlig normal und nicht ungewöhnlich, wenn beide Elternteile ihrem Beruf und ihrer Karriere nachgehen. Für mich hat sich daher auch nie die Frage gestellt, ob ich als Frau arbeiten gehe oder ob ich als Mutter nach dem Mutterschutz erneut in meinen Beruf einsteige.

Generell finde ich, dass Frauen viele Qualitäten haben, die ihnen beim beruflichen Aufstieg durchaus helfen können. Da wäre beispielsweise unsere weibliche Intuition, die uns von innen heraus häufig den richtigen Weg weist, egal ob es um strategische Business-Entscheidungen oder die eigenen nächsten beruflichen Schritte geht.

Ich habe mir zudem auch schon früh den Rat meines Vaters zu Herzen genommen, dass es wichtig sei, einen Job zu finden, zu dem man morgens gerne hinfährt und von dem man abends zufrieden nach Hause geht. Das hat mir schon früh gezeigt, dass der richtige Job eine perfekte Ergänzung zum eigenen Privatleben sein kann und dass beides am besten im Einklang sein sollte – so wie Yin und Yang.

Was hat es eigentlich mit dem Begriff »Karriere« auf sich?

Der Begriff »Karriere« stammt ursprünglich vom französischen Wort »carrière« und bedeutet Laufbahn. Den Begriff ordne ich, im Gegensatz zum allgemeinen Gebrauch im Volksmund, als Vorwärtskommen und nicht automatisch als Aufstieg ein. Meines Erachtens macht Karriere per se nicht glücklich und bedeutet auch nicht gleich ein erfülltes Leben. Eine – wörtlich übersetzte – Laufbahn hingegen, sofern man es denn möchte, legen die meisten von uns über die Jahre im Beruf hin. Die Frage ist nur, ob man seine eigene Laufbahn aktiv mitgestaltet, um den Job zu finden, der einen glücklich macht – oder ob man seinen beruflichen Werdegang einfach geschehen lässt. Dass es dabei durchaus möglich ist, eine aktive Rolle einzunehmen, habe ich auch erst recht spät gelernt – diese Erkenntnis ist meines Erachtens sehr wertvoll, insbesondere für junge Frauen. Wir sollten uns immer mal wieder die Frage stellen, was wir selbst brauchen, um im Job glücklich zu sein. Und vor allem auch, was wir als Nächstes lernen möchten, um nicht nur besser zu werden, sondern auch, um uns stetig weiterzuentwickeln. Fragen wie diese sollten in unserem Arbeitsalltag viel präsenter und ein ständiger Begleiter unserer beruflichen Laufbahn sein. Und auch, wenn eine gute Vorgesetzte oder ein guter Vorgesetzter uns solche Dinge ab und an auch fragen sollten – wir können uns diese und ähnliche Fragen jeden Tag oder jede Woche selbst stellen. Denn es geht im Leben doch am Ende darum, sich vorwärtszubewegen, nicht stillzustehen und dabei hoffentlich jede Menge wunder- und wertvolle Erfahrungen zu sammeln. Und das hat für mich nur Vorzüge und keinerlei Nachteile.

Dass der Weg manchmal anstrengend und zäh sein kann, ist selbstverständlich – aber mit der richtigen Portion Willenskraft, Stärke, Durchhaltevermögen und einer Prise Glück absolut machbar.

Josephine Gerves: Aufstehen, Krone richten, weitermachen! Warum echter Erfolg darin besteht, mit Misserfolgen umzugehen

Mit 28 Jahren war Josephine Gerves bereits im Deutschland-Management einer der größten Network-Agenturen der Welt und verantwortete dort das Neugeschäft sowie alle Diversitäts- und Inklusionsmaßnahmen. 2019 wechselte sie als Marketing und Business Development Director zu DEPT, einer der er-

folgreichsten Digital-Agenturen der Welt. Seit 2022 ist Josephine Managing Director bei DEPT und kümmert sich dort um internationales Neugeschäft sowie um die Beratung und den Ausbau europäischer Kunden. Zudem ist Josephine Co-Founderin des Meta-Festivals, dem ersten hybriden Festival in Europa, das Menschen, Brands und Technologie zusammenbringt und das Metaversum zelebriert.

Welche Herausforderungen in Bezug auf Diversität und Inklusion die Agentur- und die Digital-Branchen noch vor sich haben und wie junge Talente ihre Karriere beschleunigen können, weiß Josephine als Frau und Person of Color aus persönlicher Erfahrung.

Ich war schon immer fasziniert davon, mit wie viel Selbstbewusstsein und »Das-passt-schon«-Attitüde manche meiner (meist männlichen) Kollegen durchs Berufsleben gehen und sich für Ergebnisse feiern, die aus meiner Sicht fern von echten Erfolgen sind. Ich hingegen musste dafür lernen, dass ich nicht immer perfekt sein kann – und auch nicht sein muss. Heute wünsche ich mir, ich hätte auch mal öfter »Fünfe gerade sein lassen«.

Bereits in der Kindheit war ich extrem kompetitiv. Ob in der Schule, beim Sport oder in der Freizeit – egal was ich tat, ich musste dabei die Beste sein. Wenn ich in einer Klassenarbeit eine »1-« bekam und jemand anderes eine »1«, war mein Tag gelaufen. Egal wie sehr meine Familie sich für meine Note freute – ich wusste, dass jemand besser abgeschnitten hatte. Der Gedanke machte mich rasend.

Durch den Einstieg in die Arbeitswelt wurde es nicht besser: Nach dem Motto »Work while they sleep. Learn while they party. Live like they dream« (Autor unbekannt) raste ich durch die ersten Stationen in meiner Karriere. Ich arbeitete nachts und an Wochenenden und nutzte jede Möglichkeit, um mehr Verantwortung zu erhalten. Leider vergaß ich dabei, meine Erfolge zu feiern. Jedes Lob, jede Gehaltserhöhung, jede Beförderung waren lediglich ein weiteres Häkchen auf meiner Liste. Ich hatte mich schon längst auf den nächsten Schritt fokussiert.

Rückblickend muss ich mir eingestehen, dass dieser Weg ein sehr ermüdender war. Schlafmangel, Stress und der ein oder andere Zusammenbruch waren meine Begleiter. Aber das ist nicht der einzige Grund, warum ich diesen Ansatz nicht weiterempfehlen kann. Das Streben nach Perfektion ist nicht nur ungesund, es hindert uns auch daran, wirklich erfolgreich zu werden. Denn ein unrealistischer Anspruch an uns selbst sorgt dafür, dass der kleinste Misserfolg unproportional groß wirkt. Um jedoch als Führungsperson anerkannt zu werden, müssen wir mit guten Vorsätzen vorangehen und auch professionell mit vermeintlichen Rückschlägen umgehen.

Es ist okay, nicht perfekt zu sein

Um zu dieser Erkenntnis zu kommen, musste ich vor Jahren erst eine schmerzhafte Erfahrung machen: Zum Start eines neuen Jobs sollte ich während eines Workshops mit meinen neuen Kolleg:innen und dem internationalen Senior Management eine Präsentation halten. Ich wurde erst kurz vorher darüber informiert und hatte daher nicht viel Zeit für die Vorbereitung. Um eher eine Geschichte zu erzählen, entschied ich mich, wenige Charts zu nutzen, die größtenteils nur aus Bildern bestanden. Die Motive, die ich auswählte, verbildlichten jeweils eine inhaltliche Aussage, die ich machen wollte. Sie waren wie Metaphern. Am Abend vor dem Workshop reichte ich meine Präsentation ein, und am nächsten Morgen flog ich nach Brüssel, dem Veranstaltungsort. Ich war müde und nervös, aber was sollte schon schieflaufen. Doch als ich loslegte, musste ich feststellen, dass die Kolleginnen, die den Workshop vorbereitet hatten, meine Präsentation anscheinend kurz vorher verändert hatten, ohne sich mit mir abzustimmen. Ich erkannte keines der Bilder wieder. Und viel schlimmer: Da die Personen, die die Folien verschönern wollten, meine Inhalte nicht kannten, waren die neuen Motive meinen ursprünglichen zwar ähnlich, halfen mir jedoch nicht dabei, meinen roten Faden abzuarbeiten. Meine Präsentation machte schlichtweg keinen Sinn mehr.

Ich war aufgeschmissen. Ich stotterte, suchte nach Worten, doch egal wie sehr ich litt, der Erdboden wollte einfach nicht aufgehen. Meine Kärtchen, die ich vorher noch schnell vorbereitet hatte, halfen leider auch nicht wirklich – und so polterte ich durch die schlechtesten 20 Präsentationsminuten meiner damals noch jungen Karriere.

Danach stand ich unter einem echten Schock. Noch nie zuvor hatte ich bei einem wichtigen Event nicht performt – und nun hatte ich mich innerhalb des ersten Monats vor der gesamten Geschäftsführung blamiert. Die Scham, die ich spürte, steckte in jeder Zelle meines Körpers und wollte nicht wieder verschwinden. Und so schnell sollte mich die Erinnerung an diese grausame Präsentation auch nicht loslassen: Der Misserfolg nahm mir mein Selbstbewusstsein und beeinflusste meinte gesamte Performance. Die nächsten Monate hielt ich mich fern von Präsentationen, und in Meetings mit den Workshop-Teilnehmenden – den Zeugen meines Misserfolgs – blieb ich im Hintergrund. Meine neue Taktik lautete: bloß nicht auffallen.

Erst die nächste große und unvermeidbare Präsentation ein halbes Jahr später gab mir mein Vertrauen in meine Präsentationsfähigkeiten und auch mein Selbstbewusstsein zurück. Wir waren in einem großen Pitch, um den Marketing-Etat einer bekannten deutschen Marke zu gewinnen. Ich hatte über Wochen die Strategie entwickelt und sollte sie nun auch in der Abschlusspräsentation vorstellen. Meine Aufregung war so groß, dass ich fast meinen Blazer durchschwitzte. Doch das Team auf Kundenseite war beeindruckt von unserem gesamten Auftritt und gab unserer Agentur den Zuschlag. Endlich – ein Sieg! Diese positive Erfahrung hatte ich bitter nötig, denn der Erfolg half mir dabei, wieder an mein Können zu glauben. Es fühlte sich an, als hätte sich ein Knoten gelöst. In den darauffolgenden Wochen übernahm ich wieder kleinere und größere Auftritte und fand endlich zu meinem alten Präsentations-Ich zurück.

Heute muss ich mir eingestehen: Der Misserfolg stand nicht in Relation zu meiner Reaktion. War das halbe Jahr der Selbstgeißelung wirklich nötig? Musste ich mich selbst so bestrafen? Ich wurde nicht gefeuert. Niemand wurde verletzt. Die Welt hatte sich weitergedreht. Nur ich steckte in der Erinnerung fest. Ich konnte nicht darüber hinwegkommen, dass ich mal nicht perfekt abgeliefert hatte.

Kein Erfolg ohne Misserfolge

Die Erfahrung war schmerzhaft. Rückblickend bin ich jedoch glücklich, sie gemacht zu haben. Denn ich habe auf unterschiedlichen Ebenen daraus gelernt:

Inzwischen habe ich so viel Präsentationserfahrung gesammelt, dass ich gelernt habe, in solchen Momenten durchzuatmen, einen Witz zu machen und, wenn nötig, eine Pause anzumoderieren, um mich neu sortieren zu können. Wer wirklich gut sein will, muss üben, üben, üben.

Ich habe heute mehr Selbstbewusstsein und weiß, wer ich bin und was ich kann. Ein Misserfolg ist für mich noch immer eine unangenehme Erfahrung, aber ich würde der Erfahrung nicht mehr erlauben, mich so lange in meinen Gedanken zu verfolgen. Wir sollten uns nicht ständig nur fragen, was wir hätten besser machen können. Stattdessen hilft es, sich zu fragen, was wir heute alles geleistet haben.

Was wichtig ist, zu verinnerlichen: Es gibt keinen Erfolg ohne Misserfolge. Je höher man die Karriereleiter hochklettert, desto erfahrener sind die Menschen, die einen umgeben, desto größer ist der Wettbewerb. Die Erwartungen steigen. Niederlagen kommen seltener vor, schmerzen dafür aber auch umso mehr. Die Lösung ist nicht, nach Perfektion zu streben. Eine Karriere kann super laufen, aber es wird nie alles perfekt sein. Natürlich kann und sollte das eigene Können stetig optimiert werden, aber das größte Ziel sollte sein, die eigene Persönlichkeit so weit zu formen und zu festigen, dass – egal was passiert – wir uns selbst immer treu bleiben. Echter Erfolg bedeutet heute für mich, auch eine unangenehme Situation zu akzeptieren und danach schnell wieder an dem vorherigen Erfolg anzuknüpfen. Es ist faszinierend, wie viel mehr Stärke und Wissen aus einer negativen Erfahrung gezogen werden können, manchmal sogar viel mehr als aus einer positiven. Wir müssen die Chance aber auch als solche erkennen.

Ein weiterer wichtiger Aspekt ist das Timing. Je schneller wir uns der Situation stellen und sie zu etwas Positivem verarbeiten, desto weniger Zeit geben wir den negativen Gefühlen, sich auszubreiten. Was ich bereits als kleines Mädchen auf dem Pferdehof gelernt habe, trifft auch im Berufsleben zu: Wenn du runterfällst, am besten direkt wieder aufs Pferd steigen, sonst baut sich zu viel Angst auf. Oder, um es in anderen Worten zu sagen: aufstehen, Krone richten, weitermachen!

Kapitel 5
Als Frau erfolgreich Karriere machen – inspirierende Lebenserfahrungen

Einige Teile dieses Buchs waren – auch für mich beim Schreiben – ziemlich ernüchternd. Ich wusste, dass wir hinsichtlich der Diversität in Führungsetagen noch nicht so weit sind, wie wir es gerne wären. Aber ich hatte nicht erwartet, wie schlecht wir wirklich dastehen und wie viele Steine Frauen – nachweisbar – in den Weg gelegt werden.

Mein erklärtes Ziel in diesem Buch ist es aber auch, Mut zu machen – und nichts motiviert meiner Meinung nach mehr, als persönliche Geschichten. Daher bringen die folgenden Beiträge in diesem Kapitel die nötige Farbe und Hoffnung ins Spiel. In ihnen erzählen verschiedene Frauen aus ganz unterschiedlichen Branchen, wie sie Karriere gemacht haben und was ihnen dabei geholfen hat – oder auch nicht.

Ich finde diese Geschichten sehr inspirierend, denn auch wenn es an vielen Stellen in diesem Buch gesagt wird, zeigen diese persönlichen Texte es umso deutlicher: Den einen Weg gibt es nicht. Jede von uns startet mit ganz unterschiedlichen Bedingungen, Prioritäten und Umfeldern – Karrieretipps nach »Schema F« werden dem niemals gerecht. Vielmehr ist es wichtig zu erkennen, dass es für jede von uns einen ganz eigenen Weg gibt und wir gut so sind, wie wir sind. Natürlich können wir immer dazulernen, das gehört zum Leben – aber keine von uns ist so grundlegend fehlerhaft, wie es in manchen Ratgebern den Anschein hat.

Ein weiterer Aspekt, der mich sehr gefreut hat, als ich die verschiedenen, nun folgenden Beiträge zum ersten Mal las, war, wie sehr eine bestimmte Erfahrung alle vereint: nämlich die Feststellung, dass wir so viel mehr erreichen können, wenn wir uns als Gesellschaft – als Menschen – von Vorurteilen und alten Rollenbildern trennen und uns stattdessen ohne Vorbehalte gegenseitig wertschätzen und unterstützen. Das bedeutet für mich Diversität.

Jasmin Beshir: **Passion statt Perfektion**

Jasmin Beshir leitet seit 2019 den Bereich International Controlling bei Montblanc und verantwortet hier, gemeinem mit ihrem Team, die globale Konsolidierung der Finanzsteuerung und Planung. Vor ihrem Wechsel zu Montblanc war sie in unterschiedlichen Positionen in der Hotellerie tätig, auch hier schon mit dem Fokus auf strategische und analytische Fragestellungen. Als langjährige Führungskraft weiß sie, was es heißt, Teams auf Ziele einzuschwören, mit Druck von außen umzugehen, Menschen in turbulenten Zeiten Stabilität zu geben und gleichzeitig den Aufbruch mitzugestalten. Dabei helfen ihr ihre Stärken im Bereich Kommunikation, Stakeholder-Management und die Fähigkeit, komplexe Sachverhalte auf die relevanten Inhalte herunterzubrechen.

Jasmin ist nicht nur studierte Betriebswirtin mit einem MBA von der ESMT in Berlin, sondern begleitet darüber hinaus auch noch als systemische Coachin Menschen bei Veränderungsprozessen. Gemeinsam mit ihrem Lebensgefährten und ihrer kleinen Tochter lebt sie in Hamburg.

Wie ich gelernt habe, mit Gelassenheit und Leidenschaft Karriere zu machen und mich vom Druck der Selbstoptimierung zu befreien

Berlin, 2010. Ich sitze in einem Konferenzraum einer globalen Hotelkette zum Vorstellungsgespräch. Es geht um einen Job als Führungskraft. Mir gegenüber, an einem schlanken Holztisch vor hellgrauen Wänden, sind drei Hoteldirektoren, männlich, zwischen 40 und 60 Jahren, und zwei Human-Resources-Vertreterinnen. Ich bin 28 Jahre alt, und ich weiß, es läuft sehr gut. Irgendwann kommt die obligatorische Frage nach den Schwächen. Ich antworte: »Meine größte Schwäche ist wohl mein Perfektionismus, der mich immer dazu treibt, 150 Prozent zu geben, auch wenn 100 Prozent reichen.«

Ich spürte, dass meine Antwort ins Schwarze getroffen hatte und in den Augen meiner Gegenüber richtig war. Ich sah es an dem Wohlwollen in ihren Gesichtern. Sicher, meine Haltung entsprach dem damaligen Arbeitsideal – sie entsprach aber auch mir. Drei Monate später startete ich den neuen Job.

Mein Weg zur eigenen Erfolgsformel

Die Frage, welches Maß an Perfektion für eine erfolgreiche Karriere nötig ist, zieht sich wie ein roter Faden durch mein Leben. Ich habe – je nach Lebensphase – verschiedene Formeln für beruflichen Erfolg formuliert. Zuerst habe ich mich von anderen inspirieren lassen und ihre Formeln verinnerlicht. Vor einigen Jahren habe ich schließlich meine eigene Erfolgsformel entwickelt. Sie hat mich von meinem persönlichen Optimierungsdruck befreit, schenkte mir Gelassenheit, Ruhe und Selbstsicherheit und ermöglicht es mir, echte Leidenschaft im Job zu spüren. Sie hat mir einen dynamischen Karriereweg beschert, der mich ausfüllt. Und die gute Nachricht ist: Sie ist mit Sicherheit auch für andere gültig. Doch der Reihe nach.

Woher kam eigentlich mein Streben nach Perfektion, das mein Leben beherrschte, seit ich denken kann?

In meinem Fall wurde der Grundstein in meiner Kindheit gelegt. Ich bin in einem leistungsorientierten Elternhaus aufgewachsen. Meine Mutter ist Deutschlehrerin, mein Vater Doktor der Agrarchemie. Früh haben meine drei älteren Schwestern und ich eine hohe Lernbereitschaft entwickelt, um Bestleistungen abzuliefern. Waren meine Zensuren schlecht, musste ich mich mit meiner Mutter zum Üben hinsetzen. War mein Zeugnis gut, gab es zur Belohnung eine bunte Barbie mit einem Rock voller Glitzerpigmente.

Oft zitierte meine Mutter François de La Rochefoucauld: »*Es gibt Leistung ohne Erfolg, aber keinen Erfolg ohne Leistung.*« Dieser Satz brannte sich in mir ein. Es war mein erster Leitsatz.

Fehler waren während der
Ausbildung nicht gerne gesehen

Das änderte sich auch erst mal nicht. Nach dem Abitur absolvierte ich eine zweieinhalbjährige Ausbildung zur Hotelfachfrau, in der es neben Leistung vor allem um Perfektion ging. Die Spitzenhotellerie lebt davon, perfekte Erlebnisse für ihre Gäste zu kreieren. Und ich empfand es als innere Freude, wenn es mir gelang, unsere Besucher zu begeistern. Dieses Credo verlangt aber auch nach einem reibungslosen Funktionieren auf den unterschiedlichsten Ebenen – im Service, in der Küche, schlicht bei jeder Interaktion mit dem Gast. Fehler waren während meiner Ausbildungsjahre nicht gerne gesehen und die Fehlerkultur, wenn man sie überhaupt so bezeichnen konnte, eher rustikal.

So war am Ende meiner Ausbildung meine Formel für beruflichen Erfolg zwar nicht mehr bei François de La Rochefoucauld entliehen, dafür immer noch von Perfektion geprägt. Sie ging folgendermaßen: »*Für begeisterte Gäste und zufriedene Vorgesetzte sowie für den maximalen Erfolg muss ich perfekt abliefern.*«

Meine folgenden Stationen festigten diese Einstellung sogar noch. Weiter ging's zum Studium des Hotelmanagements in der Nähe von Bonn und in Arizona, USA. Ich machte ein kurzes Praktikum in New York, dort wurde ich sofort übernommen und sammelte meine ersten Berufserfahrungen bei der Hotelvereinigung »Leading Hotels of the World«.

Für den beruflichen Erfolg braucht es
auch ein optimiertes Privatleben

Mein dortiger Vorgesetzter, männlich, Mitte 40, ein Deutscher, der es in den USA zu was gebracht hatte, wurde nicht müde, mir sein Erfolgsgeheimnis für eine gelungene Karriere mitzuteilen: hoher Arbeitseinsatz (in seinem Fall mindestens 60 Stunden die Woche), körperliche Fitness (er lief wenigstens einen Marathon pro Jahr) und ein hohes soziales Standing – dafür durften regelmäßige Besuche in den In-Restaurants der Stadt nicht fehlen. Schließlich traf man dort die Strippenziehenden und konnte in lockerer Atmosphäre die Weichen für sein berufliches Fortkommen stellen.

Er hat mich damals sehr beeindruckt. Sein Lebenswandel und auch sein selbstsicheres Auftreten ließen mich seine Karrieretipps gern übernehmen. Mein Fahrplan für den beruflichen Erfolg lautete seit New York: »*Für den maximalen Erfolg und die erfolgreiche Karriere muss ich nicht nur perfekt abliefern, sondern auch mein Privatleben optimieren.*«

Mein Leben schien dieser Erfolgsformel gerecht zu werden – viereinhalb Jahre lang habe ich mit ihrer Hilfe Karriere gemacht. Ich arbeitete nacheinander in zwei Hotelketten, wurde stets schnell befördert und gehörte nach kürzester Zeit zu den Potenzialträgerinnen. Es fühlte sich so an, als fiele ich die Karriereleiter hoch, ohne die Sprossen zu berühren.

Zufriedenheit erreicht man nicht beim Abarbeiten von Checklisten

Doch nach Jahren stellte sich langsam ein »Hier-stimmt-was-nicht«-Gefühl ein. Oft klingen Schilderungen von Karrieren wie eine Folge von Kausalitäten, die beim Lesen schlüssig aufeinander aufbauen und deren Abfolge im Ganzen einen logischen Lebenslauf ergeben. Aber das Leben besteht auch aus Gefühlen, Unsicherheiten und Zufällen.

Freitagsabends, nach einer 60- bis 70-Stunden-Woche, fühlte ich mich immer öfter leer, und es kamen mir Zweifel. Irgendetwas schien auf einmal nicht mehr richtig zu sein. Zwar stieg ich montagmorgens in mein Hamsterrad, und der Rhythmus der Arbeitswelt nahm mich zuverlässig mit. Unter der Woche fühlte sich der Job gut an, wegen des hohen Arbeitspensums und weil ich so auf meine Aufgaben fokussiert war. Allerdings verließ mich an den Wochenenden das Gefühl der Leere und des Ausgesaugtseins kaum noch. Es gab wenig Zeit zum Durchatmen. Ich hatte es geschafft, auch meine Samstage und Sonntage durchzutakten und musste Leute treffen, essen gehen, Sport treiben – natürlich hatte ich wie mein New Yorker Chef mit dem Marathonlaufen angefangen. Es war wichtig für mich, diese Checkliste abzuarbeiten. Das Leben zu genießen, klappte aber nicht mehr. Ich machte mir vor, dass es nach dem nächsten Urlaub bestimmt wieder besser gehen würde. Ging es aber nicht.

Rückblickend waren das wichtige und lehrreiche Jahre, in denen ich viel über mich selbst und meine Grenzen gelernt habe.

Was tun?

Ich begann, mit meiner Familie und Freunden zu sprechen. Sie signalisierten mir, dass auch sie sich fragten, wie lange ich das auferlegte Tempo noch durchhalten wolle. Ein Kollege hatte mir von seinem MBA erzählt. Mich hatte das Thema sofort begeistert – und so entschied ich mich zu einer Zäsur im Berufsleben. Mit 30 Jahren stieg ich ein Jahr lang aus dem Hamsterrad aus und machte an der European School of Management and Technology (ESMT) in Berlin meinen MBA als Vollzeitstudierende.

Einfache Fragen mit großer Wirkung

Heute weiß ich, dass das eine der bedeutendsten Entscheidungen in meinem Leben war. Wenn man möchte, dass das eigene Leben anders läuft, muss man andere Wege gehen – heißt es nicht so?

Während des MBAs hatte ich so etwas wie einen Erweckungsmoment. Wir bekamen Coaches an die Seite gestellt, um die Zeit nach dem Abschluss sinnvoll zu gestalten. Zur Vorbereitung sollten wir uns folgende Fragen stellen:

- Hat mich mein bisheriger beruflicher Lebensweg zufrieden gemacht?
- In welchen beruflichen Momenten war ich richtig glücklich?
- Wann konnte ich meine Stärken besonders gut einsetzen?

- Was bedeutet für mich beruflicher Erfolg – habe ich immer noch die gleichen Ziele wie zu Beginn meiner Karriere?

Das waren simple Fragen, doch trafen sie mich ins Mark – denn es fiel mir unglaublich schwer, sie zu beantworten. Mein Karriereweg und mein Verständnis von beruflichem Erfolg waren bis dahin vor allem von Statusdenken geprägt: Ich wollte X Euro verdienen, mindestens den Y-Titel führen und idealerweise einen großen Firmenwagen fahren.

Erstaunlicherweise hatte ich mir über Zufriedenheit im Job und über eine eigene Definition von beruflichem Erfolg bisher keine Gedanken gemacht. Ich dachte wohl stets, wenn ich dieses und jenes erreicht haben werde, wird sich die Zufriedenheit von selbst einstellen. Ich realisierte, dass ich mit meinen bisherigen Überzeugungen zwar objektiv erfolgreich war – aber nicht glücklich. Die Formel für beruflichen Erfolg, die ich lebte, war nicht meine, sondern die meines New Yorker Vorgesetzten. Darüber hinaus wurde ich langsam müde von dem ständigen Druck, mich selbst optimieren zu müssen.

Aber einfach den Schalter umzulegen, gelang mir nicht sofort, weil ich die vielen Verhaltensmuster, die mich so sehr geprägt hatten, fest verinnerlicht hatte. Das merkte ich nach meinem MBA. Ich hatte damals entschieden, die Hotellerie zu verlassen und in die Industrie zu wechseln.

Eine neue Vision für mich selbst

Neben der ungewohnten beruflichen Herausforderung begann ich also mit der Arbeit an meiner inneren Haltung. Mein Ziel war es, eine neue persönliche Herangehensweise und Vision zu entwickeln. Dabei hat mich auch ein Mentor unterstützt. Über viele Woche beschäftigte ich mich mit meinen Stärken und Schwächen, meinen Werten und Prägungen, bat um Feedback bei meinen Freundinnen, Freunden und Bekannten – und so entstand nach und nach meine ganz persönliche Zufriedenheitsformel.

Sie ist bis heute gültig: »*Erfolg bedeutet für mich, Stärken wirksam einzusetzen und gemeinsam mit anderen Menschen zu lernen und zu wachsen.*«

Meine Zielstrebigkeit und meine Bereitschaft, viel zu leisten, sind nach wie vor sehr ausgeprägt. Allerdings arbeite ich mittlerweile aus einer Begeisterung und einer Passion heraus, die nicht mehr in einem Optimierungsdruck oder einer Jagd nach vermeintlichen Statussymbolen begründet sind – sondern mit meiner inneren Zufriedenheit.

Besonders viel Freude hat mir schon immer das Thema Führung gemacht. Menschen zu begleiten und sie in ihrer Entwicklung zu unterstützen, ist ein echtes Herzensthema von mir geworden. Wenn in diesem Bereich die Dinge gut zusammenkommen, spüre ich eine große Begeisterung. Während meiner Zeit bei Montblanc habe ich zusätzlich eine Ausbildung zur systemischen Coachin gemacht. Durch diese bin ich als Führungskraft noch authentischer und wirkungsvoller geworden.

Mit Begeisterung und Passion
zur langfristigen Zufriedenheit

Trotz meiner veränderten Haltung – oder vielleicht auch gerade wegen ihr – ging mein Karriereweg nach dem MBA dynamisch weiter. Mittlerweile leite ich das Controlling-Team bei Montblanc. Dort kann ich nicht nur meine Stärke im strategischen und analytischen Denken einsetzen, sondern auch Veränderungsprozess aktiv mitgestalten. Im vergangenen Jahr 2022 haben mein Partner und ich unsere Tochter bekommen, und ich stieg nach sieben Monaten Elternzeit mit 80 Prozent meiner Stunden wieder in den Job ein.

Vergleiche ich mich heute mit meinem damaligen Chef in New York, dann sind wir in etwa auf der gleichen Karriereebene – doch unsere Herangehensweisen an das Thema Erfolg könnten unterschiedlicher nicht sein.

Heute bin ich von zwei Dingen überzeugt, die ich auf der Reise zu meiner persönlichen Erfolgsformel gelernt habe: Erstens muss beruflicher Erfolg ganz individuell definiert werden. Zweitens sind Begeisterung und Passion Schlüsselfaktoren für meinen Erfolg. Sind sie vorhanden, kann ich meine Stärken und Fähigkeiten wirkungsvoll einsetzen. Mit Druck, Selbstoptimierung und Perfektion mag ich vielleicht kurzfristig Erfolge feiern, eine langfristige Zufriedenheit stellt sich bei mir auf diese Weise aber nicht ein.

Annette Kluger: Meine ganz persönliche Female-Empowerment-Taktik

Annette Kluger verantwortet seit 2002 übergreifend die Bereiche Marketing und Brandmanagement innerhalb der Eschenbach Group und deren elf Niederlassungen weltweit. Mit ihrer Expertise für strategisches und operatives Marketing, Premiumbranding und interkulturelle Kommunikation punktet Annette Kluger seit mehr als 20 Jahren in der Konsumgüterindustrie. Ihr Fokus liegt auf der 360-Grad-Markenführung für B2B und B2C. Ihr Markenzeichen: zeitgeistiges Storytelling für preisgekröntes Branding.

Heute – mehr denn je – geht es mir darum, Frauen in ihrem Selbstvertrauen und Selbstbewusstsein zu stärken, damit sie sich zutrauen, beruflich ihren Karriereweg zu gehen. Ein Blick auf meinen eigenen Weg, meine Hürden und meine Lösungsstrategien hilft hoffentlich auch anderen Frauen, das Konzept Female Empowerment auf ihre ganz eigene, persönliche Art und Weise zu leben und zu erleben. *Let's go.*

Wissen, warum man etwas tut

Würde jemand die ersten Zeilen über mich verfassen, klänge es vielleicht so: »Klein, blond, fashy – und überzeugend. Vier Wörter, die Annette Kluger auf den Punkt bringen. Eine Frau, die sich nicht verbiegen lässt und allen Klischees zum Trotz in der Führungsebene angekommen ist. Als Head of Marketing ist sie verantwortlich für mehrere Marken. Und eine weitere – sie selbst. Ihr Image: Sie ist sichtbar, diszipliniert und voller Durchsetzungskraft. Nicht nur in ihrem Job, sondern auch als Mama, Tochter, Künstlerehefrau, Reiterin. Ihr Motto und ihre Motivation: Immer aus eigener Stärke und Überzeugung heraus handeln.«

Doch was genau sind denn meine persönlichen Stärken, mit denen ich meinen Weg gegangen bin, im Job und als Frau – und vor allem als Frau im Job?

Um die Frage aus der Jobperspektive zu beleuchten, fällt mir ein Zitat des amerikanischen Unternehmensberaters Simon Sinek ein: »People don't buy what you do; they buy WHY you do it. What you do simply proves what you believe.« Zu wissen, warum man etwas tut, ist wesentlich für den individuellen Erfolg, und das erst einmal ganz unabhängig vom Geschlecht. Als Head of Marketing für Branding und als extrem design- und kunstliebender Mensch ist mein tägliches »Why«, das Beste beider Welten zusammenzubringen.

Meine Mutter ist Künstlerin, ich bin mit einem Künstler verheiratet, Kunst und Ästhetik begleiten mein Leben. Hier sehe ich die Schnittmenge zu meiner Arbeit als Head of Marketing. Marketing braucht eine Mission, einen Purpose. Wird dieser aus der Kunst hergeleitet – welche ja die Gesellschaft widerspiegelt und zum Nachdenken und Diskutieren anregt –, öffnen sich neue Perspektiven. Und damit ein Storytelling, das die Brands in den Zeitgeist holt. Für mich ist das der ideale Impulsgeber für ein Branding, das mich überzeugt und für das ich stehe. Und es ist, um bei Simon Sinek zu bleiben, einer meiner »Beliefs«, die ich über die Jahre zu meiner persönlichen beruflichen Stärke gemacht habe und aus deren Überzeugung heraus ich jeden Tag handle.

Was mein Selbstverständnis als Frau betrifft, ob nun beruflich oder privat, stehe ich schon immer für eine »Lass dir nicht erzählen, wie du sein sollst«-, »Natürlich kannst du so ins Büro gehen«-, »Das kriegen wir schon hin«- und eine »Ja, und genau deswegen«-Haltung. Dafür setze ich mich ein, mit viel Willensstärke und, trotz meiner 1,63 Meter, mit großem Engagement. Für Frauen und – noch lieber – mit ihnen zusammen.

Female Empowerment auf allen Ebenen – auch auf den obersten

Die Managementpositionen in meinem Marketingteam sind mehrheitlich mit Frauen besetzt. Ich will sie bewusst stärken und sichtbar machen, denn meiner Erfahrung nach haben Managerinnen bei kreativen Prozessen oft eine differenziertere Herangehensweise – sie bringen einen facettenreicheren Blickwinkel ein. Mir geht es dabei jedoch auch um Frauen- sowie Self-Empowerment, Diversität und Inklusion.

Grundlagen zu schaffen, auf denen diese Strukturen wachsen können – so wie ein genderneutraler und vorurteilsfreier Umgang im Team –, ist mir wichtig. Damit Menschen, die mit mir zusammenarbeiten, ihre Qualitäten frei entfalten können, egal welcher Generation sie angehören oder welcher Herkunft sie sind, wen sie lieben oder zu wem sie beten. Für mich ist es eine wunderbare Bestätigung, dass dieser Anspruch gelungen beziehungsweise sichtbar geworden ist, wenn ich die positiven und motivierenden Feedbacks auf den sozialen Medien sehe. So wird die Weiblichkeit für mich auch im Job zelebriert.

Auch ohne Hosenanzug die Hosen an:
Weiblichkeit als Weg

In all den Jahren, die ich nun im Management arbeite, habe ich nie meine weibliche Seite abgelegt oder bewusst heruntergespielt, sondern sie mir zu eigen und zunutze gemacht. Ich konnte möglicherweise auch oder gerade deshalb mit männlichen Kollegen und Vorgesetzten immer gut zusammenarbeiten. Es ist immer wichtig, ein Ensemble von unterschiedlichen Rollen und Empathie zu beherrschen: Mal war ich die Coachee, die gefördert wurde, mal die Kollegin, mal die Vorgesetzte – der Facettenreichtum von weiblicher Kraft, Intuition und des weiblichen Einfühlvermögens ist riesig. Damit habe ich gespielt und jongliert, statt mich zu verstellen oder in Hosenanzüge zu pressen (außer sie haben mir aus modischen Gesichtspunkten super gefallen). Ich kam, wie ich bin. In kurz, in hochgeschlossen, in Pink, Schwarz oder Bunt.

Mein persönlicher Werdegang: vom Mut inspiriert

Zu Beginn meiner Karriere habe ich als PR-Managerin im Sportsektor angefangen, vergrößerte in meiner ersten Firma zunächst die PR-Abteilung und stieg dann ins Brandmanagement ein, wo ich erfolgreich die erste Snowboard-Brillen-Brand auf den Markt brachte. Lief gut! Nach einem Wechsel in der Geschäftsleitung sollte ich wieder die PR übernehmen, aber das war keine Option für mich. Ich entschied mich für einen Neustart, für das Ungewisse, raus aus meiner Komfortzone des Gewohnten, rein in ein neues Unternehmen, um meiner Leidenschaft, dem Brandmanagement, zu folgen. Für mich war es der Beginn einer erfolgreichen Karriere im Themenfeld Brand-Storytelling.

Mein persönlicher Lebensentwurf umfasste neben dem Jobleben natürlich noch mehr – eine wundervolle Tochter, einen dynamischen Künstler und Ehemann, ein eigensinniges Pferd, liebevolle Eltern, liebenswerte Freunde, Style und Spaß – allen Komponenten wollte ich immer ihren Platz einräumen. Ich war überall extrem engagiert und ehrgeizig. Da ich bereits internationale Erfahrung im Business gewonnen hatte, entschloss ich mich trotz alternativer Angebote für eine interne Karriere bei Eschenbach. Damit entschied ich mich automatisch auch für ein Management, dessen Board männlich besetzt ist. Immer mit der Herausforderung: Die kleine Blonde, die als Marketingmanagerin gestartet ist, hat Größeres vor.

Mangelnde Gleichberechtigung habe ich nie als Hürde akzeptiert

Die in der Gesellschaft spürbar mangelnde Gleichberechtigung habe ich immer versucht, als gegebene Rahmenbedingung, ich sag jetzt mal, Volley zu nehmen. Mein Anspruch war und ist es bis heute, die Kollegen nicht als Konkurrenten zu sehen, die man erst imitieren muss, um sich mit ihnen zu messen beziehungsweise erfolgreich zu sein. Statt Dominanzspielchen zu spielen, setze ich Intelligenz, analytisches Denken und Kreativität ein, um Ziele zu erreichen. Dazu gehört auch, meine Kollegen für die Ziele Kooperation und gemeinsames Engagement zu gewinnen und mit ihnen an einem Strang zu ziehen.

Die Spielregeln kennen

Ein Erfolgsrezept, das mir immer dabei geholfen hat, lautet: Kenne dein Gegenüber. Um die männlichen Kollegen besser einzuschätzen, zu lesen und zu verstehen, habe ich sie aufmerksam beobachtet. Eine meiner Erkenntnisse, die sich immer wieder bestätigt hat: Die Annahme, Männer bringen automatisch mehr Know-how mit als ich, muss nicht immer zutreffen. Meine Erfahrung hat gezeigt, wir Frauen tendieren leider im Vergleich zu Männern zu mehr Selbstzweifeln. Wir unterschätzen uns, gerne auch mal maßlos. Dieses »Handicap« führt dazu, dass wir nicht realisieren, dass wir manche

Aufgaben oft sehr kompetent angehen beziehungsweise lösen können. Mehr Selbstvertrauen ist hier unbedingt ratsam – oder anders ausgedrückt: Eigene Wertschätzung statt Unterschätzung und das Wissen um die eigenen Benefits sind entscheidende Sprossen auf der Erfolgsleiter.

Die vielleicht wertvollste Kraft: Widerstandskraft

Die Widerstandsfähigkeit zu stärken, ist ein essenzieller Schlüssel zum Erfolg – für alle Lebensbereiche, in denen wir als Frau unsere Frau stehen müssen. Das Privatleben mit all seinen Facetten, von Hobbies bis Familie, gilt dabei als wichtigster Ausgleich zum Joballtag und stärkt die Resilienz ungemein. Und umgekehrt. Aber Vorsicht: Alles zusammen kann einen auch wieder ans Belastungslimit bringen. Mir ging es immer wieder so, dass ich als Frau in einem Bereich top performt habe, dafür in einem anderen eher wenig gut. Und hier kommt eine meiner Resilienzregeln ins Spiel: Es geht genau darum, diese Herausforderung bewusst anzunehmen und in Stärke zu verwandeln. Als Frau, Mutter, Chefin und, und, und. Männliche Kollegen, denen ich auf allen Karrierelevels begegnet bin, hatten für viele ihrer anderen Bereiche zum Beispiel ihre Frauen, die die Kids großgezogen oder die Businesshemden glattgebügelt haben. Und ich? Ich hatte mein Kleinkind einfach mit »an Board«. Manchmal auch auf dem Schoß – die ungebügelten Hosen fielen da gar nicht weiter auf.

Sehen und gesehen werden: Networking

Ein weiterer Erfolgspfeiler für uns Frauen – der übrigens auch zur Ausbildung unserer Resilienz dient – ist der Austausch mit Gleichgesinnten. Networking im besten Sinne! Sich zu ergänzen und sich gegenseitig zu bekräftigen in dem, was man tut, ist unglaublich motivierend und verleiht Flügel. Ich schätze den branchenübergreifenden Austausch und die Offenheit inspirierender Frauen sehr in meinem Arbeitsalltag. So schaffen wir – alle gemeinsam – produktive Ideen sowie Synergieeffekte und öffnen Türen, um noch mehr Frauen und ihre Kompetenzen nach vorn zu bringen. Auch enge Wegbegleitende können ein entscheidender Erfolgsfaktor sein, weil man ihnen hundertprozentig vertraut und in Drucksituationen auf sie zählen kann.

Erfahrung macht »Kluger«: Mentoring

Alles bisher Erreichte habe ich mir größtenteils aus eigener Kraft und Erfahrung, durch Trial und Error, nicht selten auch mit Leichtigkeit angeeignet. Zu Beginn meiner Karriere hatte ich einen männlichen Mentor, den damaligen Boss und CEO meiner ersten Firma. Im Laufe der Jahre durchlief ich viele wirklich gelungene Coachings, mit teils männlichen, teils weiblichen Coaches. Aber von unbezahlbarem Wert für Frauen sind und bleiben Mentorinnen, von denen wir im Alltag profitieren können. Sie ermöglichen Chancen, verändern das Verständnis und das Bewusstsein, sie kennen die Vorzüge und Hürden der Weiblichkeit selbst am besten und teilen gute und schlechte Erfahrungen. Ich finde es toll, wenn ich diese Funktion heute ausfüllen darf – sei es in meinem Arbeitsalltag oder wie zum Beispiel gerade genau mit diesem Beitrag. Frauen stark zu machen für ihren ganz individuellen Weg, ist meine ganz persönliche, intrinsische Motivation!

Meine persönlichen Female-Empowerment-Learnings

- Brenne für eine Sache und entzünde damit dein Gegenüber.
- Überzeuge durch deine eigenen, individuellen Stärken.
- Kenne dein Gegenüber.
- Sei achtsam zu dir selbst und stärke deine Resilienz regelmäßig.

- Erweitere dein Netzwerk und erlebe es aktiv.
- Suche dir einen Mentor oder noch besser eine Mentorin.

Und was mich sehr glücklich macht: Durch mein Engagement für Diversität und Female Empowerment innerhalb des Unternehmens habe ich zum einen den positiven Effekt, viele fähige Frauen – ob Berufseinsteigerinnen oder Mütter – in meinem Marketingteam stärken zu können. Zum anderen macht es auch die Augenoptikbranche und das Unternehmen selbst zum attraktiven Arbeitgeber – denn es wird die Zeit kommen, in der es selbstverständlich sein wird, dass Frauen in ehemals vorrangig männlich besetzten Vorständen vertreten sein werden.

Zusammenfassend ist mein liebevoller Rat an all euch Frauen da draußen: Formt eure Karrieren, aber verbiegt euch nicht dabei. Spielt nicht nach den männlichen Regeln, sondern nach euren eigenen, vertraut auf eure weibliche Intuition. Nutzt eure persönliche und analytische Stärke, strahlt und überrascht damit. Und falls auch ihr mal unterschätzt werdet – nur nicht von euch selbst bitte –, kann das auch von Vorteil sein. Ich selbst wurde immer schnell unterschätzt, was mir schon manches Mal sehr nützlich war. Denn wer erwartet schon große Erfolge bei klein, blond und fashy? Genau: Ich! Und auch wenn die nächste Generation schon ein wesentliches Stück weiter, aufgeklärter und liberaler ist und bereits mit weniger Diskriminierung zu kämpfen hat, bleibt dennoch viel Luft nach oben. Füllen wir sie als Frauen gemeinsam und bündeln wir unsere Kräfte, denn zusammen sind wir: #strongertogether.

Bettina Tietjen: **Auch ich wurde schonmal unterschätzt**

Bettina Tietjen, geboren 1960 in Wuppertal, arbeitete nach ihrem Magisterabschluss in Germanistik, Romanistik und Kunstgeschichte als Moderatorin, Reporterin und Autorin für RIAS Berlin, Deutsche Welle, WDR und diverse Printmedien. Seit 1993 ist sie beim NDR-Fernsehen Gastgeberin auf dem Roten Sofa der Sendung DAS!. Einmal im Monat empfängt sie am Freitagabend prominente Gäste in der NDR Talk Show. *Seit 2020 ist sie außerdem in der Sendereihe* Tietjen campt *mit ihrem Wohnmobil in Norddeutschland unterwegs. Ihre Bücher* Unter Tränen gelacht, Tietjen auf Tour *und* Früher war ich auch mal jung *waren alle* Spiegel-Bestseller. *Bettina Tietjen ist verheiratet, hat zwei erwachsene Kinder und lebt mit ihrem Mann in Hamburg.*

»Talken können wir noch nicht, mein Schatz!« Als mein Mann vor mehr als 30 Jahren liebevoll-spöttisch diesen Satz zu mir sagte, ahnten wir beide nicht, dass er damit den Grundstein für meine Karriere als Talkerin gelegt hatte. Ich moderierte damals das RIAS-Frühstücksfernsehen und hatte gerade mein erstes längeres Interview mit dem damaligen Bundesumweltminister Klaus Töpfer in den Sand gesetzt. Voller Angst, zu versagen, hatte ich mich verkrampft an die Fragen auf meinen Karten geklammert, nicht richtig zugehört, mich ständig wiederholt und den Politiker viel zu weit ausholen und ausweichen lassen. Ich hatte damals noch wenig Fernseherfahrung, mir fehlten Souveränität, Selbstbewusstsein, Mut und Routine. Deprimiert und verärgert über mich selbst war ich nach dieser Niederlage aus dem Studio gestürmt.

Bestimmt war der Kommentar meines Liebsten auf meine zerknirschte Frage »Wie war's?« nicht böse gemeint. Trotzdem traf er mich bis ins Mark, denn bis dahin war ich für meine beruflichen Leistungen immer nur gelobt worden, hatte aber stets daran gezweifelt, ob diese Komplimente wirklich meinem Können galten oder nur meiner Jugend und meinem hübschen Aussehen. Bei meinem Mann aber war ich sicher: Beides spielte keine Rolle, er war mir gegenüber ehrlich, und zwar bis zur Schmerzgrenze. »Natürlich kann ich talken, mir fehlt nur die Erfahrung«, fauchte ich. »Du wirst schon sehen!«

Ich bin kein besonders ehrgeiziger Mensch, gehe gern den bequemen Weg, wenn ich damit halbwegs erfolgreich bin. Aber wehe, wenn mir jemand etwas nicht zutraut und meine Fähigkeiten unterschätzt! Immer und immer wieder habe ich seit jenem Töpfer-Waterloo meine Interviews und Gespräche analysiert. Ich feilte an meiner Fragetechnik, trainierte mir an, ein Konzept im Kopf zu haben und trotzdem aufmerksam zuzuhören, um jederzeit davon abweichen zu können. Mit der Zeit entwickelte ich ein immer besseres Gespür für Timing und einen untrüglichen Instinkt dafür, eine heitere, entspannte Wohlfühl-Gesprächssituation zu schaffen, in der Menschen bereit sind, sich zu öffnen und auch mal sehr Persönliches preiszugeben, ohne sich dabei zu blamieren. Längst bekam ich dafür Applaus von allen Seiten, arbeitete aber trotzdem weiter an mir. So lange, bis ich mit dem legendären »Roten Sofa« zur norddeutschen Talk-Institution verschmolzen war und meine eigene Freitagabend-Talkshow im NDR Fernsehen hatte. So lange, bis Jan Böhmermann mich in seiner Sendung grinsend als »Queen of German Talkshow« vorstellte. So lange, bis mir kein Gast mehr einfiel, dem ich als Moderatorin nicht gewachsen wäre.

»Na, wie war´s?«, frage ich meinen Mann heute manchmal, wenn ich nach einer Sendung nach Hause komme. Bis heute ist er mein wichtigster Kritiker, weil ich weiß, dass er mich nie anlügen würde, um mir zu gefallen. »Talken können wir richtig gut, mein Schatz«, sagt er daraufhin lachend. »Weiß ich«, antworte ich dann lässig, mache mir mit dem Feuerzeug ein Bier auf und bin rundum zufrieden mit mir und der Welt.

Carola Ferstl: **So habe ich mich in einer Männerdomäne durchgesetzt**

Carola Ferstl studierte Betriebswirtschaftslehre in Hamburg und arbeitete im Anschluss daran als freie Journalistin für Tele 5, RTL und das ZDF. Sie gehört seit seiner Gründung zur Redaktion des deutschen Nachrichtensenders n-tv. Dort führt sie als Moderatorin durch verschiedene Wirtschaftsformate. Darüber hinaus ist sie Sachbuchautorin. Zu ihren erfolgreichsten Veröffentlichungen zählt das Buch Rundum sicher mit Geld.

Wie hast du dich unter Männern durchgesetzt?

Ich habe in meinem Job als Börsenjournalistin anfangs nur mit Männern zu tun gehabt. Für die meisten war ich eine unliebsame Konkurrenz. Mein Mentor war allerdings einer der Gründer unserer Sendung, der mir eine Chance gab. Er ermutigte mich, wenn es mal wieder ganz schwierig war, bestärkte mich in meiner Arbeit.

Der entscheidende Durchbruch für mich war der Moment, in dem ich meine Arbeit einfach anders gemacht habe als die anderen. Ich musste selbst viel lernen im Bereich Börse und nutzte diesen Umstand für mich positiv. Meine Kommentare verfasste ich in einer einfachen und klaren Sprache und »übersetzte« das Börsenkauderwelsch in normales Deutsch. Meine Zuschauer fanden es super, und ich etablierte mich auf dem TV-Börsen-Parkett.

Wie eignet man sich deiner Meinung nach am besten ein »dickes Fell« an?

Mit einem dicken Fell wird man wahrscheinlich geboren. Aber Resilienz kann man auch lernen. In schwierigen Phasen muss man sich einfach die Freiräume für den Kopf schaffen, um auch mal abschalten zu können. Dafür reicht oft schon ein Wochenende ohne Telefon und Rechner.

Konkurrenz muss man aushalten, sie belebt ja bekanntlich das Geschäft – und wenn man nicht alles persönlich nimmt, sondern auch hier immer mal einen gesunden Abstand herstellt, dann übersteht man auch stressige Zeiten und unangenehme Kollegen.

Welche Änderungen würdest du dir heute für aufsteigende Führungskräfte wünschen?
Karriere sollte nicht mehr durch eine stereotypische Brille gesehen werden: jung, gut ausgebildet, ehrgeizig ...

Wenn wir Diversität in deutschen Unternehmen haben wollen, dann müssen wir diese in alle Richtungen leben – besonders auch beim Thema Alter. Alle klagen über Fachkräftemangel, die gutausgebildeten Fachkräfte, die ein bestimmtes Karrierealter überschritten haben, werden aber ignoriert. Gerade Frauen, die Kinder großgezogen haben und wieder zurück ins Berufsleben wollen, stecken häufig in einer Teilzeitfalle ohne erneute Aufstiegschancen und werden von ihren Unternehmen schlichtweg abgeschrieben. Aufstockung und Wiedereinstieg müssen erleichtert werden, wir können nicht auf das Wissen und die Erfahrung gut ausgebildeter Mütter verzichten.

Welche Karrieretipps würdest du Frauen geben, die heute in die Führungsetagen möchten?
Denke »out of the box« – Branchen oder Industrien, die auf den ersten Blick nicht attraktiv erscheinen, bieten viele »sexy« Jobs, die es zu entdecken gilt.

Mach dich sichtbar – nutze soziale Plattformen für berufliche Profilierung, werde Expertin in deinem Bereich und profitiere von Auftritten bei Konferenzen und Fachtagungen, schreibe ein Buch oder Artikel in Fachzeitschriften.

Such dir einen Mentor – egal ob männlich oder weiblich. Erfahrene Menschen geben inhaltliche Unterstützung und bieten ganz nebenbei persönliche Weiterentwicklung.

Vernetze dich mit Gleichen und Erfahrenen – Netzwerke sind Gold wert, der Austausch auf Augenhöhe in einem sicheren Raum ist eine Stütze in schwierigen Zeiten und ein Karriereturbo beim eigenen Aufstieg.

Mach es einfach mal anders als bisher – eine Aufgabe, die schon viele Male zu erledigen war, einfach mal anders machen. Es gibt zwar ein Risiko, aber vielleicht schafft man den entscheidenden Mehrwert und macht so auf sich aufmerksam.

Christin Siegemund: Was mir gesagt wurde, was ich alles nicht kann, und wie ich es doch geschafft habe

Christin Siegemund ist studierte Marketing- und Kommunikationswirtin, verheiratet, Mutter von Zwillingsmädchen und lebt mit ihrer Familie in Hamburg.

Bevor sie nach einer kurzen Pause in NYC die Marketingleitung beim Marktführer für Golfbekleidung übernahm, war sie in Hamburger Werbeagenturen als Beraterin unterwegs. 2013 gründete sie den Foodblog »Hamburger Deern« – ihr Einstieg in die Foodwelt. Dass Frauen und Mütter erfolgreich gründen, dafür steht sie genauso wie für ihre Leidenschaft für Food-Innovationen und dafür, neue Ideen schnell voranzutreiben.

Warum uns der Glaube an uns selbst Berge versetzen lässt – frei nach dem Motto: Ich habe das noch nie versucht, also glaube ich, dass ich das schaffe.

Vor vier Jahren habe ich angefangen, ein »foodlab« zu bauen. Erst in meinem Kopf, dann auf dem Rechner des Architekturbüros und schließlich mithilfe von vielen Gewerken in der Hamburger Hafencity auf 1.200 Quadratmetern. Und immer wurde dieser Bau von Mit-Zweifelnden begleitet (»Schaffst du das denn?«, »Du hast doch noch nie in der Gastronomie gearbeitet«, »So ganz ohne Investor, ganz allein. Das ist doch viel zu groß« und so weiter). Im Nachhinein: Wahnsinn, was Menschen für Probleme sehen. Als ob Bayer-Chef Dekkers jemals Medikamente entwickelt oder Porsche-CEO Blume jemals Autos gebaut hätte, wenn sie sich von Zweiflern beeinflussen lassen hätten ...

Glücklicherweise habe ich mich von nichts und niemandem beirren lassen, sonst gäbe es das foodlab heute wohl nicht. Und trotzdem musste ich erst ein Coaching, das mich viel Geld, Zeit und Nerven gekostet hat, durchlaufen, um mich gegen all diese Zweifelnden zu rüsten. Um ihre Fragen zwar zu meinen werden zu lassen, mich durch sie aber nicht beirren zu lassen – und sie im Gegensatz eher zu nutzen, als mich durch sie verunsichern zu lassen.

Zweifeln ist okay, weitermachen ist besser

Dabei hat mir vor allem meine eigene Erfahrung geholfen. Denn: Zweifel an uns selbst, die sich in unser Innerstes bohren und zu Glaubenssätzen werden, fangen viel früher an. Ein Beispiel: Ich war sechs oder sieben Jahre alt, als ich mir zum Geburtstag ein Tennis-Outfit für mein bevorstehendes Feriencamp gewünscht habe – ein weißes Dress mit bunten Streifen. Steffi Graf hatte gerade die Weltspitze des Damentennis erobert und war (neben Michael Jackson) mein Vorbild. Und natürlich habe ich mich in Gedanken über den Platz flitzen sehen, Aufschläge und Volleys verwandelnd. Dann kam der große Tag, ich stand auf dem Platz in besagtem Outfit und der Trainer ließ uns ordentlich laufen. Ich war glücklich – bis am Ende der Stunde mein Papa zu mir sagte: »Das mit dem Tennis und dir, das wird nichts! Du läufst wie deine Mutter!« Bäm. Das saß. An dieser Stelle eine kurze Anmerkung: Meine Mutter und ich haben eine Art zu laufen, mit der man vielleicht nicht den 100-Meter-Rekord knacken würde – wir können uns aber sehr wohl fortbewegen.

Aber zurück zu diesem Tag. Meine kleine Tenniswelt brach von einem Moment auf den anderen zusammen. Vorbei war es mit der Tenniskarriere und den schönen Outfits, in die ich mich hineingeträumt hatte. Ganz bestimmt meinte mein Vater das nicht böse, letztlich hat er nur seine Beobachtung kundgetan. Bei mir allerdings hat sich ein Glaubenssatz festgesetzt, den ich jahrelang mit mir herumgetragen habe: »Du kannst das nicht!«

Anderes Beispiel, ein paar Jahre später: Ich war die erste Person in meiner Familie, der eine Empfehlung für die Gymnasialstufe ausgesprochen wurde. Meine Eltern zögerten. Wir diskutierten zu Hause tagelang, ob ich das wirklich wollte, ob ich das wirklich könnte. Schlussendlich habe ich meine Eltern überzeugt, und sie ließen mich mit meinen Freundinnen auf dasselbe Gymnasium gehen. Und auch hier war ich wieder voller Ehrgeiz und Willenskraft – zumindest die ersten zwei Jahre, bis wichtigere Themen als Mathematik und Erdkunde in mein Leben traten. Dass ich viele Jahre später, inklusive Extrarunde in der siebten Klasse, mit Pauken und Trompeten durch das Abitur gerasselt bin, interessiert heute niemanden mehr. Und auch nicht, dass ich die ersten Jahre im Job von einer Werbeagentur zur nächsten getingelt bin, weil ich nach maximal drei Monaten unbezahltem Praktikum mal wieder auf der Straße saß. Heute: Schwamm drüber, die meisten finden`s sogar interessant. Damals war mein »Mal-hier,-mal-da«-Lebenslauf mehr Hindernis.

Letztlich ging es aber immer wieder um ein und dasselbe Thema – mir wurden Dinge nicht zugetraut: die Tenniskarriere, die Gymnasialreife, die Arbeit als Kontakterin und später auch die Rolle der Gründerin. Immer war ich in den Augen anderer zu jung, zu unerfahren, zu undiszipliniert, zu fordernd, zu was auch immer. Warum das so ist? Weil meine Projekte außerhalb des Vorstellungsvermögens der anderen lagen. Oder einfach nur aus Neid.

An Herausforderungen wachsen

Zeitsprung, 24 Jahre später: Als mein Mann und ich erfuhren, dass wir Eltern von zwei Töchtern werden, haben wir uns unfassbar gefreut. Worüber wir uns nicht unterhalten haben: Wie wollen wir unsere Mädchen erziehen? Welche Glaubenssätze möchten wir ihnen mit auf den Weg geben und welche lieber nicht? Bis heute haben wir nie darüber gesprochen. Glücklicherweise ticken wir bei der Stärkung von Mädchen sehr ähnlich, was eventuell daran liegt, dass mein Mann zwar in einem klassischen Familienmodell, dafür aber mit einer sehr feministischen Mutter aufgewachsen ist. Gott hab sie selig an dieser Stelle, ihr habe ich heute sehr viel zu verdanken. Zum Beispiel einen Mann, für den es keine typischen Geschlechterrollen gibt, sondern der mit mir gemeinsam an einem Strang zieht, Mädchen wie Jungen zu starken Persönlichkeiten zu erziehen. Wir erklären weder Mädchen, dass sie besser nicht zu groß träumen sollten, noch Jungs, dass sie immer stark sein müssen und bestimmte Rollen oder Jobs für sie eben nicht vorgesehen sind. Warum ich das hier aus dem Nähkästchen hole – trotz aller Emanzipation? Zweifel und Misstrauen in die eigenen Fähigkeiten sind auch heute oft noch typisch weiblich. Und das versuchen wir bei unseren Töchtern zu vermeiden.

Je älter unsere Mädchen werden, desto größer wird daher auch die Feministin in mir. Nicht nur, weil ich ihnen zeigen möchte, dass im Leben auch als Frau alles drin ist. Vielmehr möchte ich, dass sie auf sich und ihre Stärken vertrauen. Dass sie wissen, wann sie in ihrer Komfortzone und wann sie am Rande dieser sind. Dass gerade dieser Randbereich so wichtig ist, weil genau hier die Entwicklung stattfindet. Dann nämlich haben all die Zweifelnden keine Chance mehr. Dann begegnen wir ihnen mit einem Lächeln und wissen, dass unsere Vision einfach nur außerhalb ihrer Vorstellung liegt. Übersetzen wir das Ganze doch mal ins Lateinische: »Vision« kommt von *videre*, dem Verb für »sehen«. Wir reden also über ein Bild, das unser Gegenüber nicht sehen kann. Weil es in unserem Kopf ist. Logisch. Also, bloß nicht böse sein, wenn das

Gegenüber Zweifel äußert, und bitte auf gar keinen Fall beirren lassen.

Zweifel sollten wir nur ernst nehmen, wenn sie auch begründet sind. Zum Beispiel wenn wir einen 240-Seiten-Mietvertrag unterschreiben sollen, ohne vorher anwaltliche Hilfe einzuholen. Oder ein Loch in eine 50 Zentimeter dicke Wand stemmen lassen, ohne eine:n Statiker:in zu befragen. Auch das ist nicht die beste Idee.

Hier sind Kritik und Zweifel definitiv erlaubt und sogar erwünscht! Denn Zweifel sind per se nicht schlecht – sofern es die eigenen sind, sorgen sie ja auch immer dafür, dass wir wachsam bleiben. »Wer nicht fragt, bleibt dumm« ist der schlaueste Satz, den ich aus der *Sesamstraße* mitgenommen habe. Wann immer ich mir unsicher war, habe ich mir die Expertise von anderen Menschen eingeholt, die mehr Ahnung haben als ich.

In den vergangenen Jahren habe ich einige Krisen meistern dürfen: eine Pandemie, zwei Lockdowns, Personalmangel, Energiekrise. Hier galt zusammengefasst: ohne Tiefs keine Hochs. Wie langweilig wäre es, immer dasselbe Level zu halten? Wie häufig bin ich hingefallen, habe Rückschläge hingenommen und musste umplanen? Wie oft habe ich verloren, weil jemand anders den Job oder den Preis bekommen hat? Doch ich habe mich durch die Zweifel der anderen nicht unterkriegen lassen und auch nicht durch meine eigenen. Ich habe gelernt, sie zu nutzen – um durch sie zu wachsen.

Was mich seit viereinhalb Jahren motiviert, ist der Drang nach Veränderung. So nachhaltig wie möglich. Am besten direkt an der Wurzel. Diese Motivation lässt mich jeden Morgen gut gelaunt und voller Tatendrang aus dem Bett steigen, lässt mich noch immer mit einem Leuchten in den Augen pitchen (inzwischen nur viel kürzer und präziser als vor vier Jahren). Und genau diese Motivation lässt mich auch erkennen, dass alle Zweifel der anderen viel mehr mit ihnen zu tun haben als mit mir. Weil ich inzwischen auf mein Potenzial vertrauen kann. Weil ich weiß, was ich bewegen kann, indem ich es tue. Wie eine versteckte Superkraft. Dann fühlt sich Hinfallen auch mehr nach Stolpern an.

Ich bin der festen Überzeugung, dass wir unsere Kinder darin bestärken müssen, dass sie alles erreichen können. Mädchen wie Jungen. Die Zeiten haben sich glücklicherweise geändert. Während mir Mitte der 1980er-Jahre die Dinge schlichtweg nicht zugetraut wurden, wachsen meine Töchter heute im vollen Bewusstsein ihrer Stärke auf. Von Barbie lässt sich halten, was man will – aber: Auch sie hat sich weiterentwickelt und ist heute mehr als nur eine hübsche Puppe. Was Barbie unseren Töchtern heutzutage vermitteln möchte, ist die Tatsache, dass sie alles werden können. Ob Astronautin, Feuerwehrfrau oder Bürgermeisterin – alles ist möglich. Und wem Barbie nicht schmeckt, der darf es ruhig mit Pippi Langstrumpf versuchen: »Ich habe das noch nie gemacht, also glaube ich, ich schaffe das.« Eine wunderbare Einstellung, wie ich finde.

Meine achtjährige Tochter scheint das verinnerlicht zu haben. Als ich ihr von diesem Buch und meinem Thema hier erzählte, sagte sie: »Mama, schreib doch einfach ›Am besten glaubst du an dich selbst‹.« Mehr lässt sich dem nicht hinzufügen.

Maria von Scheel-Plessen: Deine Karriere ist planbar – doch auch Chancen muss man sich erarbeiten

Maria von Scheel-Plessen ist eine deutsche Topmanagerin aus der Tech- und Luxusindustrie. Ihre Karriere startete sie bei Rocket Internet, wo sie bereits sehr jung internationale Teams mit bis zu 50 Personen führte und somit früh Führungsverantwortung übernahm. Ihre Arbeitserfahrung sammelte sie in Singapur, New York, München und nun Mailand, wo sie bei Gucci den Bereich Media & E-Commerce für EMEA leitet.

Maria ist Expertin in den Themen Digitale Transformation, Marketing-Attribution und Digitalisierung der Luxusindus-

trie. Hierzu nimmt sie regelmäßig als Keynote-Speakerin an internationalen Konferenzen teil und wurde von Business Insider *zu einer der 25 Zukunftsgestalterinnen 2023 gewählt. 2022 wurde sie in den Büchern* Next Level CMO *und* 101 Great Minds *gefeatured.*

Viele wollen beruflichen Erfolg auf sich zukommen lassen, ohne die konkrete Roadmap abzustecken. Und es ist immer ratsam, die eigene Karriere mit einer gewissen Gelassenheit anzugehen. Mein Rat ist es jedoch, stets eine konkrete Vision für die kommenden bis zu zehn Jahre zu haben und sich an dieser zu orientieren – doch selbstverständlich auch eine Abweichung des Weges zu akzeptieren, besonders durch äußere Umstände, welche nicht beeinflussbar sind.

Was wurde dir vermittelt oder explizit gesagt, was du erfüllen musst, um erfolgreich zu sein?
Oftmals habe ich gehört, dass eine Karriere nicht planbar sei. Dass es von vielen Zufällen, dem richtigen Chef oder von der persönlichen Familienplanung abhänge. Und ja, es gibt diverse, leider sehr veraltete Strukturen und Glaubensansätze, welche bedauernswerterweise in einigen Konzernen noch immer stark verbreitet sind – jedoch sollte man sich von diesen nicht abschrecken lassen.

Die Position, in der ich heute bin, habe ich mir als Ziel vor acht Jahren gesetzt. Ich bin keinen klassischen Weg gegangen, welcher oftmals vorhersagt, dass man zwischen den Industrien und Departments nicht wechseln sollte und man auch mindestens vier Jahre in jeder Position bleiben muss. Ich finde es absolut wichtig, verschiedene Industrien kennenzulernen, Länder und Teams zu wechseln und nicht zu lange in einer Position auszuharren, wenn die Lernkurve überwunden wurde, nur um dem Protokoll gerecht zu werden.

Diese Entscheidungen sind wichtig, um zu wachsen und um zu wissen, wo du hinmöchtest, welcher Bereich und welche Art von Unternehmen am besten zu dir passen. Wenn du dich einer »Das-war-doch-schon-immer-so«-Regel unterordnest, verlierst du schnell die Motivation und gibst deine Karriere in die Hand anderer. Am besten nimmst du die nächsten Schritte immer selbst proaktiv in die Hand und identifizierst gemeinsam mit deinem Manager und deinen Peers persönliche Entwicklungsfelder für die nächste Position, die Promotion oder sogar einen externen Schritt. Lass dich nicht hinhalten und besprich ganz konkret, wie du an deinen Entwicklungsfeldern arbeitest (zum Beispiel Coaching, Mentor oder Workshops) und in welcher Timeline dies abbildbar ist.

Wie genau hast du deine Vorstellungen im Unternehmen kommuniziert?
In den Unternehmen hatte ich neben meinen externen auch immer interne Mentorinnen und Mentoren. Diese haben mich dabei unterstützt, das politische Know-how des Unternehmens und wichtige Stakeholder besser kennenzulernen. Zudem habe ich 1:1-Gespräche mit meinen Vorgesetzten dafür genutzt, eine konkrete Karriereplanung und Identifizierung meiner nächster Karriereziele zu erarbeiten. Nur, wenn du deine Wünsche und Ziele proaktiv kommunizierst, kann auch dein Umfeld damit arbeiten und dich (wenn es gute Vorgesetzte sind) entsprechend bei der Erreichung dieser Ziele und deiner persönlichen Entwicklung unterstützen. Wichtig ist hierbei sehr direktes und konstruktives beidseitiges Feedback, genau wie auch in persönlichen Beziehungen – die Erwartungshaltung beider Personen sollte klar kommuniziert sein, um dann gemeinsam nach vorn zu schauen.

Lasst euch nicht von destruktivem oder irrationalem Feedback abschrecken. Wichtig ist, dass ihr für euch persönlich euer »Why« festgelegt habt: Warum habt ihr euch für diesen Job entschieden, wie wollt ihr euer Leben gestalten, wollt ihr im Management oder als Führungskraft agieren, wollt ihr im In- oder Ausland arbeiten, inwieweit darf die Karriere auch mal Zeit aus eurem Sozialleben in Anspruch nehmen? Wenn ihr eure Ziele, eure persönliche Erfüllung und auch eure Limits klar definiert habt, wird dies von eurem Umfeld als authentisch und souverän wahrgenommen. Somit weiß euer Umfeld ebenfalls, woran es bei euch ist. Traut euch, euer Wertegerüst und euren Karrierewunsch nach außen zu kommunizieren, denn nur so baut ihr interne Allianzen mit wichtigen Sparringspartnern auf und erhaltet (meist gut gemeinte und fast immer hilfreiche) Ratschläge auf dem Weg dorthin.

Welche persönliche Überzeugung und Herangehensweise sind deiner Meinung nach für diese Vorgehensweise wichtig?

Traut euch selbst viel zu, überschätzt euch auch mal. Macht Fehler, lernt schnell aus diesen, steht wieder auf. Genau das Gleiche gilt auch für euer Team. Mein Lieblingszitat lautet: »What you should focus on next lies within the discomfort of now.« Geht in den Bereich, in dem ihr Neues lernt, in dem euch mulmig wird. Die Komfortzone ist gemütlich, aber leider oftmals nicht lehrreich. Nehmt andere stets auf eurem Weg mit, denn gemeinsam geht man weiter als allein – und gute Teamplayer sind rar.

Kapitel 6
Gemeinsam stärker – Netzwerken im echten Leben

Wenn es um Netzwerke geht, haben viele Menschen negative Konnotationen im Kopf: von der Spinne im Netz, die unsichtbare Fäden zieht, und von – meist alten – Männern, die in irgendwelchen Clubs Zigarre rauchen und sich gegenseitig Aufträge und Positionen zuschieben. Natürlich gibt es exklusive Netzwerke, in die Personen nur auf Empfehlung oder Einladung hineinkommen – Mission Female ist eines davon. Für Frauen. Allerdings ist das nicht die einzige Art, sich mit Gleichgesinnten zusammenzuschließen – und generell ist es gut, sich Verbündete oder Menschen, von denen man lernen möchte, zu suchen. Denn eines lässt sich nicht von der Hand weisen: Gemeinsam ist man immer stärker als allein.

Allerdings tun sich Frauen oftmals schwer damit, Unterstützende um sich zu versammeln. Immer noch. Ich denke, das hat viel mit der jeweiligen Zielsetzung zu tun. Ich kann mir vorstellen, dass es sich gundsätzlich für viele Menschen unauthentisch anfühlt, »Beziehungen um der Karriere willen aufzubauen« – so, als ob man sich bei anderen einschmeichelt, nur weil man etwas von ihnen will. Tatsächlich heißt das eine aber nicht zwangsläufig das andere: Man kann sich auf menschlicher Ebene schätzen und muss trotzdem nicht befreundet sein – eine gegenseitige Unterstützung aufgrund rein fachlicher Kompetenzen ist also durchaus möglich. Das macht die Beziehung nicht unauthentisch, sondern ist nur eine Form von vielen.

Gerade Mission Female lebt vom aktiven Austausch miteinander und davon, wie erfahrenere Member solchen, die noch am Anfang stehen, mit ihrer Erfahrung und Expertise unter die Arme greifen. Daraus können sich durchaus Freundschaften entwickeln, was aber nicht sein muss – das macht diese Mentor-Mentee-Beziehungen nicht weniger valide.

Ich denke, in diesem Licht fühlen sich viele Lesende weniger schlecht, über ihre eigenen Netzwerke nachzudenken – und darüber, von wem sie gerne lernen würden. Sich solche Beziehungen aufzubauen, ist gerade auf Führungsebenen ein wichtiger Skill und hilft enorm dabei, persönlich zu wachsen und die eigenen Ziele zu erreichen. So zeigen auch die folgenden Beiträge, wie hilfreich es ist, sich Unterstützung zu suchen und schwierige Themen gemeinsam anzugehen.

Corina Kurscheid: **Mein perfekt unperfekter Weg nach vorn**

Corina Kurscheid ist Global Associate VP NIVEA. Neben ihrer Rolle im globalen Marketing für NIVEA ist sie Mitglied des Beiersdorf Sustainability Council, treibt die Nachhaltigkeitsziele und Transformationsprozesse im Unternehmen voran und setzt sich aktiv für Diversität und Lifelong Learning ein.

Nach ihrem Studium an der University of Westminster startete Corina ihre Laufbahn bei Saatchi & Saatchi und führt ihre erfolgreiche Karriere seit 2007 bei Beiersdorf an verschiedenen Standorten fort. Heute lebt sie mit ihrer Familie in Hamburg.

> *»Niemand bekommt beim ersten Mal alles richtig hin. Was uns ausmacht, ist, wie wir aus unseren Fehlern lernen.«*
>
> RICHARD BRANSON

Ich bin nicht die Person mit einem geradlinigen Karriereplan, die in ihrem Lebenslauf alle vermeintlich »richtigen« Häkchen gesetzt hat und deswegen ihren Weg direkt geradeaus und ohne Umwege gegangen ist.

Perfekt unperfekt beschreibt meinen Weg am besten: Eine flexibel geplante Reise, auf der auch mal beherzt die Richtung angepasst wird und spontan neue Etappen eingebaut werden. Wenn etwas nicht wie geplant verläuft, wird konstruktiv hinterfragt, mit neuen

Augen betrachtet, gelernt und angepasst. Beim Weitermachen soll es dann bitte besser werden – immerhin liegt noch ein ordentliches Stück Weg auf der Reise des Lebens vor mir.

Mit dieser inneren Überzeugung liebe ich Herausforderungen und sehe in vermeintlichen Fehlern und Misserfolgen die wichtigsten Impulse, um zielgerichtet auf meinen Erfolg hinzuarbeiten. Denn ohne Fehler keine Entwicklung.

Das Leben bietet so viele spannende Möglichkeiten, um zu lernen und sich zu verändern. Ich erkenne, was funktioniert und was für mich nicht der richtige Weg ist – und ich sehe anstelle von Fehlern interessante Umleitungen, die mich weiterbringen. Durch diese Umwege betrete ich Neuland und erkenne neue Ufer, zu denen ich aufbrechen kann.

Den eigenen Weg finden

Früher dachte ich, dass alle ein klares Erfolgsrezept für sich definiert und klare Wege vor sich hätten. Aber ich habe gelernt, dass alle ihren eigenen Weg gehen und niemand bereits alles in der Tasche hat, wenn die eigene, sehr individuelle Reise beginnt. Wir alle haben jeden Tag wieder die Chance, uns und unseren Weg neugierig zu betrachten – und unsere Zukunft mit uns selbst in der Hauptrolle jeden Tag neu zu formen.

Ein klares Bild von meiner Zukunft schon mit 16 – das war nicht ich. Viele meiner Mitschülerinnen und Mitschüler hatten bereits sehr klare Vorstellungen von ihren Karrieren und wussten genau, was sie beruflich einmal machen wollten. Ich wusste dagegen immer recht genau, was und wie ich nicht werden möchte, und hatte immerhin darin meine Klarheit.

Seit meiner Kindheit bin ich überzeugt, dass ich alles lernen und werden kann – wenn ich zielgerichtet mit Herzblut und Ausdauer darauf hinarbeite. Im Umkehrschluss ist die wichtige Erkenntnis: Wenn ich etwas nicht kann, bedeutet das lediglich, dass ich es in diesem Moment *noch* nicht kann.

Es gab so viele Möglichkeiten und so viele interessante Gebiete, aber ich hatte noch kein Gefühl dafür, was mich wirklich faszinierte und antrieb und wo ich genau hinwollte. Das war in meiner Schulausbildung bis zum Abitur auch nicht gefragt, entsprechend hatte ich keine Übung mit diesen Reflexionen. Zudem strebte meine Generation noch nach höchstmöglicher Effizienz in der Schaffung eines lückenlosen Lebenslaufs: nach dem Schulabschluss die Ausbildung beziehungsweise das Studium im Rekordtempo durchziehen und bitte direkt ohne Pause in den ersten Job starten.

Um meinen Blick zu weiten, fragte ich nach konkreten Ratschlägen für die »richtige« Studienwahl. Der Standardratschlag war: »Studier` doch BWL – damit bleibst du flexibel«, gerne auch kombiniert mit dem wohlwollenden Zusatz: »Dann kannst du dir später auch einen Job suchen, den du in Teilzeit ausüben kannst, wenn du mal Kinder hast.«

Ich stand anfangs recht unschlüssig da und merkte, dass diese Ratschläge für mich absolut nicht passten. Und so lernte ich, auch mal meine eigene innere Stimme zu Wort kommen zu lassen.

Die Vorstellung von weiteren fünf Jahren Wissensabfrage durch Klausuren in einem BWL-Studium war für mich unvorstellbar. Das Familien- und Arbeitsmodellthema hatte ich noch nicht einmal im Ansatz in diesem Detailgrad angedacht. Also war Festlegen keine valide Option. Ich fand keine Antwort auf die Frage, wieso die Entscheidungen von anderen automatisch auch die richtigen Wegweiser für meine Zukunft sein sollten.

Es musste unbedingt mehr als »diesen einen« Karrierepfad geben, denn Fortschritt entsteht ja auch nicht durch das Kopieren der Vergangenheit. Also entschied ich mich für das Vertrauen in mich selbst und machte mich auf meine eigene Reise, um hoffentlich neue Erfolgsrezepte zu kreieren.

Nicht überraschend folgte kein BWL-Studium, sondern ein Start in die Geisteswissenschaften. Viele haben mich belächelt und diese Wahl als Fehler bezeichnet – und sie würden es heute vermutlich immer noch tun. Ich entschied mich trotzdem für das Vertrauen in mich selbst und diese Fächerkombination.

Ich lernte essenzielle Fähigkeiten, wie Themen zu abstrahieren, Gedanken sortieren und auch formulieren zu können sowie Argumente plausibel zu begründen. Und natürlich war auch die absolute Superpower dabei: der Perspektivwechsel.

Es sollte sich trotz allem herausstellen, dass meine Fächerwahl, gepaart mit mir als Frau, nicht förderlich für einen Karrierestart in der Wirtschaft war. Wir sprechen vom Jahr 1997/98.

Ich war damals sogar eine der wenigen Studierenden mit eigener E-Mail-Adresse und somit eine Art digitale Anwenderpionierin an der Uni. Trotzdem war es für mich fast unmöglich, einen Praktikumsplatz zu ergattern. Mir wurden flächendeckend wahnwitzige Vorurteile entgegengebracht: Mir wurde zum Beispiel die Fähigkeit abgesprochen, mit einem Computer umgehen zu können. Und für die Tätigkeiten eines Praktikums schien ich auch nicht ausreichend qualifiziert zu sein.

Ich erkannte, dass die Wahrnehmung meiner Person nicht linear mit meinen Fähigkeiten verbunden ist, sondern extrem davon abhängt, was vordergründig von mir sichtbar ist. Also musste Veränderung her, ein Aufbruch zu noch unbekannten Marketingufern.

»Einfach« machen

Bei diesem Schritt stand für mich nicht die Korrektur eines vorherigen Fehlers im Mittelpunkt, sondern mein persönliches Weiterkommen. Denn: ohne Fehler keine Entwicklung.

Statt mich in Selbstkritik zu verlieren und einfach per Radikalkur ohne Lerneffekt das Studium abzubrechen, habe ich nach kreativeren Lösungen gesucht. Ich wollte auf dem bisher Erreichten aufbauen, was bedeutete, dass ich meine Routenplanung ordentlich anpassen musste.

Ein Master-Abschluss in England wurde mein neues Ziel. Er baute auf meinem bisherigen Studium auf und bot mir zeitgleich eine wichtige Neuausrichtung für den Abschluss. Das war ein damals unkonventioneller und nicht unbedingt einfacher Schritt, für den ich auch nicht nur aufbauendes Feedback erhielt. Aber ich habe mich getraut und »einfach« gemacht.

Dafür hieß es aber erst mal: Raus aus der Komfortzone! Mir war klar, dass meine Neuausrichtung nicht bedeutete, den Weg dorthin auf einem Silbertablett serviert zu bekommen. Und es war definitiv anstrengend. Rückblickend war dieser Schritt für mich aber genau der richtige – und er öffnete mir im nächsten Schritt wieder komplett neue Türen.

Diese spannenden Türen hätte ich ohne die Anpassung meiner Reise gar nicht gesehen, geschweige denn erreicht. Ich konnte mir meinen Einstiegsjob nun komfortabel aus mehreren Optionen aussuchen.

Angst vor »falschen« Entscheidungen muss also nicht sein. All das wäre niemals möglich gewesen, wenn ich mich von meinen inneren Kritikern davon hätte abhalten lassen. Es gibt kein Versagen, höchstens lehrreiche Umwege oder Umleitungen, solange Selbstverantwortung, intelligente Reflexion und konstruktives Hinterfragen am Start sind.

Heute weiß ich, dass niemand besser als ich selbst wissen kann, was persönlicher Erfolg für mich bedeutet. Es ist dabei absolut in Ordnung, wenn ich mich in meinen Ansichten und meinem Lebensstil von anderen unterscheide. Ich warte nicht auf Zustimmung von außen, wenn ich Entscheidungen treffe, die sich für mich richtig und gut für meine Zukunft anfühlen. Und dann geht's auch schon ans Umsetzen.

Das »Wir« als Verstärker des Erfolgs

Ohne Zweifel ist und bleibt die Klarheit zum »Ich« die Grundlage für jeglichen persönlichen Erfolg. Es ist aber mitnichten so, dass ich alles allein schaffen oder können muss. Ich würde es sogar als Trugschluss bezeichnen, nur allein erfolgreich sein zu können.

Erfolg ergibt sich definitiv aus Chancen, die ich selbst kreiere und sichtbar mache.

Auf ein Netzwerk bezogen haben so die anderen Menschen um mich herum einen großen Einfluss auf meinen persönlichen Erfolg. Das macht es so immens wichtig, sich mit den richtigen – also den für einen selbst passenden – Menschen zu umgeben.

Nicht ohne Grund gibt es den Satz »Allein kommt man nicht weit«. Diesen Gedanken führt die Aussage »Gemeinsam sind wir stärker« noch deutlich weiter und ist unter anderem das Motto des Frauennetzwerks Mission Female, bei dem es darum geht, sich gegenseitig zu unterstützen, zu inspirieren und zu stärken.

Interne Teams im Arbeitsumfeld und externe Netzwerke können zu wahren Energie- und somit auch Erfolgsverstärkern werden: Erfahrungen auf Augenhöhe zu teilen, Austausch mit Mitgliedern, die eine ähnliche Einstellung mitbringen – das sind wahre Energieschübe für die eigene Inspiration. Und wenn ich selbst inspiriert bin, kann ich in der besten Version von mir selbst die Welt ein kleines Stück besser machen.

Warum dafür ein in sich geschlossenes System eines Netzwerks nützlich ist? Das erleichtert das Entstehen einer Gruppenidentität mit eigener Dynamik. Eine derart »sichere« Gruppe bietet Unterstützung und die Möglichkeit zum Austausch zu neuen Ideen, mit neuen Impulsen und Blickwinkeln.

Insbesondere in schwierigen Zeiten ist der Austausch mit Gleichgesinnten so wertvoll: Sie haben die Möglichkeit, mir neue Perspektiven zu Herausforderungen aufzuzeigen und mir das eventuell gerade nicht so große Selbstvertrauen wieder aufzubauen.

Mir persönlich hätte es enorm geholfen, schon zu einem früheren Zeitpunkt meiner Karriere Teil eines solchen Power-Netzwerks zu sein. Der sichere Austausch in einem vertrauensvollen Umfeld ist nicht zu unterschätzen: Ich kann alles so sagen, wie ich es meine, ohne Rücksicht auf politische oder betriebsimmanente Gegebenheiten. Diese Besonderheit macht Netzwerke und das Netzwerken so wertvoll.

Es macht aber ehrlicherweise auch einfach Riesenspaß, Gleichgesinnte zu treffen, sich gegenseitig zu motivieren und füreinander als Vorbilder da zu sein. Großartig ist der verstärkende Effekt hierbei: Je mehr ich nach dem Vorbild der anderen handele, desto mehr werde ich selbst zu einem starken und sichtbaren Role Model.

So schließt sich der Kreis – und nicht nur das in sich geschlossene System des Netzwerks verändert sich nachhaltig, sondern die Gesellschaft als Ganzes wird Schritt für Schritt eine bessere Version von sich selbst.

Das Schöne ist: Unsere Zukunft ist noch nicht festgeschrieben, sondern wartet darauf, von uns gemeinsam gemacht zu werden. Wer weiß heute schon, wo genau uns unser Leben in der Zukunft noch hinführen wird?

Was ich allerdings genau wie Stuart Little weiß: Ich bin vielleicht nicht auf dem perfekten, aber definitiv auf dem richtigen Weg.

Patricia Kelly: Ein Vergleich: Männer und Frauen im Showbusiness

Patricia Kelly ist eine irisch-US-amerikanische Sängerin, Musikerin und Songwriterin. Bekannt wurde sie vor allem als Mitglied der mit mehreren Musikpreisen ausgezeichneten Pop- und Folkband »The Kelly Family«, die 1994 ihren kommerziellen Durchbruch erzielte und mit mehr als 20 Millionen verkauften Tonträgern zu den erfolgreichsten Interpreten in Europa gehört. Seit 2008 ist Patricia Kelly auch als Solokünstlerin tätig. Patricia ist Vollblut-Entertainerin, Unternehmerin und loving Mom. Female Empowerment liegt ihr ganz besonders am Herzen.

Zum ersten Mal wirklich bewusst geworden ist mir der Unterschied, als ich mit einem Konzertveranstalter über eine potenzielle Tour sprach und er mir knallhart ins Gesicht sagte, dass es deutlich einfacher sei, männliche Künstler erfolgreich auf Tour zu bringen.

Ich wusste, dass zum Beispiel Festivals zu 70 Prozent mit männlichen Showacts besetzt sind, und hatte mich immer gewundert, warum das so ist. Aber das so direkt zu hören, war schon krass. Es ging und geht also ums Geld. Aber warum sollten Frauen nicht genauso erfolgreich auf Tour gehen können und dieselben Summen einspielen? Wo war das Problem? Vermutlich liegt das auch daran, dass Festival-Besuchende meistens jung und weiblich sind – daher sind männliche Künstler prädestiniert und die jungen Mädels bereit, Geld auszugeben, um ihren Star zu sehen. Da steckt ganz viel Marketing und das Spiel mit Rollenklischees dahinter. Den Grund in biologischen Gegebenheiten zu sehen, war für mich nie eine Option – für mich stand und steht die Qualität der Musik im Vordergrund und die hat rein gar nichts mit dem Geschlecht zu tun.

Auch bei Plattenfirmen habe ich vor einigen Jahren noch die Rückmeldung bekommen, dass männliche Künstler besser zu verkaufen seien, und habe daher immer wieder Absagen bekommen. Und zwar ganz unabhängig davon, wie gut meine Musik oder ein Song war. Im Laufe der Jahre habe ich gelernt, auf mich und meine Fähigkeiten zu vertrauen – egal, was irgendwelche Plattenbosse sagen und welche Verkaufszahlen zu erwarten seien. Das war nicht immer einfach, aber ein superwichtiger Prozess für mich. Klar, geht es ums Business – und das Showbiz ist kein einfaches Pflaster: Es herrschen patriarchale Strukturen, es geht um Macht und um Geld. Dennoch möchte ich mir selbst und meiner Musik treu bleiben. Und es hat sich gelohnt. Deshalb gebe ich allen Frauen mit auf den Weg: Glaubt an euch selbst und eure Fähigkeiten und lasst euch nichts anderes einreden. Und geht konsequent euren Weg.

Eine Freundin hat mal zu mir gesagt: »Es bringt nichts, sich zu beschweren, sondern wir können nur uns selbst ändern.« Das war ein extrem wichtiger Impuls, der mein eigenes Verhalten bereits verändert hat. Ich habe damit begonnen, aktiv auf meine Kolleginnen zuzugehen. Bei einer Veranstaltung habe ich zwei Künstlerinnen, die ich gut finde, einfach direkt angesprochen – das hätte ich mich früher nie getraut, obwohl ich selbst Künstlerin bin. Wir hatten ein tolles und inspirierendes Gespräch, haben Telefonnummern ausgetauscht und folgen uns nun gegenseitig auf unseren Social-Media-Kanälen. Das zeigt, wie wichtig es ist, sich zusammenzutun und sich gegenseitig zu unterstützen. Und auch einfach mal mutig zu sein und Dinge in Gang zu setzen.

Wir Frauen sind oftmals zurückhaltender und viel zu bescheiden. Wir setzen uns am Abend nach unseren Konzerten oder Veranstaltungen nicht an die Bar und netzwerken, wie viele Männer das machen. Dabei werden dort die meisten Deals gemacht – da unterscheidet sich das Showbiz wohl kaum von anderen Branchen. Im Privatleben haben Frauen oftmals viele Kontakte, im Business müssen wir aber ganz klar und konkret daran arbeiten. Wir müssen unsere Netzwerke aufbauen und uns gegenseitig empfehlen und aufeinander aufmerksam machen. Ohne zu sagen: »Ich bin eine Frau, ich habe es deswegen schwerer.« Wir müssen aktiv werden und uns das vielleicht auch gegenseitig mehr vorleben.

Miriam van Straelen: Mut ist ein Muskel, der trainiert werden kann

Miriam van Straelen ist eine Strategin, die praxisorientierte Lösungen entwickelt. Dabei greift sie auf ihre umfassenden Erfahrungen in den Bereichen der Strategieentwicklung und -umsetzung sowie dem Produktmanagement und den Roll-outs von neuen Produkten und Dienstleistungen in digitalen Geschäftsfeldern zurück. In den letzten 15 Jahren war Miriam für die Strategie, das Design, den Aufbau, das Wachstum als auch die Skalierung von digitalen Produkten und Dienstleistungen verantwortlich. Der Fokus lag vor allem auf Geschäftsfeldern wie E-Commerce, Fintech und digitalen Ökosystemen im B2C- und B2B2C-Umfeld.

Als Gründerin, Unternehmerin und erfahrene Führungskraft fühlt sie sich gleichermaßen in der Arbeit mit Start-ups

als auch mit multinationalen Unternehmen wohl. Leistungs-
starke Teams zu bilden, zu führen und dabei das Beste aus
den Menschen herauszuholen, gibt ihr Motivation.
Miriams Ziel ist es, Lösungen für komplexe Herausfor-
derungen zu finden und Unternehmen durch die Entwick-
lung von digitalen Strategien und Innovationen, welche eine
Benchmark setzen, zu fördern.

Ich würde lügen, wenn ich sagte, es sei nicht so gewesen. Ich wurde schon sehr häufig unterschätzt – meistens von mir selbst. Gerade im beruflichen Umfeld habe ich immer wieder die Erfahrung gemacht, dass Frauen noch härter kämpfen müssen, um die nächste Karrierestufe zu erreichen, als Männer. In meiner persönlichen Laufbahn hatte ich glücklicherweise genügend Fürsprecher, die mich unterstützt, gefordert und auch gefördert haben. Aber das Wichtigste war: Sie haben mir Mut gemacht. Denn die Fähigkeiten für die nächste Karrierestufe waren vorhanden, nur ich selbst stand mir häufig im Weg. Einer meiner besten Chefs sagte immer wieder zu mir: »Mach es doch einfach! Es ist keine OP am offenen Herzen – was soll denn Schlimmes passieren?« – das half mir, meine Zweifel und Bedenken wieder in Relation zu setzen, und ich konnte den nächsten Schritt wagen. Besonders gerne mag ich auch den Spruch: »Deine Komfortzone fühlt sich warm und gemütlich an, aber aus ihr heraus wird sich niemals etwas Großes entwickeln.«

Und genauso wenig wird sich etwas Großes entwickeln, wenn jede und jeder sein eigenes Süppchen kocht. Sich gegenseitig zu unterstützen und sich auf dem Weg nach oben mitzunehmen, ist unglaublich wichtig. Heute spricht man von Allyship, zu Beginn meiner Karriere, vor 20 Jahren war das noch anders. Ich habe in meiner bisherigen Karrierelaufbahn nur Männer als Chefs gehabt – weibliche Vorbilder gab es kaum. Und die, die eine Führungsposition innehatten, taten es den Männern oft gleich, um in diesem männlich geprägten Umfeld zu bestehen. Es erschien fast so, als hätten Frauen nur dann eine Chance, Karriere zu machen. Ab einem bestimmen Level geht es häufig um Macht und darum, Machtverhältnisse zu sichern und bitte bloß nichts davon abzugeben.

Ich beobachte immer wieder, wie Frauen an sich selbst und ihren Fähigkeiten zweifeln – das führt in der Konsequenz natürlich häufig dazu, dass auch andere die Fähigkeiten dieser Frauen infrage stellen. Das ist ja auch logisch – wenn man selbst nicht an sich glaubt, warum sollten es dann die anderen tun? Auch ich kann davon ein Lied singen. Jahrelang war ich es selbst, die mich unterschätzt hat. Mein Vater war ein erfolgreicher Geschäftsmann, von dem ich viel lernen durfte, insbesondere, wenn es um das Wohl von und den Umgang mit Mitarbeitenden ging. Er war ein absoluter »People-Mensch«, was mich bis heute in meiner Arbeitsweise prägt.

Meine Eltern haben mich immer sehr unterstützt, und dennoch habe ich mir zu Beginn meiner Karriere zu wenig zugetraut – rückblickend vermutlich auch, weil mir entsprechende Vorbilder gefehlt haben. Es ist wichtig, aufgrund des eigenen Handelns immer wieder positiv bestärkt zu werden und zu sehen: »Ja, es geht!« und: »Ja, ich kann das!.« Man muss manchmal mutig sein und Dinge einfach mal machen. Denn Mut ist ein Muskel, der trainiert werden kann. Diese positive Rückkopplung führt dazu, dass man sich immer mehr zutraut und über sich hinauswächst – so war es auch bei mir.

Aber auch das Umfeld spielt eine große Rolle. Wir brauchen definitiv mehr Role Models, die uns unser Potenzial aufzeigen und mit denen wir uns identifizieren können. Wichtig dabei ist, dass es nicht um Männer gegen Frauen geht – viel mehr müssen wir eine diverse und wirklich vielfältige Lebensrealität schaffen, die alle miteinschließt, mit einem gemeinsamen Ziel vor Augen. Das Thema Diversity ist für mich kein Nice-to-have, sondern der einzige nachhaltige Weg in die Zukunft.

Heute ist es mir eine Herzensangelegenheit, andere Frauen zu ermutigen, an sich und ihre individuellen Fähigkeiten zu glauben – denn wenn du selbst an dich glaubst, dann trittst du ganz anders und viel selbstbewusster auf. Das setzt unglaubliches Potenzial frei. Ich möchte mit gutem Beispiel vorangehen und ganz bewusst anders sein als viele der Frauen, die mir zu Beginn meiner Karriere begegnet sind. Ich möchte die Leiter hinter mir nicht hochziehen, sondern ausfahren.

Silke Reuter: Mein Erfolgsprinzip: »Jetzt erst recht!«

Silke Reuter ist Senior Marketing Executive (CMO) und war unter anderem für Unilever, Tchibo, Alois Müller, Cora Verlag, Mrs. Sporty, CPGaba, BRITA, Walter Rau, FrieslandCampina (Landliebe) und Haus Rabenhorst (Rotbäckchen) tätig. Ihr Herz schlägt seit ihrem beruflichen Start bei Unilever in Hamburg für Gesundheit und Ernährung sowie für die Markenführung von Premium-Produkten und -Sortimenten. Humanistische Werte, Innovationen und konsumentenorientierte Unternehmensführung sind ihr dabei in ihrer Laufbahn besonders wichtig. Die Menschen – ob Mitarbeiter, Kunden oder Verbraucher – stellt sie in den Mittelpunkt ihres Handelns. Ihr Motto »Sei das, was du dir wünschst für diese Welt« setzt sie durch stetige Impulse im Bereich Innovationen und Nachhaltigkeit im beruflichen Umfeld sowie durch ihr ehrenamtliches Engagement für Kinder und die Natur um. Sie engagiert sich außerdem in verschiedenen Netzwerken im Bereich Marketing, Innovationen, Digitalisierung und Markenführung. Privat tankt sie Energie durch vielfältige Aktivitäten wie Wandern, Radfahren, Städtereisen, Beach-Volleyball und Konzerte.

Wann hast du schon einmal gemerkt, dass du im Vergleich zu deinen männlichen Kollegen anders behandelt wurdest?
Ich liebe die Gestaltungsmöglichkeiten, die ich als Marketingleiterin habe. Zu Beginn war es im Job für mich – als Tochter

von Pädagogen, denen Sozialverhalten wichtig ist – allerdings sehr schwer. Wir wurden als Mädchen zu Hause, in der Schule und beim Leistungssport gleichbehandelt. Das Karrieresystem durchschaute ich nicht, erst später wurde mir klar, dass vieles an meinem Weiblichsein lag und dass Jungs es leichter haben. Einmal wurde ich bei einer Außendiensttagung im blauen Anzug vom Vertriebsleiter als Servicekraft angesprochen. Ein anderes Mal beauftragte mich ein männlicher Vorgesetzter, sein Fahrrad während der Arbeitszeit zu reparieren.

Es wurde mir verwehrt, Netzwerke aufzubauen, denn ich durfte nicht an Veranstaltungen und Werksbesuchen teilnehmen. Im Verkaufsbüro wurde ich in einen Vorraum voller Akten gesetzt. Die männlichen Trainees hatten solche Erfahrungen nicht und waren in kurzer Zeit alle gut vernetzt und fanden interne Förderer. Trotz immer sehr guter Beurteilungen und großen Einsatzes wurde ich dann nicht auf die entscheidenden »Listen« gesetzt, die ich brauchte, um weiterzukommen. Eine sehr gute Zusammenarbeit mit einem Vorgesetzten wurde als »Verhältnis« interpretiert, was jeder Grundlage entbehrte. Und ein männlicher Kollege erntete nach seinem internen Wechsel auf meine Stelle meine Lorbeeren und den Seniortitel. Ich wurde nicht befördert. Chefs profitierten von meinen Leistungen und machten Karriere. Ich war exzellent, naiv, hilfsbereit und nett – das ideale Sprungbrett für andere – und musste mir am Ende extern einen neuen Job suchen. Auf das Zeugnis warte ich bis heute.

Aber ich lernte dazu – und das war wichtig, denn in der nächsten Firma war es ähnlich: Einige Vorgesetzte nutzen meine Ergebnisse für ihr Fortkommen, und trotz intern erfolgreicher Wechsel in neue Bereiche traute man mir nicht zu, eine Führungsposition zu übernehmen. Ich erlebte Männerseilschaften und die bekannte gläserne Decke. Wertschätzung? Fehlanzeige! Stattdessen wurde mir ein Mann nach dem anderen – zum Teil aus völlig artfremden Bereichen – vorgesetzt, der von mir profitierte und die Erfolge ohne mich präsentierte. Aus früheren Erfahrungen lernend, hatte ich aber inzwischen eigene Netzwerke aufgebaut.

In der Rezession, als es dem Unternehmen schlecht ging, wusste ich, wohin mein Weg führt: Ich entschied mich für die Selbstständigkeit als Senior Consultant, was bisher meine mutigste Entscheidung war – und die beste Erfahrung, denn ich lernte, ich kann unabhängig sein und »meine Frau« stehen. Ich arbeitete viel und verdiente ein Vielfaches durch gute Aufträge, die mir zudem Respekt einbrachten. Mein inzwischen großes Netzwerk an tollen Frauen und Männern sicherte mir meine Zukunft sowie positiven Zuspruch und viel Wertschätzung. Davon und gelegentlich von externen Coaches profitierte ich auch in den Senior-Management-Positionen, denn ein guter Tipp oder ein Gespräch zur richtigen Zeit ist immer Gold wert.

Auch in den obersten Managementebenen gibt es immer mal wieder Geringschätzung, despektierliches Verhalten und Machtkämpfe. »Mann« schätzt es zum Beispiel sehr, wenn ich still bin, um selbst mehr Redeanteile zu haben. Inzwischen höre ich auf mein Bauchgefühl und achte auf mich. Ich agiere professionell, freundlich, vorausschauend und planend. Und ich orientiere mich extern, statt Machtkämpfe gegen Seilschaften auszutragen, die ich nicht gewinnen kann. Meine Naivität von früher, nur an das Leistungsprinzip zu glauben, habe ich abgelegt. Meinen mir wichtigen Werten – Innovation, Fairness, Kooperation, Zusammenarbeit, Respekt und Wertschätzung – bin ich aber treu geblieben, denn sie geben mir Kraft und Energie. Inzwischen halte ich auch Vorträge, weil es mir Spaß macht, mein Wissen zu teilen. Täglich verfolge ich zudem LinkedIn und poste zu den drei mir wichtigen Themen: Food & Beverage Innovationen, Digitalisierung und Nachhaltigkeit. Ich glaube, meine Karriere fußt auf meinem Mut und der intrinsischen Motivation, etwas Sinnvolles und Gutes tun zu können.

Anke Renz: Wie ich aus meiner Leidenschaft eine erfüllende Karriere geformt habe – ein erfolgreicher Brückenschlag zwischen Wissenschaft und Wirtschaft

Anke Renz ist Expertin für Produktinnovation und Innovationsmanagement in der Konsumgüter- und Chemiebranche. In ihrer mehr als 20-jährigen Karriere war sie an verschiedenen Forschungsstandorten im In- und Ausland als Managerin tätig. Zwischen 2017 und 2019 war Anke Mitglied des freiwilligen Aufsichtsrats der Procter & Gamble Manufacturing GmbH sowie Standortleiterin des deutschen Forschungszentrums in Schwalbach am Taunus.

In ihrer aktuellen Rolle beim schwedischen Konsumgüter-Unternehmen Essity leitet sie die weltweite Forschung und Entwicklung für den Bereich Personal Care mit 200 Wissenschaftler:innen, Ingenieur:innen und technischen Expert:innen.

Als leidenschaftliche Wissenschaftlerin gestartet, trieb Anke Renz auf ihrem Karriereweg vor allem eins an: ihre Neugier und Offenheit für Neues. Sie ist Expertin für Produktentwicklung und Innovationsmanagement in der Konsumgüter- und Chemiebranche. In ihrer mehr als 20-jährigen Berufslaufbahn war sie verantwortlich für die Entwicklung globaler und regionaler Produktbereiche, einschließlich einer Reihe von Innovationsprojekten zur nachhaltigen Transformation. Heute leitet sie die weltweite Forschung für den Bereich Personal Care beim Hygiene- und Gesundheitsunternehmen Essity. Auf welche zehn Aspekte sie in ihrer Karriere bis heute Wert legt, verrät sie im Folgenden.

Die eigenen Stärken kennen

Schon als Kind wollte ich Forscherin werden. Zu Hause im Garten beobachtete ich Insekten und machte Experimente mit Tinkturen aus Pflanzen: Was passiert beim Mischen? Wie ändern sich Farbe, Geruch und Konsistenz im Laufe der Zeit? Das waren spannende Fragen für mich. Als ich mich später in der Oberstufe für eine einzelne Naturwissenschaft als Hauptfach entscheiden sollte, fiel mir die Auswahl nicht leicht. Daher holte ich mir Rat bei meinem damaligen Klassenlehrer. Seine Meinung war eindeutig: »Du musst dich nur zwischen Chemie und Biologie entscheiden, Physik ist nichts für Mädchen!«

Damit hatte er mir – wenn auch ungewollt – einen sehr guten Rat gegeben. Noch am selben Nachmittag machte ich mein Kreuz bei Physik als Abiturfach. Ich habe meine Entscheidung nie bereut. Im Nachhinein betrachtet konnte ich daraus eine erste entscheidende Erkenntnis für mein späteres Berufsleben ziehen: selbst zu wissen, wo die eigenen Stärken liegen und was man sich zutraut.

Feedback und Rat von außen ist auf jeden Fall wichtig. Ich fordere das auch heute noch ein. Genauso wichtig ist es auch, sich selbst und seine Stärken gut zu kennen. Nur dann können wir Feedback besser differenzieren und für uns selbst entscheiden, was tatsächlich weiterhilft.

Keine zu engen fachlichen Grenzen setzen

Meine Liebe zur Forschung brachte mich schließlich dazu, Ernährungswissenschaften zu studieren. Ich absolvierte ein Praktikum im Entwicklungsbereich eines internationalen Konsumgüterkonzerns – und war Feuer und Flamme, als mir zum Ende meiner Praktikumszeit ein Job angeboten wurde. Überzeugt davon, dass meine Aufgaben im Bereich Nahrungsmittel liegen würden, nahm ich das Angebot an.

Am ersten Arbeitstag war meine Überraschung groß: Ich war dem Bereich Damenhygiene zugeordnet worden, und mein erstes Projekt würde die Entwicklung einer Slipeinlage für Stringtangas sein. Das war definitiv nicht das, was ich erwartet hatte.

Das Projekt entpuppte sich jedoch als perfekter Berufseinstieg für mich: ein kleines Team, eine enge Zusammenarbeit mit verschiedenen Bereichen und ein spannender erster Einblick in das Thema Verbraucherforschung. Gerade am Anfang lohnt es sich, seine fachlichen Grenzen nicht zu eng zu setzen und mutig über den Tellerrand hinauszuschauen. Für viele Aufgaben in der Industrie gibt es kein maßgeschneidertes Studium, da geht Probieren in der Tat über Studieren.

Konstruktives Nein-Sagen lernen

Die wohl wichtigste Lektion habe ich gleich zu Beginn meiner Karriere – und auf eher unerfreuliche Weise – gelernt. Nachdem ich auf zwei sehr ambitionierten Projekten fast drei Wochen komplett durchgearbeitet hatte, bestellte mich meine neue, amerikanische Chefin zu sich. Sie wollte, dass ich ein drittes dringendes Projekt übernehme. Ich war sehr erstaunt und antwortete, dass ich mich dazu aktuell nicht in Lage sähe. Auf diese Erwiderung reagierte sie pikiert und bezeichnete mich als offensichtlich arbeitsscheu. Ich war schockiert – wie konnte sie mir nach so viel harter Arbeit diese Unterstellung machen?

Völlig aufgelöst rief ich meine Mentorin an. Sie machte mich mit dem Konzept des konstruktiven Nein-Sagens vertraut: statt Anfragen mit einem pauschalen »Geht nicht« zu beantworten, lieber realisierbare Optionen aufzeigen. Die meisten Aufgaben sind machbar, es ist meist nur eine Frage von Zeit, Geld und Arbeitsaufwand. Ein Vorschlag damals hätte die Abgabe eines der anderen Projekte sein können oder eine veränderte zeitliche Staffelung. Eine solche Diskussion wäre außerdem die perfekte Gelegenheit gewesen, die eigene Arbeit dem Gegenüber sichtbar zu machen und gemeinsam Prioritäten festzulegen.

Die Strategie des konstruktiven Neins nutze ich bis heute regelmäßig mit positivem Ergebnis. Sie ermöglicht mir, den nötigen Fokus zu setzen, ohne als »Nein-Sagerin« abgestempelt zu werden. Denn wer immer »Nein« sagt, wird irgendwann nicht mehr gefragt – und verpasst so vielleicht interessante Chancen.

Fachexpertise nicht über Teamerfolg stellen

Fachkompetenz ist sehr wichtig, keine Frage, und sollte auch entwickelt und gepflegt werden. Trotzdem sehe ich gerade im technischen und wissenschaftlichen Bereich oft Kolleginnen und Kollegen, die sich regelrecht darin verbeißen und ihre Fachexpertise zum Selbstzweck erheben.

Statt gegenseitiger Unterstützung in der Teamarbeit wird mit viel Energie ein fachlicher Disput ohne konkrete Zielsetzung geführt. Zumindest in der Wirtschaft ist es sinnvoller, die eigene Fachexpertise in den Dienst der Sache, statt ständig unter Beweis zu stellen. Erfolgreiche Zusammenarbeit im Team entsteht dann, wenn man sich fachlich ergänzt, anstatt den Wettbewerb im Besserwissen zu gewinnen. Das gilt auch für die Zusammenarbeit mit den eigenen Vorgesetzten.

Sich auf komplementäre Kompetenzen und gemeinsame Ziele zu fokussieren, fördert die gegenseitige Wertschätzung und hilft, Vertrauen aufzubauen. Das ist insbesondere dann wichtig, wenn man aus unterschiedlichen fachlichen Bereichen kommt und noch keine gemeinsame Arbeitsbasis hat.

Chancen zur Weiterentwicklung nutzen

Als sich mir 2011 die Möglichkeit für einen Auslandsaufenthalt in Singapur bot, griff ich gerne zu. Meine Arbeitserfahrung auf dem asiatischen Markt war gering, meine Neugierde auf die Kultur dafür umso größer. Es war die ideale Gelegenheit, meinen Erfahrungshorizont zu erweitern. Hätte ich diese Chance als reinen Karriereturbo betrachtet, wäre ich mit ziemlicher Sicherheit enttäuscht worden. Zur Zeit meiner geplanten Rückkehr gab es keine passende Stelle für mich, denn in Europa lief gerade ein Restrukturierungsprogramm. Die einzige Option war ein Wechsel in einen neuen Bereich, in dem ich wieder fast bei Null anfangen musste.

Unabhängig davon gehört die Zeit in Singapur bis heute zu meinen wertvollsten beruflichen Stationen. Es war eine unglaublich bereichernde Erfahrung, an der ich sehr gewachsen bin.

Mein Appell an alle, die sich aus dem gewohnten Umfeld herauswagen: Es ist sehr viel wertschöpfender, solche Gelegenheiten als Möglichkeit zur persönlichen Weiterentwicklung zu betrachten, anstatt sich nur auf die Karrierechancen zu fokussieren. Letztere sind nicht immer planbar. Doch die Erfahrung, die sich aus einer einmaligen Jobgelegenheit ergibt, ist in jedem Fall eine Bereicherung.

Motivationsoasen schaffen

Egal, wie erfolgreich eine Karriere verläuft, es wird Phasen geben, in denen man das Gefühl hat, festzustecken. In diesen Momenten liegt die Kunst darin, nicht in Frust zu versinken oder aus reiner Verzweiflung das nächstbeste Angebot anzunehmen.

Stattdessen hilft es mir, wenn ich mir selbst kleine »Motivationsoasen« schaffe, bis eine wirklich gute und passende Gelegenheit kommt. Ich liebe es, neue Dinge zu lernen – das hat mich schon über einige Karrieredurststrecken gerettet. So habe ich beispielsweise ein Ministudium im Bereich Nachhaltigkeit absolviert. Das Thema liegt mir sehr am Herzen, und das Gelernte kann ich heute wunderbar in meine aktuelle Aufgabe einbringen.

Es muss aber nicht immer ein berufsbezogenes Thema sein. Eine Ausbildung zur Yogalehrerin oder ein Sabbatical – meine persönlichen Motivationsoasen waren im Laufe der Jahre sehr vielfältig.

Mut zur Lücke haben

Innerhalb der eigenen Komfortzone hat noch niemand eine erfolgreiche Karriere gemacht. Ein Motto, das sich für mich in diesem Zusammenhang besonders beim Wechsel in neue Organisationen bewährt hat: Macht mir eine neue Aufgabe nicht wenigstens ein bisschen Angst, ist sie vermutlich nicht groß genug. Dazu gehört auch ein gewisser Mut zur Lücke. Was ich noch nicht kann, kann ich lernen. Fragen zu stellen und um Unterstützung zu bitten, ist aus meiner Sicht kein Zeichen der Schwäche – im Gegenteil.

In meinen Führungsrollen bitte ich meine Teams immer ausdrücklich darum, mir am Anfang der Zusammenarbeit 100 Tage Zeit zu geben. Diese Zeit nutze ich, um die Teammitglieder kennenzulernen, um zu verstehen, was und wie gearbeitet wird und um Fragen zu stellen. Nach dieser Frist stelle ich meine ersten Eindrücke zusammen und diskutiere sie offen mit Team und Vorgesetzten. Was läuft gut und sollte ausgebaut werden? Was läuft nicht gut und sollte angepasst werden? Welche Chancen gibt es für neue Ansätze? Aus den Ergebnissen erstelle ich mit meinem Führungskreis einen Plan und stimme diesen mit den Vorgesetzten ab.

Auf diese Weise kann ich bestehende Stärken erhalten und notwendige Veränderungen angehen. Andersherum würde ich mir nur selbst ein Bein stellen: Wer mit einer vorgefassten Meinung über die Arbeitsweise einer bestehenden Organisation in einem neuen Team anfängt, wird es schwer haben, die nötige Unterstützung im Team zu bekommen und eine nachhaltige Verbesserung zu erreichen.

Zielgerecht Netzwerke aufbauen und pflegen

Wer hoch hinauswill, kann auch tief fallen – da ist es sehr beruhigend, ein Netz zu haben, das einen auffangen kann. Auch wenn alles gut läuft, sind Netzwerke stets eine Bereicherung und Inspirationsquelle. Ich nutze meine Netzwerke regelmäßig zum Austausch. Manchmal brauche ich eine Idee oder einen Kontakt, manchmal einen fachlichen Rat – und gelegentlich tut es auch einfach gut, sich mit Menschen in einer ähnlichen Situation auszutauschen.

Bei der Auswahl von Netzwerken ist es elementar, eine Idee zu haben, wie man das Netzwerk nutzen möchte. Dazu gehört auch eine Vorstellung, was man selbst bereit ist, an Zeit und Aufwand zu investieren. Netzwerke leben von den Menschen, die sie bilden. Wenn ich also keine eigene Energie in ein Netzwerk investiere, werde ich auch nicht viel zurückbekommen.

Ich habe den Schwerpunkt meiner beruflichen Netzwerke über die Jahre immer wieder verändert und der eigenen Situation und Motivation angepasst. Das hat mir geholfen, sie für mich relevant zu halten, sodass ich gerne meine Energie investiere.

Zusätzliche Unterstützung suchen und annehmen

Ganz gleich, wie viele Jahre Berufserfahrung man bereits gesammelt hat: Es wird auf dem Weg nach oben immer Situationen geben, in denen man das Gefühl hat, dass einem alles über den Kopf wächst. An dieser Stelle kann ein erfahrener interner oder externer Coach eine wunderbare Ergänzung sein. Ganz wichtig: Dabei geht es nicht um Selbstoptimierung. Es geht vielmehr darum, eine andere Perspektive einzunehmen und gemeinsam eine Strategie zu entwickeln, wie die aktuelle Situation am besten zu bewältigen ist.

Einen passenden Coach zu finden, ist nicht immer einfach: Das Angebot ist sehr groß. Als Hilfestellung für die Auswahl gibt es für mich zwei wichtige Kriterien. Das erste ist fachlicher Natur: Hat die Person die richtige Kompetenz, um mir in der aktuellen Situation zu helfen? Das zweite Kriterium liegt in der persönlichen Ebene: Kann ich mit der Person ein Vertrauensverhältnis aufbauen? Auch das persönliche Netzwerk kann helfen, einen geeigneten Coach zu finden.

Ich habe in meiner Laufbahn mehrfach Coaches als Unterstützung für verschiedene Themen eingebunden, wie zum Beispiel für Resilienz, Mindset und Leadership. Das hat mir in herausfordernden Situationen neue Perspektiven eröffnet und alternative Wege aufgezeigt.

Mit Neugier besser verstehen

Meine Neugier ist ein wichtiger Grund, weshalb ich in der Forschung und Entwicklung sehr gut aufgehoben bin. Sie hilft mir aber auch, mit schwierigen Situationen umzugehen. Statt beleidigt oder defensiv auf eine scheinbar negative Aussage zu reagieren, versuche ich, sie zuerst mit Neugier zu betrachten. Warum sagt diese Person das? Was meint er oder sie damit? Gibt es einen Kontext, den ich nicht kenne?

Wer diese und ähnliche Fragen stellt, hat eine ziemlich gute Chance, besser zu verstehen, wo Probleme zu lösen oder Missverständnisse auszuräumen sind. Missverständnisse in einem internationalen Umfeld entstehen häufig bei kulturellen Unterschieden. Eine gesunde Neugier und Offenheit helfen, ein besseres gegenseitiges Verständnis zu erhalten und eine wertschätzende, unterstützende Arbeitsatmosphäre zu schaffen.

Fazit: Wirtschafterin oder Wissenschaftlerin?

Heute sehe ich mich mehr als Managerin denn als Wissenschaftlerin. Der Wissenschaft habe ich trotzdem nie den Rücken gekehrt, obwohl mir in meiner Karriere mehrfach der Rat gegeben wurde, »ins Marketing zu wechseln, weil man dort schneller Karriere macht«. Das mag richtig sein, war für mich aber nicht ausschlaggebend.

Wichtig ist mir,

- mich mit Neugier und Freude am Lernen innerhalb als auch außerhalb der eigenen Komfortzone weiterzuentwickeln.
- in einem Arbeitsumfeld zu agieren, das einen hohen Wert auf Innovation, Nachhaltigkeit und Diversität legt.
- eine Firmenkultur zu haben, die geprägt ist von Wertschätzung, Unterstützung, Mut und Zusammenarbeit.

All das habe ich bei meinem aktuellen Arbeitgeber gefunden. Und wenn ich gefragt werde, was mein Rezept für eine erfolgreiche und erfüllende Karriere ist, antworte ich gerne mit einem Zitat von Albert Einstein: »Ich habe keine besondere Begabung, sondern bin nur leidenschaftlich neugierig.«

Stefanie Tannrath: Wege entstehen dadurch, dass man sie geht

Seit September 2020 ist Stefanie die erste weibliche CEO der Media- und Werbeagentur UM (Universal McCann) in Deutschland und damit verantwortlich für die drei Agenturstandorte Frankfurt, Hamburg und Düsseldorf. Begeistern kann man Stefanie mit guten Ideen, komplexen Fragestellungen und Transformationsaufgaben – sowohl die eigenen als auch die ihrer Kunden. Das Business ihrer Kunden zukunftssicher zu machen, steht dabei für sie im Mittelpunkt – partnerschaftlich, mit Datenintelligenz und Kreativität.

Mit ihrer Agentur beweist sie täglich, dass nachhaltiges und verantwortungsbewusstes Handeln nicht im Widerspruch zu erfolgreicher Unternehmensführung stehen muss und dass Diversität und Gleichberechtigung oberste Priorität im Management haben sollten.

Warum wir uns auf dem Weg zu mehr Gleichberechtigung oft selbst Steine in den Weg legen und was jede:r von uns für eine gleichberechtigtere Zukunft tun kann – gerade in Führungspositionen.

Diversität in Unternehmen – ein Thema, das bereits viele Dialoge, Diskussionen, Texte und Sendungen gefüllt hat. Schließlich finden wir doch alle, dass Diversität in Unternehmen wichtig ist. Meiner Meinung nach ist es ein nicht mehr umzustoßender und insgesamt weithin akzeptierter Fakt, dass diverse Teams produktiver und kreativer sind. Warum sind wir dann noch immer so weit entfernt von einer echten Gleichberechtigung der Geschlechter in der Wirtschaft? Was bedeutet es eigentlich, ein Unternehmen mit einer Diversitätsagenda zu führen? Und wieso scheint der Weg zu einem gleichberechtigten Wirtschaftssystem so schwierig und langwierig zu sein?

Weil es auf dem Weg zu Diversität keine Abkürzungen gibt und jede Veränderung viel Arbeit bedeutet.

Warum uns Diversity so schwerfällt

Folgendes Szenario ist uns allen bekannt: Eine entscheidende Position wird mit einer Frau besetzt, das Thema »Diversity« oder »Frauenförderung in Unternehmen« wird damit abgehakt und als erledigt betrachtet. Eine einfache und schnelle Lösung – die das Ziel verfehlt. Denn mit One-Stop-Lösungen können weder Strukturen substanziell verändert noch echte, nachhaltige Fortschritte gemacht werden. Schließlich ist es unerlässlich, dass man über diese Themen spricht – ihnen also kontinuierlich und langanhaltend Raum gibt und sie durch eine zielgerichtete Agenda untermauert.

Eine weitere Hürde auf dem Weg zu mehr Gleichberechtigung ist zudem, dass das Thema »Female Empowership« von allen Seiten mit sehr vielen Emotionen behaftet ist. Auch für jene Frauen, die es »geschafft« haben und bereits zentrale Führungspositionen innehaben, ist dieses Thema sicherlich nicht immer einfach. Ich kenne viele Frauen in Führungspositionen, die mit Frauenförderung im Unternehmen eigentlich nichts zu tun haben wollen. Woran das liegt? Sicherlich auch daran, dass sie Angst haben, durch die Verbindung zu Themen der Gleichberechtigung selbst als Quotenfrauen gesehen zu werden. Es könnte aber auch daran liegen, dass sie nach wie vor als »nervig« wahrgenommen werden oder den vermeintlich schlechten Stempel »Feministin« aufgedrückt bekommen. Viele Frauen in Führung fügen sich daher dem bestehenden System.

Mit der Auswirkung, dass echte Diversität auf der Strecke bleibt – und dass sich die Männer um sie herum auf die Schulter klopfen können, dass sie es geschafft haben, kein reiner »Boys-Club« mehr zu sein. Dabei ist es doch so: Wer als weibliche Führungskraft das Banner »Nur die Leistung zählt« vor sich herträgt, reproduziert die Mechanismen der alten Ordnung.

Versteht mich nicht falsch, auch ich – als weibliche CEO – möchte ja nicht *nur* mit dem Thema »Female Empowerment« assoziiert werden. Ich möchte genauso wie jeder Mann an meiner Leistung gemessen werden und meinen Teil zum Erfolg meines Unternehmens beitragen. Aber ich möchte eben auch einen Beitrag zu einer moderneren und nachhaltigen Wirtschaft und Gesellschaft leisten.

Um das zu erreichen, bedarf es verschiedener Dinge:

- Wir brauchen Vorbilder.
- Wir brauchen klare Ziele und Leitbilder.
- Wir brauchen Messbarkeit und Accountability.

Wir brauchen all diese Dinge auf der großen Wirtschaftsbühne, aber wir brauchen sie eben auch im Kleinen. Wir brauchen sie jetzt, in unseren Unternehmen.

Wir leben in einer Zeit des kontinuierlichen Wandels: Karrieren laufen nicht mehr linear, lebenslanges Lernen ist mehr als nur ein Buzzword. Vielmehr ist es ein überlebensnotwendiges Tool in den sich ständig verändernden Märkten. Gerade diese kontinuierliche Veränderung und die sich daraus ergebende neue Flexibilität sollten wir alle, unabhängig von unserem Geschlecht, als eine riesige Chance ansehen, um wirklich für nachhaltige Veränderung zu sorgen.

Wie viele Gespräche gibt es noch immer darüber, dass Frau X zwar eine tolle Frau und Kollegin ist, die gute Leistungen erbringt – aber man ja nun leider davon ausgehen muss, dass sie bald schwanger wird. Wenn eine Mitarbeiterin heiratet, dann läuft die Uhr los und man überlegt sich schon, wie man die Person wohl ersetzt, »wenn es so weit ist«. Über einen Mann habe ich so etwas komischerweise noch nie gehört.

Viele Frauen mit Karriereambitionen gehen regelrecht demonstrativ damit um, dass sie keine Kinder wollen. Aus Angst, es könnte ein falscher Eindruck entstehen, der ihrer Karriere schaden könnte. Und auch junge Jobeinsteigerinnen mit Anfang 20 machen sich bereits Gedanken darüber, wann wohl der beste Zeitpunkt ist, ein Kind zu bekommen. Oftmals unabhängig von ihrem persönlichen Familienstatus, mit dem reinen Fokus auf ihre Karriere: Wann könnte ich es mir erlauben? Was muss ich bis dahin beruflich erreicht haben, und wie hoch sollte ich auf der Gehaltsskala stehen? Auch hier ist es wieder die Angst vor dem Karrierestillstand. Denn nach der möglichen Schwangerschaft wird es erst mal schwierig.

In meiner Generation (ich liebe den Begriff der Generation Catalano) haben viele Frauen – inklusive mir selbst – relativ selbstverständlich Karriere gemacht. Wir sind gleichberechtigt aufgewachsen (wenn natürlich auch nicht vor Stereotypisierungen gefeit, die ja auch heute noch aktuell sind). Bei uns gab es keinen Unterschied mehr zwischen der Bildung bei Mädchen und Jungen. Ich hatte zu keiner Zeit meines Aufwachsens das Gefühl, dass ich als Mädchen nicht raus in die Welt gehen und eine tolle Karriere machen kann. Doch noch in der Generation vor uns galten »working girls« noch als etwas Exotisches: Frauen, die Karriere machen wollten, waren verbiestert oder Ähnliches und mussten mit extrem großen Schulterpolstern ihr breites Kreuz demonstrieren.

Die Schulterpolster haben wir abgelegt (auch wenn sie modisch immer wieder ihr Comeback versuchen), aber viele der Sichtweisen und Denkmuster leider noch immer nicht. Viel zu oft reproduzieren wir die GenX-Weisheiten:

1. »Nur die Harten kommen in den Garten«: Wir sind nur produktive und vollwertige Mitglieder der Gesellschaft, wenn wir Vollzeit arbeiten und uns für unseren Job aufopfern.
2. »Das bisschen Haushalt ...«: Care-Arbeit wird nach wie vor als niedere und damit auch nicht bezahlte Arbeit gesehen. Es ist eine Arbeit, die Mütter ganz selbstverständlich mit über-

nehmen, denn das ist ja schließlich das Wichtigste im Leben einer Frau.

3. »An der Spitze ist es einsam« – vor allem als Frau: Ein wirklich offener und unterstützender Austausch, wie ihn zum Beispiel Netzwerke wie »Mission Female« leben, gibt es viel zu selten.

Bei so viel fälschlicher Weisheit ist es wichtig, den Fokus neu auszurichten: Wie ebnen wir den Weg für eine nachhaltig andere, bessere und menschlichere Wirtschaft, die echte Gleichberechtigung und – wichtiger noch – echte Diversität zulässt? Wir müssen das System als solches verändern, anstatt das Spiel mitzuspielen, das Männer schon vor langer Zeit entwickelt haben.

Mehr als Lippenbekenntnisse: Wie wir für mehr Diversity sorgen

Natürlich glaube auch ich daran, dass es ohne Fleiß keinen Preis gibt. Ebenfalls unterschreibe ich, dass Karriere kein Selbstläufer ist. Und dennoch weiß ich, dass unser von Männern erbautes und dominiertes System, so wie es heute besteht, an vielen Stellen aus der Zeit gefallen ist. Trotzdem wird es hart verteidigt – dieses System, das (nur) für die einen funktioniert und von staatlicher Seite gefördert (#Ehegattensplitting) als auch von Frauen, »die es geschafft haben«, unterstützt wird. Diese tief verankerten Glaubenssätze zeigen, wie schwer es ist, echte Veränderung zu schaffen. Es muss ein nachhaltiges Umdenken in Gesellschaft, Wirtschaft und Politik erfolgen. Jetzt – denn wir haben keine weiteren fast 50 Jahre Zeit, um darauf zu warten, dass es endlich fair für alle ist.

Was muss also passieren? Wie kann ich in meinem Unternehmen konkret vorgehen, um echte Veränderungen zu erwirken?

Sichtbarkeit: Nur, wenn man darüber spricht und Missstände sowie Ungleichheiten auch als solche benennt, kann sich etwas ändern.

Wird der Status quo im Kleinen wie im Großen akzeptiert, gibt es keine Veränderung. Es ist also notwendig, immer wieder über diese Themen zu sprechen – und dabei vor allem auch Männern deutlich zu machen, warum ihre Teilnahme an diesem Diskurs so wichtig ist. Für Männer ist es viel schwerer, ungleiche Behandlung im beruflichen Kontext wahrzunehmen – sie erleben sie ja nicht selbst. Meine persönliche Erfahrung zeigt, dass männliche Kollegen oftmals durch Aufklärung und offene Gespräche zu diesen Themen wahre Erweckungserlebnisse haben können und so zu echten Unterstützern der Gleichberechtigungsagenda werden.

Gemeinsam Verantwortung übernehmen: Wir kommen eben nur zu einer echten Veränderung, wenn wir alle gemeinsam umdenken – nicht nur die Männer. Wir müssen gemeinsam definieren, wie eine gleichberechtigte Wirtschaft und Gesellschaft aussehen müssen. Und zwar heute! Dafür ist es wichtig, Männer in die Veränderungen einzubinden. Ein »Wir gegen die« funktioniert hier nicht und sorgt nur für eine Verhärtung der Fronten.

Messbarkeit herstellen: Zuallererst gilt das für den Status quo – die Absprungbasis. Zum einen sind hierfür anonymisierte Daten aus dem HR-Bereich elementar (beispielsweise für die Kalkulation des Gender-Pay-Gaps). Auch eine Befragung der Mitarbeitenden zu den Themen Diversität und Inklusion, optimalerweise mehrmals jährlich, hilft dabei, den aktuellen Zustand zu ermitteln – und den Dialog auf alle Mitarbeitenden auszuweiten. Die Ergebnisse im Nachhinein zu teilen, schafft zusätzlich Transparenz.

Ziele setzen – und zwar Ziele, die ambitioniert sowie realistisch sind: Das heißt, es bedarf Zielen, die vor allen Dingen dokumentiert werden und deren Einhaltung überprüft wird. Idealerweise sind diese Ziele Teil der Bonifizierung von Führungskräften. Wichtig dabei ist, dass die Ziele regelmäßig evaluiert und stets auf die aktuelle Situation angepasst werden.

Actions speak louder than words: So wichtig es ist, über Diversität zu sprechen, um Sichtbarkeit zu schaffen – so ist es am Ende noch wichtiger, den Worten Taten folgen zu lassen. Auf Basis der definierten Ziele werden einzelne Arbeitspakete und konkrete Maßnahmen definiert, die anschließend entsprechend in die Umsetzung gehen. Hierbei müssen übergeordnete Ziele wie beispielsweise »Wir wollen Führung in Teilzeit ermöglichen« in ganz konkrete Nachfolgeschritte übersetzt werden. In diesem Beispiel wäre dies, ein Arbeitsmodell zu schaffen, das maximale zeitliche und räumliche Flexibilität zulässt.

Positive Vorbilder schaffen: Ich bin fest davon überzeugt, dass die Kraft von Role Models nicht zu unterschätzen ist. Es sind kraftvolle Bilder, die tief im Unterbewusstsein wirken, wenn ein Kollege völlig selbstverständlich 50 Prozent der Elternzeit nimmt oder eine Kollegin während ihrer Elternzeit zur Führungskraft befördert wird. Warum denn auch nicht? Wenn wir nicht anfangen, solche Vorbilder zu schaffen, dann können wir auch nicht erwarten, dass diese Dinge gängig werden.

Kultur und Engagement: Veränderung muss von oben getrieben und gefördert werden – allerdings reicht das nicht aus. Wir müssen Gleichberechtigung tief in der Unternehmenskultur verankern und unsere Mitarbeitenden dazu ermutigen, sich über diese Themen nicht nur zu informieren, sondern sie täglich zu leben. So haben wir beispielsweise für uns definiert, dass wir eine inklusive Sprache in der Agentur nutzen wollen, und geben hierzu regelmäßig Trainings.

Ich weiß, dass sich dies wie eine sehr lange To-do-Liste liest, die nach viel Arbeit klingt. Schließlich ist es das auch. An dieser Stelle ist es mir wichtig, zu betonen: »Nobody is perfect.« Es ist ein Prozess, bei dem es nicht darum geht, ab Tag 1 alles perfekt zu machen. Vielmehr ist es wichtig, sich offen und geistig flexibel auf diese Reise zu begeben und Stück für Stück Veränderung voranzutreiben. Das können wir eben nur gemeinsam – im Unternehmen, in der Wirtschaft und in der Gesellschaft.

Kapitel 7
Die Zukunft ist gleichberechtigt – und alle machen mit

In diesem Buch geht es viel um Frauen und wenig – oder häufig in negativen Kontexten – um Männer. Dabei richtet sich dieses Buch aber durchaus an alle Geschlechter. Im Kern der Sache geht es beim Thema Diversität nämlich um mehr als Gleichberechtigung in Geschlechterfragen. Das heißt natürlich auch, dass niemand in Rollenbilder gepresst wird, sei es »die fürsorgliche Mutter« oder »der starke Mann«. Wirkliche Gleichberechtigung – und als Folge dessen Diversität in allen Bereichen – können wir nur dadurch erreichen, indem wir nicht in »Frauen versus Männer« denken, sondern indem wir »Frauen *und* Männer« sehen, die gemeinsam auf ein Ziel hinarbeiten. Dieses Ziel muss sein, uns unsere Vorurteile – die bewussten und unbewussten – vor Augen zu halten und darauf zu achten, ihnen nicht nachzugeben.

Mangelnde Gleichberechtigung hat für alle Seiten Folgen. Die für Frauen wurden in den vorangehenden Kapiteln umfangreich beleuchtet, aber auch Männer haben darunter zu leiden. Toxisch-männliche Rollenbilder richten ebenso Schaden an, wie der Versuch, alle Frauen in eine Schublade zu stecken. Gerade deswegen ist es so wichtig, dass wir uns alle Gedanken über unsere Vorurteile und die tief in uns verwurzelten patriarchalen Strukturen machen.

Gleichzeitig müssen wir uns aber auch bewusst machen, dass wir noch am Anfang stehen, denn das Erreichen von wirklicher Diversität ist ein Prozess. Die Arbeit hört nie auf, und wir dürfen uns nie zufriedengeben. Wenn wir Gleichberechtigung für alle Geschlechter erreicht haben, gibt es trotzdem noch viel zu tun: Wirkliche Diversität umfasst Menschen aller Hautfarben, sexuellen Orientierungen, religiösen Zugehörigkeiten sowie Menschen mit oder ohne Behinderungen – und noch viel mehr.

Aber das ist doch das Schöne: Diversität ist durchaus machbar – und Gleichberechtigung zwischen den Geschlechtern ist nur ein Ziel davon. Und auf welchen verschiedenartigen Wegen allein diese gelingen kann, erzählen uns die Frauen in diesem Kapitel.

Lunia Hara: **Wir brauchen eine Diversitätsquote und nicht nur eine Frauenquote**

Lunia Hara ist Expertin für empathische Führung und wichtige Impulsgeberin für die Themen Modern Leadership, Diversität und Kulturwandel. Mit dem Appell, die eigenen Erfahrungen, Werte und Ansichten zu reflektieren, inspiriert sie Führungskräfte zu mehr Offenheit und mehr Empathie im Job, um ganzheitliche Unternehmenserfolge zu erzielen.

Als Director Project Management leitet sie ein diverses Projektmanagementteam bei diconium, einer Digitalagentur für digitale Transformation. Lunia Hara schreibt regelmäßig – unter anderem als Kolumnistin für den Spiegel *– und teilt praktische Erfahrungswerte auch als Speakerin auf verschiedenen Panels und Events.*

Stell dir vor, ab morgen ist die Frauenquote erfüllt. Dank der vielen Frauen, Männer und Initiativen, die sich Jahrzehnte hierfür mit viel Herzblut eingesetzt haben. Was wäre das für eine Party!

Und wenn dann der Partyrausch vorbei ist und die Ernüchterung eintritt, schauen wir uns das Ergebnis genauer an. Da sitzen sie nun, unsere gleichgestellten Frauen in Gesellschaft, Politik und Wirtschaft.

Wer wurde über Nacht befördert und auf Positionen gehievt, die Unternehmen, Politik und Gesellschaft mitgestalten? Hatten alle Frauen ähnliche Chancen, einen Platz über der gläsernen Decke zu ergattern? Oder sind es jene, die bestens vernetzt waren und über ausreichend Vitamin B verfügen? Wer sind diese Frauen, in die alle die Hoffnung legen, dass doch endlich mit der weiblichen Perspektive in entscheidenden Positionen eine nachhaltige kulturelle Wende in Organisationen, Politik und Gesellschaft möglich ist? Wie heißen sie? Wie sehen sie aus? Die Neugier ist groß.

Es braucht nicht viel Nachdenken, um sich diese Fragen selbst beantworten zu können.

Werden sich am Ende Sabine, Christian, Petra und Thomas gleichberechtigt gegenübersitzen? Selbstverständlich alle cis und weiß? Manager mit Behinderung? Fehlanzeige! Ist es das, was wir wollen? Das, wofür Frauen und Männer im Jahre 2023 noch unermüdlich und stolz eintreten?

Wenn es so kommt, wird es auf dieser Party Menschen geben, die einem das rauschende Fest mächtig vermiesen werden. Zu Recht!

Wenn wir das vermeiden wollen, müssen wir im Kampf für die Gleichberechtigung eine Kurskorrektur vornehmen.

Darf es etwas mehr Diversität sein? Ja, bitte!

Nicht falsch verstehen! Dass die Frauenquote gesetzlich verankert wurde, ist eine große Errungenschaft. Es war zur damaligen Zeit die richtige Entscheidung. Jedoch hat die Frauenquote die öffentliche Diskussion insoweit geprägt, dass viele zuerst an die Gleichberechtigung der Frauen denken, wenn sie Diversität hören. Wir brauchen heute aber eine nachhaltige Lösung, die alle Minderheitengruppen inkludiert. Sonst werden weiterhin nur jene Personengruppen in Betracht gezogen, die die größte mediale Aufmerksamkeit oder die aktivsten und lobby-stärksten Mitglieder haben.

Daher ist es an der Zeit, weniger von der Frauenquote, sondern vielmehr von einer Diversitätsquote zu sprechen. Doch was ist eine Diversitätsquote?

Eine Diversitätquote verfolgt einen ganzheitlichen und alle Diversitätsdimensionen umfassenden Ansatz, um eine umfängliche Diversität in Unternehmen herzustellen, wie sie zum Beispiel die Charta der Vielfalt vertritt: Ein wertschätzendes Arbeitsumfeld für alle Mitarbeitenden zu schaffen – unabhängig von Alter, ethnischer Herkunft und Nationalität, Geschlecht und geschlechtlicher Identität, körperlichen und geistigen Fähigkeiten, Religion und Weltanschauung, sexueller Orientierung und sozialer Herkunft.

Andere betroffene Personengruppen zu vernachlässigen und der Gleichberechtigung für Frauen den Vorzug zu lassen, ist falsch. Vielmehr ist es nötig, dass unser weiblicher, zivilkritischer Blick und unser Einsatz für eine gerechtere Welt nicht erst zum Einsatz kommen, wenn wir endlich im Chefsessel sitzen. So können wir gemeinsam diese neue, diverse Arbeitswelt bereits auf dem Weg dahin prägen.

Anaïs Cosneau: **Paritätische Elternzeit für paritätische Karrieren!**

Anaïs Cosneau machte ihren Abschluss in Architektur und Immobilienwirtschaft. Als Projektentwicklerin arbeitete sie zunächst in China, leitete bei der Landmarken AG den Bereich Akquisition Büro- und Spezialimmobilien und später die Niederlassung von Becken in Frankfurt. Sie ist Co-Founderin vom Happy Immo Club (der einzigen digitalen Bildungsplattform in Deutschland von Frauen für Frauen zum Thema Immobilien) und von Immofemme, einer Wohnungsgenossenschaft. Außerdem investiert sie privat und beruflich in Immobilien, in Start-ups und ist Aufsichtsrätin. Anais setzt sich dafür ein, dass Frauen und Männer gleichermaßen als Menschen mit beruflichen und privaten Ambitionen wertgeschätzt werden und Stereotype in Unternehmen keine Rolle mehr spielen.

Glaubenssätze wie »Arbeitnehmerinnen im gebärfähigen Alter engagieren sich bald nur noch für ihre Familie« oder »Familienväter müssen gefördert werden, weil sie eine Familie ernähren müssen«, sind Handschellen, die gesprengt werden müssen. Dafür engagiert sie sich mit ihren Unternehmen Happy Immo, Finvest Ventures und Immofemme.

Frühjahr 2015. Wir waren am Packen. Babybreikocher, Windeln, Sonnencreme. Unsere Tochter Johanna wurde in drei Tagen drei Monate alt und wir wollten auf Weltreise gehen. Eine Freundin wohnte damals in Johannesburg und schrieb, dass dort mehr Kinderwagen unterwegs seien als am Prenzlauer Berg und wir unbedingt vorbeikommen sollten. Wir also Flug gebucht: zuerst ein paar Monate Südafrika, danach ein paar Monate Thailand. Wir hatten uns das so schön vorgestellt: ein paar Monate weg von allem, weg von allen, einfach nur wir drei. Wir wollten als kleine Familie zusammenwachsen. Und wir wollten Sonne!

Als zwölf Monate zuvor klar wurde, dass ich schwanger bin, waren wir überrumpelt. Wir hatten uns das Baby gewünscht, und jetzt war es da, miniklein in meinem Bauch. Doch wie würden wir das jetzt eigentlich wuppen, insbesondere in Sachen Vereinbarkeit? Wer würde wann Elternzeit nehmen? Und wie lange? Würden wir die Miete weiterhin zahlen können, wenn wir beide in Elternzeit gehen? Wo finden wir einen guten Kitaplatz? Und in welcher Stadt überhaupt?

Wir lebten damals zusammen in Köln – wahnsinnig schön im Belgischen Viertel. Allerdings arbeiteten wir in unterschiedlichen Städten – und beide eben nicht in Köln. Das war ein lustiges Leben: Wir sind morgens zusammen zum Bahnhof gefahren, er ist in den ICE nach Frankfurt gestiegen, ich in den Zug nach Aachen. Abends zurück in Köln haben wir uns in unserer Lieblingsbar getroffen, wo uns mittlerweile schon automatisch ein Moscow Mule hingestellt wurde. Uns wurde damals immer klarer, dass dieses Leben toll ist für Leute ohne Kind, sich aber mit Kind ein paar Dinge entscheidend ändern müssten und würden.

Mit Kind wird alles anders

Wir merkten, dass es a) ganz gut sein könnte, mit Baby in der Nähe der Eltern zu wohnen und b) ganz bestimmt von Vorteil ist, wenn das Kind später in einer Stadt zur Kita geht, in der mindestens eines der beiden Elternteile auch arbeitet. Und auch in einem ganz entscheidenden anderen Punkt waren wir uns zum Glück einig: Ich wollte in der Elternzeit keinen Tag länger zu Hause bleiben als mein Mann (weil ich das emanzipiert fand). Und mein Mann wollte keinen Tag weniger zu Hause bleiben als ich (weil er das emanzipiert fand). Dies erschien uns beiden wie eine logische Zutat für eine gleichberechtigte Elternschaft. Letztendlich war es eine Zugfahrt von Köln nach Frankfurt, auf der wir vor dem Laptop sitzend unseren Plan gemeinsam geschmiedet haben: Wir wollten nach der Geburt unseres Kindes einen Monat gemeinsam zu Hause bleiben, danach würde ich zwei Monate allein weitermachen. Anschließend planten wir zu dritt eine Weltreise und nach der Rückkehr wollte mein Mann die letzten beiden Monate Elternzeit dranhängen, bis das Kind in die Kita gehen konnte. Und wir würden nach Frankfurt umziehen.

Im Frühjahr 2015 standen wir also in unserer Dachgeschosswohnung in Frankfurt, draußen grau und Regen, und freuten uns wie verrückt auf den Abflug, auf unser großes Abenteuer, auf die Sonne. Und dann kam der Anruf. Simon (mein Mann) arbeitete damals in einem Immobilienunternehmen mit weltweit 40.000 Mitarbeitenden. Er arbeitete im Frankfurter Büro, hatte viel mit dem Berliner Team zu tun und sehr selten mit den Chefs aus London. Doch genau der CEO aus London rief plötzlich an mit der Frage, ob es okay wäre, wenn Simon seine Elternzeit verschieben oder vielleicht sogar ausfallen lassen könnte. Er bekäme dafür auch zwei Monatsgehälter Sonderbonus. Es war Freitagnachmittag. Wir wollten am Montagmorgen los.

Nach Steuern wären von zwei Monatsgehältern nur noch eins übrig geblieben. Und dafür sollten wir unseren Traum, gemeinsam loszufahren, unser Kind paritätisch zu betreuen und paritätisch Karriere zu machen, platzen lassen? *No way!*

Wir waren wütend und enttäuscht. Bislang hatte Simons Firma sehr vorbildlich auf sein Elternzeitgesuch reagiert, denn: Welcher Chef findet es schon gut, wenn ein Mitarbeiter einen Monat weg, dann wieder zwei Monate im Büro und dann wieder ein paar Monate fort ist? Oder hatten sie vielleicht gar nicht daran geglaubt, dass er die Elternzeit auch wirklich nehmen würde? Und wer sollte, abgesehen von der geplatzten Reise, denn eigentlich auf unser Kind aufpassen, wenn er weiterarbeiten würde? Ich? Diese dahinterstehende Annahme war das, was mich am wütendsten gemacht hat: Nämlich, dass, wenn der Vater ins Büro muss, das mit der Familie schon geregelt wird – wahrscheinlich durch die Frau. Simon war auch stinksauer. Weil er sich wahnsinnig auf seine Elternzeit gefreut hatte und weil er jetzt gezwungen war, sich gegen die Karriere in diesem Job zu entscheiden – denn, und das wurde ihm auch klargemacht, man sagt nur einmal Nein zu diesem CEO.

Trotzdem durchziehen

Egal. Wir haben das durchgezogen, haben »Nein« zum Geld gesagt und sind drei Tage später in den Flieger nach Johannesburg gestiegen. Und das war eine der besten Entscheidungen unseres Lebens! Denn ab da waren wir wirklich gleichberechtigte Eltern. Keiner von uns konnte etwas besser mit Johanna. Wir beide konnten gleich gut wickeln, weil wir das gleich oft geübt haben. Wir beide konnten gleich gut Flasche geben, weil wir das gleich oft gemacht haben. Wir beide wussten gleich gut oder gleich schlecht, warum sie gerade weint, weil wir sie gleich oft getröstet haben.

Simon ist nach der Rückkehr aus der Elternzeit noch eine Weile bei dem Unternehmen geblieben. Seine Kollegen fanden es beeindruckend, dass er Rückgrat bewiesen hat und für seine Familie eingestanden hat. Mehrere haben später dann auch je sechs Monate Elternzeit genommen. Seine Chefs waren weniger begeistert, und er wurde nicht mehr befördert. Ich bin nach meiner Elternzeit zu meinem Unternehmen zurückgekehrt. Keiner fand es beeindruckend, dass ich für meine Familie eingestanden und Elternzeit genommen habe. Im Gegenteil: Ich wurde im Büro angeguckt wie ein Ufo.

Mein Schreibtisch samt Schreibtischstuhl waren weg, mein Besucherhocker war von einer Kollegin gekapert und mein Handy samt

Handynummer an einen jungen Kollegen weitergegeben worden. Hatte wohl keiner damit gerechnet, dass ich wiederkomme. Bereits als ich schwanger war, hatte ich das Gefühl, nicht mehr die richtig guten Projekte anvertraut zu bekommen. Und als ich gesagt habe, dass ich im Sommer wieder da bin, also weniger als zwölf Monate in Elternzeit gehe, wurde mir sehr ans Herz gelegt, doch bitte zwölf Monate zu gehen.

Ein paar Monate nach meiner Rückkehr in den Job wurde ich von Experten aus der Branche für meine exzellente Arbeit als Top Young Leader ausgezeichnet und mit einer Reise nach New York beschenkt. Das Unternehmen, in dem ich angestellt war, hat den Preis nicht unterstützt, und ich musste mir für die Reise Urlaub nehmen. Materiell ging es um fünf geschenkte Urlaubstage, in Wahrheit ging es um Wertschätzung. Auch ich war also abgeschrieben. Ich habe dann sehr schnell mein zweites Kind bekommen und trotz Schwangerschaft die Führungsposition in einem Immobilienunternehmen in Frankfurt angenommen.

Was war schiefgelaufen? Simons Firma ist davon ausgegangen, dass ihm die Zeit mit seinem Kind weniger wichtig sei als seine Karriere. Meine Firma hingegen ist davon ausgegangen, dass mir meine Karriere weniger wichtig sei als die Zeit mit meinem Kind. Ähnliche Geschichten begegnen mir fast täglich. Und: Frauen und Männer ohne Kinder glauben diese Geschichten nicht – habe ich, bevor ich Kinder bekommen habe, auch nicht. Oder sind davon überzeugt, dass das bei ihnen anders laufen wird.

Damit das auch wirklich klappt, Mädels und Jungs, folgen hier meine Tipps für paritätische Karrieren. Mir ist bewusst, dass sich die nachfolgenden Punkte vor allem auf gemischtgeschlechtliche Elternpaare beziehen und dass andere Beziehungs- und Familienformen in der Arbeitswelt ganz eigenen Herausforderungen begegnen – für die zum Teil dringend andere Lösungen benötigt werden. Auch lege ich meinen Schwerpunkt auf das Thema Elternzeit, in dem Wissen, dass Themen wie Präsenzzeit, Erreichbarkeit, Meetings nach 16 Uhr, Gehaltstransparenz oder Feedbackkultur ebenso in das Thema »Paritätische Karrieren« einzahlen.

Meine Empfehlungen

Allgemein ist davon auszugehen, dass sowohl Frauen als auch Männer gerne Geld verdienen und gern Karriere machen möchten. Genauso ist davon auszugehen, dass Frauen und Männer gern Zeit mit ihren Kindern verbringen möchten, Elternzeit nehmen, mit den Kindern zum Flötenkonzert gehen oder ihre Kinder aus der Schule abholen wollen.

Führungskräften gebe ich Folgendes mit auf den Weg: Kleine Menschen auf ihrem Weg in die Zukunft zu begleiten, ist etwas Tolles. Eltern lernen Empathie und Führung. Beides können Unternehmen prima für sich nutzen. Auch sollte es keine Rolle spielen, ob ich in einer Verhandlung stille oder mal früher Feierabend mache, weil ich zur Aufführung meines Kindes gehe. Diesen Mut vorzuleben, beweist Führungsstärke.

Es ist nicht nur erlaubt, es ist sogar wertschätzend, Mitarbeitende dazu zu ermutigen, die Elternzeit 50:50 aufzuteilen und hier zu Parität zu ermuntern. Der Benefit sind entspanntere Mitarbeitende: Im Job immer auszufallen, wenn das Kind krank ist, stresst extrem, und auf der anderen Seite alleinverdienende Person zu sein, die nie ausfallen darf, übt einen ebenso großen Druck aus. Beides wirkt sich auf die seelische Gesundheit aus – und wir wollen doch gesunde Mitarbeitende.

Je länger eine Auszeit vom Job dauert, desto wahrscheinlicher ist es, dass sich die Person umorientiert und nicht mehr wiederkommt.

Paaren sei geraten, von Anfang an gleichberechtigt zu planen. Dabei ist es wichtig, nicht nur ein gemeinsames Ist-Leben aufzubauen, sondern gleichermaßen für das Alter vorzusorgen. Egal, wer mehr verdient: Wenn ihr Kinder bekommt, ist das *kein* Argument dafür, dass die Person mit dem niedrigeren Gehalt zwölf Monate zu Hause bleiben muss. Denn dann wird diese Person auch in Zukunft weniger verdienen und in eine Abhängigkeit rutschen. Macht das nicht! Mein Tipp: Schränkt euch lieber ein. Teilt euch die Elternzeit

50:50 auf, dann sind das nur sechs bis sieben Monate, in denen ihr weniger Geld habt. Schränkt euch in dieser Zeit ein oder spart vorher dafür an. Es ist nur eine kurze Durststrecke, die ihr gemeinsam überwinden werdet.

Müttern kann ich mit auf den Weg geben, eine Kämpferin für alle Frauen zu sein: Wenn eine Frau aus dem Job ausscheidet, sobald sie Familie hat, wird es dabei bleiben, dass Unternehmen lieber Männer einstellen. Wenn Frauen und Männer allerdings gleich viel ausfallen, wenn sie Familie haben, gibt es für Unternehmen keinen Grund mehr, bevorzugt mehr Männer zu fördern. Auch sollten Mütter den Gedanken streichen, dass eine Babysitterin oder eine Nanny von ihrem Gehalt abgeht. Nein! Es ist ein gemeinsames Kind, und Kosten belasten das gemeinsame Budget.

Für Väter: Die Elternzeit ist so eine schöne und wichtige Zeit mit dem Baby. Sie ist wichtig für das Bonding mit dem Kind, aber auch, um den eigenen Platz in der Familie zu finden. Verzichtet nicht darauf!

Damit endet mein Plädoyer für paritätische Elternzeit und für paritätische Karrieren. Ich spule vor ins Jahr 2023: Mein Mann und ich haben mittlerweile drei Kinder, ich habe Happy Immo gegründet und unterstütze Frauen dabei, finanziell unabhängig zu werden. Mein Mann führt ebenfalls sein eigenes Unternehmen, und wir sind uns einig: So, wie wir unsere Elternzeiten genommen und unsere Karrieren gemacht und unterstützt haben, war es für uns genau richtig!

Friederike Hohenstein: **Frauen in Führungspositionen: Immer noch ein Problem?**

Dr. Friederike Hohenstein verantwortet als Global Human Resources Director den Bereich Molding Solutions der Barnes Group, mit mehr als 2.200 Mitarbeitenden weltweit die größte Business-Unit des amerikanischen Industrieunternehmens. Die promovierte Psychologin arbeitet seit ihrem 27. Lebensjahr als Führungskraft und engagierte sich von Anfang an dafür, junge Frauen zu ermutigen, den Schritt in eine Leitungsfunktion zu gehen. Zudem sitzt sie im Vorstand der Humboldt-Universitäts-Gesellschaft und engagiert sich als Keynote-Speakerin für die Themen des modernen People-Managements und für Female Empowerment.

Es ist das Jahr 2023, und wir sprechen immer noch davon, dass es zu wenig Frauen in die Führungsetagen in Deutschland schaffen. Stimmt das wirklich? Eine Bestandsaufnahme.

Seit Jahren wird in Deutschland erhitzt über das Thema »Zu wenige Frauen in Führung« diskutiert. Es gibt unzählige Initiativen, die sich mit dem Thema auseinandersetzen und Frauen animieren wollen, sich in die Führungsriege ihrer Unternehmen zu trauen. Es gibt an diversen Hochschulen Managementkurse nur für Frauen, die Frauen für Führungsaufgaben befähigen wollen. Es gibt unzählige Bücher von Frauen für Frauen, die das Ziel haben, zu ermutigen. Und dann gibt es da noch das Bundesministerium für Familie, Senioren, Frauen und Jugend. In diesem gibt es ein eigenes Referat (!) für Frauen in Führungspositionen. Aus diesem Referat wurde in den vergangenen Jahren einiges an Gesetzesarbeit geleistet, denn trotz der unzähligen Initiativen hat sich leider noch nicht ausreichend getan, wenn es um die Geschlechtergleichberechtigung in den Führungsetagen deutscher Unternehmen geht. So gibt es nicht nur ein, sondern sogar zwei Gesetze, die sich dem Thema widmen: FüPoG I von 2015 und FüPoG II von 2021 – ein Akronym, das für Führungs-positionen-Gesetz steht und sehr bürokratisch »Regelungen für die gleichberechtigte Teilhabe von Frauen an Führungspositionen [..]« vorgibt. Zwei Gesetze, die der Gleichberechtigung von Frauen in Führungspositionen zugutekommen sollen. Ist doch dann alles perfekt, wenn sogar Gesetze regeln, dass Frauen gleichberechtigt in ihrer Karriere gefördert werden sollen. Die Zahlen müssten stim-men und zeigen, dass in den Chefetagen der Unternehmen ein ausgeglichenes Bild der Geschlechterrepräsentanz herrscht. Oder? Leider nein.

Die Zahlen zeigen eine unschöne Wahrheit

Um die Entwicklung von Frauen in Führungspositionen messbar zu machen, ist es üblich, sich die »Frauenquoten« in den börsen-notierten Unternehmen anzuschauen. Die AllBright-Stiftung, eine deutsch-schwedische Initiative, die sich unabhängig und gemein-nützig für mehr Frauen und Diversität in den Führungspositio-nen einsetzt, gibt dazu jährlich einen Bericht heraus. In diesem werden anhand von Zahlen und Fakten die Entwicklungen der Geschlechtergleichberechtigung in den Chefetagen aufgezeigt, Fort-schritte und Rückschritte hervorgehoben und somit in einer breiten Öffentlichkeit für das Thema sensibilisiert. Diese Sensibilisierung ist nötig, denn das Thema ist ein emotionales, und Zahlen unter-mauern rational den Status quo. Und wie sieht dieser heute aus? Dazu sagt die Analyse der AllBright-Stiftung, dass im September 2022 die Vorstände der 160 börsennotierten deutschen Unterneh-men mit 599 Männern und 99 Frauen besetzt sind. 85 Prozent der Vorstandsmitglieder sind Männer. In den Aufsichtsräten sit-zen insgesamt 596 Frauen und 1.152 Männer, das entspricht einem Frauenanteil von 34,1 Prozent. Diese Zahlen zeigen, dass wir von einer Gleichberechtigung der Geschlechter in den Topetagen unse-rer Topunternehmen noch weit entfernt sind. So weit, dass es beim derzeitigen Fortschritt der weiblichen Neubesetzung noch 26 Jahre dauern würde, bis wir eine paritätische Besetzung erwarten dürfen.

Auch Zahlen im internationalen Vergleich zeigen, dass die deutschen Quoten nicht mit den großen Industrienationen mithalten können. Beachtet man nur die führenden börsennotierten Unternehmen der anderen Länder, wird deutlich, dass hier ein divers besetztes Vorstandsgremium die Norm ist, so sitzen in 93 Prozent der Vorstände in den USA oder in 85 Prozent der Gremien in Frankreich eine oder mehr Frauen – zum Vergleich: in Deutschland lediglich 33 Prozent. Und diese Länder haben nicht mal das FüPoG I oder FüPoG II gesetzlich verabschiedet – da klappt es »einfach so«. Und wieso klappt es nicht in Deutschland?

Eine Spurensuche

Es gibt vielschichtige Erklärungen, wieso Frauen in Deutschland weniger oft präsent in Führungspositionen erscheinen. Einige zeigen auf die historische Entwicklung der Wirtschaft in Deutschland, andere geben den Unternehmen die Schuld und wieder andere versuchen sich dem Thema über die Psychologie zu nähern.

Oft wird von dem »Unconcious Bias« als Erklärung gesprochen, also dem unbewussten Vorurteil, dass Männer dazu bewegt, Männer zu fördern. Diese unbewussten Vorurteile sind angeborene oder erlernte Stereotype über Menschen, die jeder Mensch hat, ohne sich dessen bewusst zu sein. So kann es zum Beispiel sein, dass ein Mann, der in seiner Karriere nur männliche Chefs hatte und somit gelernt hat, dass Erfolg männlich ist, selbst auch unterbewusst nur Männer fördert. Er macht es gar nicht mit Absicht, aber für ihn ist Erfolg wie erwähnt männlich – und da die Leistungsgesellschaft in einem Unternehmen Erfolg fordert, geht der Mann in diesem Fall den vermeintlich sicheren Weg und befördert einen Mann. Am liebsten sogar einen Mann, der ihm selbst ähnelt, denn da kann man sich quasi »extra sicher« sein, dass er erfolgreich wird. Dies wird oft als »Thomas-Prinzip« bezeichnet, denn die Analyse der Häufigkeiten von Vornamen in Vorständen hat gezeigt, dass mehr Männer mit dem Namen Thomas dort einen Platz haben als Frauen insgesamt. Interessanterweise ähnelten sich die Thomasse nicht nur im Vornamen, sondern auch im Geburtsjahr, in der Ausbildung und im Studium. Ein Abziehbild befördert also das andere Abziehbild. Es ist unabdingbar, sich mit dem Unconcious Bias auseinanderzusetzen.

Für mich persönlich ist dies ein relevantes Thema der Führungskräfteentwicklung. Wenn ein Mann in einer Führungsposition für seine unterbewussten Vorurteile sensibilisiert wird oder Männer sich gegenseitig auf diese aufmerksam machen, dann erst können bewusste Änderungen initiiert werden. Vielleicht wird dann im nächsten Beförderungsprozess der eigene interne Auswahlkatalog kritisch reflektiert und anstatt eines Thomas eine Angela gewählt. Zusätzlich braucht es in Unternehmen deutlich mehr Frauen, die in Führungspositionen bewusst eine Vorbildfunktion wahrnehmen. Werden erfolgreiche Frauen sichtbar, dann verändert sich die Assoziation von Erfolg und wird nicht mehr nur rein männlich konnotiert. Durch positives Erleben schafft sich ein gesellschaftlicher Wandel. Vielen Männern in Führung fehlt es an weiblichen Peers, die ihnen zeigen, was es für einen Mehrwert bringt, in diverseren Teams zu arbeiten. Was man selbst nicht erlebt hat, wird man(n) auch nicht fördern.

Ich erinnere mich an viele Gespräche mit Männern in Führungspositionen darüber, wieso die Frauenquoten so niedrig sind. Mich haben die Antworten oft erstaunt. »Die Frauen wollen ja gar nicht«, »Die Frauen sind nicht so ehrgeizig«, »Die kriegt ja wahrscheinlich eh bald Kinder« oder »Die hat ja zwei Kinder, wie will sie da noch Karriere machen?«. Solche Sätze habe ich über männliche Talente noch nie gehört. Wenn ich dann genauer nachforschte, zeigte sich, dass die wenigsten Chefs den echten Dialog mit Frauen gesucht haben. Sie sind einfach von ihrer Einschätzung ausgegangen. Hier kommt ein weiteres Vorurteil zum Tragen: der Confirmation Bias. Dieser Bestätigungsfehler beschreibt die Tendenz, Informationen auf eine Weise zu suchen, zu interpretieren oder abzurufen, die die eigenen Überzeugungen und Werte bestätigt und unterstützt. Geht ein Mann davon aus, dass die Frau die traditionelle Rolle der Hausfrau übernehmen sollte, wird er gar nicht auf die Idee kommen, dass es auch Frauen gibt, die Karriere machen wollen. Es passt einfach nicht in sein Weltbild. Auch hier ist es wichtig, dass über diese Form der Vorurteile aufgeklärt wird. Die Wahrnehmung ist nicht die Wahrheit. Der offene Dialog hilft. Auch an dieser Stelle hilft ein ganzheitliches Talent-Management-System, dass die Gespräche und den Austausch fördert und fordert. Denn eine Frau mit Kindern kann genauso ambitionierte Karriereziele haben wie ihr männlicher, alleinstehender Teamkollege. Nur über ein Gespräch lässt sich der Bestätigungsfehler ausräumen.

Nicht nur Männer haben unterschiedliche Vorurteile in der Bewertung von Situationen, sondern auch Frauen. Ich habe es oft erlebt, dass sich Frauen nicht trauen, den Schritt in die Führung zu gehen. Frauen denken, sie müssten perfekt vorbereitet sein, bevor sie eine neue Aufgabe annehmen. Männer hingegen fordern mehr Verantwortung, obwohl sie keinerlei Erfahrung haben, und lernen on the job. Ich habe mir selbst zur Regel gemacht, dass ich immer »Ja« sage, wenn ich eine neue Chance erhalte. Denn ich habe es immer bereut, wenn ich »Nein« gesagt habe – und es trotz eines »Ja« immer geschafft, Situationen zu meistern. Hier fehlt es noch an weiblichen Vorbildern, die ermutigen und Mauern einreißen. Zum Glück gibt es in den letzten Jahren immer mehr präsente Frauen, die einen bewussten Wandel initiieren.

Ich glaube fest daran, dass ein kritisches Hinterfragen der eigenen Einstellungen einen Beitrag für mehr Geschlechterdiversität in den Führungsetagen leisten kann.

Doch nicht nur der individuelle Entwicklungsprozess ist notwendig, sondern vor allem auch die Organisationsentwicklung eines Unternehmens. Frauen und Männer müssen sich nicht ändern, wenn die Unternehmenskultur stimmt. Die Unternehmenskultur bestimmt maßgeblich, wer Erfolg hat und wer nicht. Ein offenes, transparentes und faires Miteinander, ein definierter Employee Lifecycle, eine ganzheitliche Personalentwicklung sowie stetige

Führungskräfteentwicklung sind notwendig, um gleichberechtigte Teilhabe und Förderung zu gewährleisten. Hier spielen die Personalabteilungen in den Unternehmen die wichtigste Rolle, da sie Kulturwandel initiieren und langfristig begleiten müssen. Ein System, das sich jahrzehntelang in den Unternehmen eingeprägt hat, lässt sich nur durch eine groß angelegte Kulturveränderung aufbrechen. Dies ist kein Sprint, sondern ein Marathon. Hier ist der Wille von allen gefragt, denn nur gemeinsam schafft man den Wandel für ein zukunftsfähiges Unternehmen.

Was können Frauen selbst tun?

Um die »gläserne Decke« zu durchbrechen, können Frauen einiges tun. Das kritische Hinterfragen der eigenen Einstellung ist ein wichtiger Anfang, um Verhaltensmuster zu erkennen. Wer ambitioniert ist und gerne in Führung gehen möchte, der sollte es machen. Entscheidend ist immer der Mut, sich etwas zu trauen und an sich selbst zu glauben. Ich war oft überrascht, welche Kräfte sich entfalten, wenn ich neuen Situationen ausgesetzt war und diese erfolgreich meisterte. Mir hat es geholfen, Mentoren zu haben, die mich in meinem Tun reflektierten. Ich hatte das Glück, dass ich in meiner Karriere immer zufällig Mentoren fand, bin aber auch ein großer Verfechter von Mentorenprogrammen in Unternehmen, die strukturiert Tandems bilden.

Weiterhin ist es wichtig, dass man sich seine Karriereplanung strategisch anschaut. Sicherlich kommt nicht alles so, wie es einmal geplant wurde, aber es hilft, ein grobes Endziel zu kennen. Denn mit einem Ziel arbeitet es sich oft einfacher – und ich habe gelernt, dass auch Umwege helfen, das Ziel zu erreichen.

Frauen unterstützen nicht automatisch Frauen, dies habe ich in meiner Karriere lernen müssen. Die Erfahrung war nicht schön. Denn auch erfolgreiche Frauen sind machtgesteuert und handeln daher oft aus eigenem Interesse. Ich bin leider schon Frauen begegnet, die von Neid getrieben andere Karrieren zerstören wollten.

Ich würde daher immer jeder Frau raten, sehr vorsichtig zu sein und eine gründliche Prüfung vorzunehmen, bevor sie sich anderen Frauen öffnet.

Es ist aber wichtig, sich von solchen Erfahrungen nicht von seinem Weg abbringen zu lassen. Es hilft daher immer, sich mit Gleichgesinnten – nicht unbedingt Gleichen, siehe das Thomas-Prinzip – zusammenzutun. Der Austausch mit anderen, sich gegenseitig stärkenden Frauen zeigte mir, dass viele dieselben Hürden erklimmen müssen, und es beruhigte mich zu wissen, dass man mit seinen Herausforderungen nicht allein ist. Professionelle Netzwerke für Frauen helfen.

Ich würde immer offen ansprechen, wenn etwas Unrechtes passiert, man das Gefühl hat, man wird als Frau diskriminiert oder nicht den eigenen Fähigkeiten entsprechend gefördert. Natürlich sollte man sich seine Kämpfe weise aussuchen, jedoch ist es wichtig, den Mut zu behalten, Unrecht zu thematisieren. Das Schlimmste ist es, zu schweigen – denn mit Schweigen verändert sich nichts.

Daniela Bojahr: Wie ich Thomas und Co. auf die Seite der Frauen bekommen habe

»Chancen zu verpassen, ist schlimmer, als Fehler zu vermeiden.« Dieses Leitmotiv ist für Daniela in ihrem Arbeitsalltag der Motor für Veränderung. Im EdTech-Start-up Sdui trägt sie als Chief Revenue Officer dazu bei, Bildung zu transformieren. Sie führt die Customer- und Revenue-Abteilungen sowie das Online-Marketing auf internationaler Ebene.

Danielas Antreiber in den vergangenen 15 Jahren: digitale Geschäftsmodelle, die Arbeit mit tollen Teams und ein schnell wachsendes Umfeld. Dabei zählen Unternehmen wie Statista, Gruner & Jahr oder XING (New Work SE) zu ihren Stationen. Zudem sind ihr die Themen »Women in Sa-

les« und »Female Empowerment« sehr wichtig. Als Mentorin und Speakerin trägt sie aktiv zum Diskurs bei und unterstützt dabei andere Frauen.

Wie wir es gemeinsam schaffen, veraltete Rollenbilder zu überwinden und so mehr Zeit und Energie für Fortschritt nutzen

»Bloß nicht charmant lächeln«, so steht es in einem Artikel der *Süddeutschen Zeitung*, Rubrik »Auftreten im Job« aus dem Jahr 2014.[89] Ich bin froh, dass ich heute Karriere und Erfolg nicht mehr über Hierarchie und Autorität definiere. Nicht über das Einkommen, sondern über die Wirkung, die ich mit meiner Arbeit erziele, meinen Grad an Freiheit und Selbstbestimmtheit. Ich habe zu lange versucht, mich in der Berufswelt an die »Spiele mit der Macht«[90] oder das »Arroganz-Prinzip«[91] zu halten. Diese Tipps und der Versuch, eine »Bilderbuch«-Führung auszuüben, hat mir damals sehr den Spaß an der Führung genommen, und ich war dadurch teilweise unfair und intransparent meinen Mitarbeitenden gegenüber. Heute führe ich mit meinem eigenen Führungsstil, der ist so, wie ich bin: weiblich. Mit all der Energie und Freude, die ich in mir habe. Und siehe da, das funktioniert viel besser als damals. Ich muss mich nicht mehr verstellen, weil ich so führe, wie ich auch wirklich bin. Und dadurch bin ich viel klarer und leichter einschätzbar geworden.

Ich möchte meine Erfahrungen teilen und Frauen ermutigen, ihren eigenen Weg zu gehen. Ich bin froh, dass sich die Arbeitswelt verändert, Werte und Regeln auch. Das ist eine Chance sowohl für Thomas als auch für Sandra, über Zuschreibungen und Verhalten nachzudenken und Frauen und Männer nicht nach unterschiedlichen Kriterien zu beurteilen.

Es gibt keinen Fahrplan für die perfekte Karriere

Mir ist es wichtig, dass Frauen verstehen, dass jede Karriere anders ist. Es gibt nicht das ideale Bild und auch keinen Fahrplan zur beruflichen Erfüllung. Alle sind verschieden – Individuen – mit eigenen Fähigkeiten, Talenten und Expertisen. So wie es nicht den einen Thomas gibt, gibt es auch nicht die eine Sandra.

Ich habe aufgehört, in Rollenbildern zu denken, und solche Klischees hinter mir gelassen. Was meine ich damit? Zu Beginn meiner Karriere habe ich in einem eher technischen Bereich gearbeitet, der sehr männerdominiert war. Ich habe mich unwohl gefühlt und nach externem Rat gesucht.

So bin ich online und offline auf viele Ratgeber, Seminare und Bücher gestoßen, die Frauen aus der Karrierefalle helfen wollen. Sie geben Tipps, wie unsere typisch weiblichen Eigenschaften – Kommunikationsstärke und Teamfähigkeit – helfen und wir gleichzeitig für Frauen scheinbar untypische Eigenschaften wie Machtstreben und Durchsetzungsvermögen lernen können.[92]

Rückblickend kann ich nur sagen: So ein Nonsens! Aber mein altes Ego mit Mitte 20 hat sich nach Aufklärung und gleichzeitiger Abgrenzung gesehnt. Es ist einfacher, die Unterschiede zwischen Menschen festzustellen, als sich auf Gemeinsamkeiten zu konzentrieren. Und um Thomas mehr auf meine Seite zu bekommen, habe ich mich in jungen Jahren immer darum bemüht, immer mehr zu leisten, um akzeptiert und honoriert zu werden.

Wie sah das damals aus? Ich habe mich maskulin gekleidet (Hosenanzug, flache Schuhe, wenig Figur zeigen). Getreu dem Motto »Frau ist ja selbst schuld, wenn sie sich nicht anpasst und so viel Angriffsfläche bietet«.

Ich habe in Meetings berechnend agiert, zum Beispiel den letzten Punkt gebracht, nur mit der ranghöchsten Person kommuniziert. Ich habe am Sonntag die Ergebnisse von wichtigen Sportereignissen gecheckt, um am Montag in Gesprächen mitreden zu können. Heute kommt mir das lächerlich vor, aber damals habe ich fest geglaubt, dass ich nur so in einem männlich dominierten Umfeld bestehen kann. Der Erfolg hat mir vermeintlich Recht gegeben, aber die Kluft zwischen meinem privaten und beruflichen Ich wurde größer. Zudem ging es in der Beziehung zu Kollegen weniger um die Sache und das gemeinsame Vorankommen, als um Hierarchiegerangel und darum, einen guten Eindruck beim Chef zu hinterlassen. Das hat mich mit der Zeit frustriert und vor allem ausgelaugt.

Zudem die bittere Erkenntnis: Selten wurde ich dafür wirklich belohnt, denn Thomas möchte gar nicht loben oder Frauen helfen, auf die nächste Ebene zu kommen. Mir ist in den Jahren mehr und mehr klar geworden, wie unterschiedlich Thomas (meine nicht-repräsentative Stichprobe) und ich ticken. Denn ich möchte gemeinsame Erfolge sichtbar machen. Thomas will einen kurzfristigen Nutzen, einen persönlichen Vorteil und sich mit Privilegien schmücken. Ich habe zu viel in Stereotypen gedacht und meine Erfahrung auf andere projiziert – und mich selbst dabei verloren.

Wohin geht die eigene Reise?

Heute sehe ich es anders. Komplett anders.

Ja, der erste Eindruck ist optisch. Ja, Kleider machen Leute. Sie haben einen Einfluss auf die Wahrnehmung, die ich nicht beeinflussen kann, denn sie ist durch die Erfahrungen des Gegenübers geprägt. Zum Beispiel sind weibliche Stimmen oftmals höher. Und ja, Weiblichkeit wird gesellschaftlich mit mehr Emotionen verbunden. Aber nicht, weil Frauen per se weich und empfindlich sind oder ein Geschlecht besser für den Job geeignet ist als das andere. Es bringt auch nichts, der »bessere und härtere Mann« zu werden. Es entfernt uns nur mehr von uns selbst.[93] Genau das macht uns gemeinsam so viel stärker – die Unterschiede. Also habe ich angefangen, mich mit meiner Motivation zu beschäftigen und meine Kommunikation neu auszurichten.

Ich habe viele Jahre gebraucht, um zu mir selbst und zu meiner Gelassenheit zu finden, die mir heute durch den Alltag hilft und mich erfolgreich macht – in diversen Teams. Und auch um zu verstehen, dass Freund oder Nicht-Freund keinesfalls am Geschlecht festzumachen ist. Vielmehr geht es um das gemeinsame Ziel, die gleichen Werte und eine Vision.

Was förderlich ist, ist, Klarheit zu haben, wo die eigene Reise hingehen soll, wer ich sein möchte, wofür ich stehe und was genau mein Ziel ist – dann kann ich diese unterschiedlichen Facetten und das Können meiner Persönlichkeit nutzen. »Davor sollte mir allerdings klar sein, was und wie viele Persönlichkeiten bin ich denn! Elementar um diese zu nutzen! Dann kann mir die Männer- und Frauenwelt gar nichts mehr, ich bin einfach ich.«[94]

Also was funktioniert, um Karriere zu machen?

Die eigenen Karriereziele klar kommunizieren

Unsere Vorgesetzten können nicht wissen, was wir wollen, was uns antreibt und motiviert, wenn wir es nicht selbst wissen. Es gilt, sich darüber Klarheit zu verschaffen und die eigene Lebenssituation zu kennen. Je nach Lebensphase ändern sich die Karriereziele – und das ist okay. Und dann gilt es, darüber Transparenz zu schaffen. Dabei spreche ich nicht nur von »höher, schneller, weiter«. Es kann auch ein Ziel sein, eine Expertenrolle einzunehmen, ein Sabbatical zu planen, in einen anderen Bereich zu wechseln oder eine Fortbildung zu machen. Wichtig ist eigene Klarheit und dann aktives Ansprechen. Ich würde keine ultimativen Forderungen stellen und auch zeitlich flexibel sein. Damit bin ich sehr gut gefahren. Zum Beispiel nach mehr Verantwortung und Führung zu fragen, kann auch über Praktikanten gehen oder indem man ein abteilungsübergreifendes Projekt leitet. Ich habe immer versucht, dass der Rahmen stimmt, nicht die Lösung, die ich konkret im Kopf hatte. So war ich flexibler für Vorschläge.

Geh in die Kommunikation – auch die schwierige

Suche den Austausch mit Thomas – plane zum Beispiel regelmäßige gemeinsame Mittagessen ein und nutze die Zeit, um auch über private Dinge zu sprechen. Es wird irgendwelche Gemeinsamkeiten geben – so schafft man einen Anknüpfungspunkt und stärkt Beziehungen. Binde Thomas als Experten ein. Stell ihm deine Themen vor und nutze sein Feedback, wenn du ein Thema vorantreiben willst. Gib Feedback, aber unter vier Augen. Egal, auf welcher Position, die meisten Menschen freuen sich über konstruktives Feedback. Sprich dabei selbstbewusst und auf Augenhöhe.

Ich habe nie darauf gewartet, dass mir jemand etwas anbietet

Im Gegenteil – bei mir hat es sich sehr bezahlt gemacht, wenn ich aktiv etwas anbiete, ohne Druck und Erwartungen aufzubauen. Ich liebe Herausforderungen und konnte so immer wachsen. Dabei geht es um eine Varianz der Projekte, Teams, Aufgaben – so konnte ich mir einen sehr generalistischen Blick auf ein Unternehmen aufbauen und Entscheidungen aus unterschiedlichen Blickwinkeln beleuchten. Zudem steigert eine Kooperation mit unterschiedlichen Professionen im Unternehmen das gegenseitige Verständnis.

Fokus ist alles

Ich neige dazu, alles gleichzeitig machen zu wollen, weil es einfach so viel gibt, was mich begeistert. Aber um auf Ziele hinzuarbeiten, muss der Fokus bleiben. Also nehme ich mir Zeit zum Reflektieren und hole mir Feedback ein. Gerade dabei ist die Sicht von Thomas sehr hilfreich, überhaupt diverse Meinungen. So habe ich mich zu diesem Buchbeitrag mit anderen ausgetauscht und konnte mich so fokussieren, schneller schreiben und war effektiver am Ziel.

Ich bleibe mir selbst treu

Wie zu Beginn geschrieben, habe ich die Lücke zwischen meinen privatem und meinem beruflichen Ich immer größer werden sehen und aktiv dagegen gesteuert. Heute lasse ich mich nicht verbiegen – ich bin klar und bei mir. Ich gestehe mir nicht nur Fehler ein, sondern auch Wissenslücken, Dinge zu vergessen und auch mal einen schlechten Tag. Der Druck, »es beweisen zu müssen«, ist weg. Ich gewinne immer noch gern und nehme Herausforderungen an. Aber jetzt zählt das Team und mein Beitrag darin – und nicht meine Person. Diese Gelassenheit habe ich über die Jahre entwickelt und hätte mir das schon als junge Frau und Führungskraft gewünscht.

Ich kann allen nur raten, sich frei von Klischees zu machen und ein echtes Interesse am Gegenüber zu haben. Wir können von den gegenseitigen Erfahrungen und Sichtweisen lernen. Diversität hat nicht nur etwas mit dem Geschlecht zu tun!

Alle haben eine andere Landkarte aus Erfahrungen, die prägt. Ziel sollte es sein, diese zu erkunden und so die eigene zu erweitern. Es geht darum, nach Gemeinsamkeiten zu suchen, nicht nach Unterschieden.

Die eigene Komfortzone zu verlassen, ist immer eine gute Entscheidung.

Stress passiert nur im Kopf.

Ich wollte in meinem Berufsleben immer zwei Dinge:

1. einen Job haben, in dem ich jeden Tag lerne.
2. Passion und Begeisterung für meine Arbeit – und beides habe ich erreicht.

Frag dich: »Wo kannst du etwas bewegen?« Sollte die Antwort »Hier nicht« sein, sag dir: »Dann ziehe ich weiter.«

Jumana Al-Sibai: Stay female: Warum sich Frauen nicht in Männer verwandeln sollten, sobald sie in Führungsgremien sitzen

Jumana Al-Sibai ist seit April 2021 Mitglied der MAHLE Konzerngeschäftsführung für den Bereich Thermomanagement mit Hauptsitz in Stuttgart. Sie engagiert sich in verschiedenen Kuratorien wie dem Forschungsinstitut für Kraftfahrwesen und Fahrzeugmotoren Stuttgart (FKFS) und dem Fraunhofer Institut ISI in Karlsruhe. Sie ist Mitglied bei Mission Female.

Als ich gebeten wurde, einen Beitrag zu diesem Titel zu verfassen, musste ich lange über meinen Einstieg nachdenken. Naheliegend wäre, das gesellschaftlich bereits durchdrungene Narrativ zu bedienen, nach welchem Frauen (die natürlich auch Lippenstift und High Heels tragen dürfen) empathischer führen und entscheidungsfähige Männer in ihrem Stil komplementieren. Das mag nicht falsch sein, aber für mich wäre das zu kurz gesprungen. Also zurück zum Anfang:

Das erste Wort, das mir in dem Titel aufgefallen ist, ist »verwandeln«. Und um ehrlich zu sein, kann ich mich damit überhaupt nicht identifizieren. Ich möchte gerne erklären, warum. Als Führungskraft innerhalb des Konzerns Mahle, einem international tätigen Automobilzulieferer, bin ich ein männliches Umfeld gewohnt. Vielleicht ist es sogar der rote Faden, der sich durch meine Karriere zieht – begonnen beim Ingenieursstudium am Karlsruher Institut für Technologie, über meine Stationen in der Unternehmensberatung und bei Robert Bosch, bis hin zu meiner heutigen Rolle: Mein berufliches Umfeld war männlich geprägt. Mir fehlte es – wie es viele Frauen in ähnlicher Situation erleben – schlichtweg an weiblichen Vorbildern, die mir hätten zeigen können, »wie man das als Frau so macht«. Rückblickend war das zwar eine große Herausforderung, aber gleichzeitig auch eine echte Chance, um mich eigenständig zu entwickeln, auf meine Intuition zu hören und meinen eigenen Weg als weibliche Führungskraft zu entdecken.

Das »Und« gewinnt

Dieser Erkenntnis voraus ging eine tiefgreifende Auseinandersetzung mit mir selbst – als Mensch, privat wie beruflich, und unter Berücksichtigung aller Rollen, die ich in meiner komplexen Lebenssituation täglich einnehme: die Rolle der präsenten Mutter, der durchsetzungsfähigen Leistungsträgerin, der engagierten Elternbeirätin, der inspirierenden Führungskraft, der aufmerksamen Partnerin, der leidenschaftlichen Hobbybäckerin, der machtbewussten Managerin, der strukturierten Familienorganisatorin ... Die Liste ist lang und dennoch längst nicht vollständig.

Einige dieser Rollen werden mir qua Geschlecht automatisch zugeschrieben, aber – und hier ist der springende Punkt – ich lasse mich von diesen Rollen nicht begrenzen. So habe ich es mir immer zugestanden, mich über Geschlechterstereotype hinwegzusetzen und Grenzen zu verschieben. Denn ich lebe und liebe die vermeintlich »weiblichen« Rollen genauso sehr wie die, die man mir auf den ersten Blick nicht zuschreibt. Für mich gilt das »Und«- statt das »Oder«-Prinzip – auch wenn das noch längst nicht in allen Köpfen verinnerlicht ist.

Ein Beispiel: Wir reden häufig darüber, dass weibliche Führung fürsorglich und empathisch ist, das befreit uns aber nicht von der Notwendigkeit, uns durchzusetzen und – wenn nötig – auch unpopuläre Entscheidungen zu treffen. Ich empfinde es als enormen Vorteil, dass der Schieberegler unserer weiblichen Persönlichkeitsstruktur über so viele Abstufungen verfügt und wir in der Lage sind, diesen situativ zu verrücken und bewusst einzusetzen. Meine Mutter, die selbst voll berufstätig war, hat mir ein Leben fernab von der gesellschaftlichen Erwartungshaltung an klassische Rollenverteilung vorgelebt und mir gezeigt, dass wir das »Frausein« selbst definieren dürfen und Familie und Karriere sich nicht zwingend ausschließen müssen. Für mich war sie in ihrer Willensstärke und Entschlossenheit ein unheimliches Vorbild, und mit jedem Jahr des Älterwerdens wurde mir klar: Ich will das auch.

Die Geschlechtsfrage wird zur Identitätsfrage

Nachdem ich also für mich geklärt hatte, dass ich eine Führungskarriere anstreben wollte, stellte sich mir die Frage nach dem »Wie«. Mir war klar, dass ich mich dem bestehenden System nicht beugen, geschweige denn vorherrschende »männlich« geprägte Verhaltensmuster übernehmen wollte. In meiner Andersartigkeit, mit meiner Weiblichkeit, der frischen Perspektive, die ich einbringen konnte, sah ich immer einen großen Mehrwert. Gleichzeitig war es mir wichtig, mich nicht auf die vermeintlich geschlechtsspezifischen Kompetenzen reduzieren zu lassen. Ich wollte einfach ich sein – Jumana mit allem, was dazugehört. Und dazu gehört natürlich auch mein Geschlecht, aber eben noch so viel mehr. Ich wünsche mir, dass wir den Blick für einen umfassenderen Kriterienkatalog öffnen: Neben dem Geschlecht spielen Alter, soziale Herkunft, Beziehungen, Werte und Überzeugungen sowie individuelle Eigenschaften, Erfahrungen und Kompetenzen eine Rolle. Ich plädiere dafür, die Geschlechtsfrage durch eine Frage nach der Identität, die all diese Kriterien berücksichtigt, abzulösen.

Recht gibt mir hierbei auch die Bewegung der jüngeren Generation, die die gesellschaftliche Wahrnehmung von Geschlecht derzeit stark verändert und ein neues Bewusstsein für den Wert von Diversität in Wirtschaft und Politik schafft. Das Ergebnis? Tradierte Geschlechterrollen werden in vielen Lebensbereichen zunehmend abgelegt und verlieren an gesellschaftlicher Verbindlichkeit. Individuelle, geschlechtsunabhängige Biografien lassen Geschlechterstereotypen aufbrechen, sorgen für einen radikalen Wandel in Wirtschaft und Gesellschaft und ebnen den Weg hin zu einer neuen Kultur des Pluralismus.

Authentizität als Schlüssel zum Erfolg

So sehr ich mir diese neue Kultur des Pluralismus wünsche, so vergeht dennoch keine Woche, in der mein Geschlecht im beruflichen Kontext keine Rolle spielt. Beispielsweise werde ich regelmäßig gefragt: »Frau Al-Sibai, wie ist das eigentlich so als Führungsfrau in der Männerbranche?« Meine Antwort? Sehr gut! Ich verfolge einen Führungsstil, der den Bedürfnissen derer entspricht, die mit mir arbeiten: weg von Top-down, hin zu involvierender Kommunikation. Mir ist es wichtig, mein Team nicht nur auf rationaler Ebene zu überzeugen, sondern es auch emotional für mich und unsere Vision zu gewinnen. Damit einher geht ein Shift vom klassischen »Managementverständnis« hin zu echtem Leadership.

In unsicheren Zeiten sind wir Führungskräfte mehr denn je gefragt, Antworten zu finden – nicht nur auf inhaltlich-strategischer Ebene, sondern auch, um unseren Mitarbeitenden emotionale Sicherheit und Orientierung zu bieten. All das ist mir persönlich sehr wichtig, aber nicht das Resultat meines Geschlechts, sondern meiner gesamten Identität.

Damit Führungskräfte als inspirierende Vorbilder wahrgenommen werden, sind außerdem Ehrlichkeit und Authentizität gefragt. Auch hier spielt die Identität wieder eine wichtige Rolle – denn authentisch zu sein, bedeutet, mich als Mensch einzubringen.[95] Dazu gehört es auch, selbst im beruflichen Kontext über eigene Ängste und Sorgen zu sprechen, transparent zu kommunizieren und aktiv zuzuhören. Authentische Sprache ist für mich eines der wichtigsten Werkzeuge. Mein Anspruch ist es, klar, direkt und verständlich zu kommunizieren.

Meine Teams müssen wissen, was Sache ist und woran sie sind. Das geht nur, wenn ich auf geschönte und vermeintlich intellektuelle Phrasen verzichte und die Dinge stattdessen sehr klar benenne. Dafür habe ich in der Vergangenheit viel Wertschätzung erfahren, denn auch wenn die Wahrheit nicht immer leicht ist, so bin ich mir sicher, dass wir sie den Menschen zumuten können. Neben dem sprachlichen Aspekt bedeutet Authentizität für mich auch, frei über mein äußeres Erscheinungsbild zu entscheiden. Ich spiele gerne mit den Möglichkeiten, die die Mode mir bietet. Als Frau darf ich wählen: pinkes Kostüm oder doch dunkelblauer Hosenanzug? Lockeres Sommerkleid oder doch Business-chic mit Blazer und strengem Haar? Ich liebe das Spiel mit Akzenten und die Chance, mein Erscheinungsbild bewusst einzusetzen. Authentisch sein bedeutet für mich, als ich auftreten zu dürfen – ohne mich zu verstellen. Das ist mein Erfolgsrezept für Führung, das ich jedem ans Herz legen möchte.

Verantwortung neu denken

Nun habe ich bereits erklärt, was es für mich bedeutet, »ich selbst« zu sein, und dass ich der Meinung bin, dass der Zugang zur eigenen Identität der Schlüssel zu wirklich guter Führung ist – geschlechtsunabhängig. Dazu bedarf es einer großen Portion kritischer Selbstreflexion, der Auseinandersetzung mit den eigenen Werten und letztlich der Sicherstellung der persönlichen Integrität. Erst so kann eine Führungskraft Standhaftigkeit beweisen, die in unsicheren Zeiten wie diesen wichtiger ist als je zuvor. Dass dieses Prinzip dann auf fruchtbaren Boden fällt, ist jedoch auch eine Frage der Haltung des Unternehmens, in dem wir angestellt sind.

Stellen wir uns vor, Unternehmen haben verstanden, dass das Potenzial weiblicher Nachwuchskräfte nicht länger marginalisiert werden darf. Was können sie tun, um diese Potenziale tatsächlich auch freizusetzen? Richtig, die notwendigen Rahmenbedingungen für eine inklusive Unternehmenskultur schaffen. Das bedeutet auch, dass wir Verantwortung neu denken müssen. Bis heute stehen Frauen häufig vor der Herausforderung, neben der Arbeit allein für die Kindererziehung verantwortlich zu sein. Das zeigt sich auch im Verhältnis der Teilzeitpositionen, die von Frauen über viermal häufiger besetzt werden als von Männern.[96] Um das langfristig zu verändern, muss die Kinderplanung von einer reinen Frauen- zur Familienangelegenheit werden. Auch Unternehmen müssen der moralischen Überfrachtung der Mütter entgegenwirken und mit familienfreundlichen Maßnahmen unterstützen, Vereinbarkeit vernünftig zu managen. Nicht ohne Grund korreliert eine höhere Flexibilität am Arbeitsplatz positiv mit dem Engagement, der Zufriedenheit und der Gesundheit der Mitarbeitenden.[97] Die Zeiten, um als Unternehmen das große Potenzial der weiblichen Arbeitskraft zu realisieren, waren nie besser: Zu keinem Zeitpunkt gab es so viele gut ausgebildete Frauen wie heute. Dennoch werden wir das volle Potenzial weiblicher Erwerbstätigkeit erst dann entfalten können, wenn Unternehmen und Politik familienfreundlichere und flexiblere Modelle für Vereinbarkeit schaffen. Unternehmen, denen das gelingt, befinden sich im »War for Talents« in der absoluten Poleposition.

Erfolgreich ist, wer sich selbst vertraut

In einer perfekten Welt wird es also bald viele Unternehmen geben, die sich bemühen werden, Frauen im beruflichen Kontext Rahmenbedingungen bereitzustellen, die sie bei ihrer Erwerbstätigkeit unterstützen. Und dennoch wird es selbst in einem solchen Setting aller Voraussicht nach viele junge Frauen geben, die sich Vorbilder wünschen, da es das intuitive Bedürfnis nach Orientierung und Maßgabe befriedigt.

Das verstehe ich, und gleichzeitig bin ich der festen Überzeugung, dass nicht Vorbilder, sondern ein offener Geist, Experimentierfreude und Mut nötig sind, um in der heutigen Arbeitswelt zu bestehen. Wie wäre es stattdessen, wenn wir diesen Gedanken einfach einmal umdrehen würden: Fehlende Vorbilder bedeutet auch weniger eingetretene Wege, weniger Schema-F, weniger Blaupause – dafür umso mehr Gestaltungsmöglichkeiten, umso mehr Freiheiten in der eigenen Rollenfindung. Ich habe mich persönlich vor Jahren entschieden, genau das als Chance zu begreifen. Ich rate allen Frauen, einfach sie selbst zu sein und sich so einzubringen, wie sie sind – mit all ihren Facetten. Ihrer eigenen Kompetenz zu vertrauen, offen in Erscheinung zu treten und die Bühnen zu nutzen, die ihnen geboten werden, mögen sie noch so groß scheinen. Mut lohnt sich immer. Den eigenen Gedanken zu Ende führen? Einfach machen! Eine andere Meinung vertreten? Unbedingt – und gerne erzählen, warum!

Meine Einladung an alle Frauen: Lasst uns gemeinsam mutiger werden.

Dahinter verbirgt sich die Freiheit, unsere Träume zu erfüllen und ein Leben nach unseren Vorstellungen zu führen – völlig unabhängig von Stereotypen und Erfahrungen vorangegangener Generationen, mit denen wir alle sozialisiert wurden.

Wir können alles sein, wir müssen uns nur trauen und an das große »Und« des Lebens glauben.

Linda Kurz: So ist es als Führungskraft in einer männlich dominierten Branche

Linda Kurz sammelte in ihrer bisherigen beruflichen Laufbahn zahlreiche Erfahrungen in der AUDI AG und der Audi Sport GmbH: Sie begann 2011 im Produktmarketing der AUDI AG und wechselte 2013 zur High-Performance-Tochter Audi Sport GmbH. Es folgten unter anderem Stationen als Produktmanagerin des R8, als fachliche Assistentin der Geschäftsführung der Audi Sport GmbH sowie als Leiterin Produktmarketing Fahrzeuge Audi Sport. In dieser Funktion setzte sie entscheidende Akzente für die Zukunft der elektrifizierten Audi RS-Modelle und launchte unter anderem den Audi e-tron GT. Seit Januar 2022 leitet Linda Kurz das Marketing Deutschland bei der AUDI AG.

Karriere als Frau – gesellschaftlich wird betont, wie notwendig es ist, dass Frauen Führungspositionen übernehmen. Trotzdem stoßen gerade Frauen auf viele Widerstände. Warum hast du dich dafür entschieden?

Mir war schon immer wichtig, Menschen in ihrer Entwicklung zu unterstützen. Als Führungskraft habe ich die Chance, sie aktiv auf ihrem Weg zu begleiten, sie zu fördern, ihnen neue Perspektiven aufzuzeigen und in ihrem Handeln zu bestärken, sie also zu empowern. Als ich das erste Mal miterleben durfte, wie meine Mitarbeitenden über sich hinausgewachsen sind, hat mich das richtig stolz gemacht.

Gab es neben diesen persönlichen auch fachliche Gründe?

Ich habe eine große Passion für unsere Produkte, und ich übernehme gern Verantwortung. In der Führungsaufgabe sah ich auch die großartige Möglichkeit, Einfluss auf Themen zu nehmen und sie aktiv mitzugestalten. Als ich bei Audi Sport daran mitwirken konnte, unsere Fahrzeuge in ihren Kernmerkmalen, wie dem Antrieb, zu verändern, ging für mich ein Traum in Erfüllung. Dabei ist mir wichtig, für mein Team die richtigen Rahmenbedingungen zu schaffen, damit sie wirklich kreativ sein können, mutig vorangehen, neue Ideen entwickeln und wir diese dann realisieren. Nur gemeinsam kreieren wir so Innovationen.

Die Automobilindustrie ist nach wie vor eher ein Männer dominiertes Business. Hast du hier Nachteile erlebt?

Bis zu meinem Start im Marketing Deutschland habe ich immer eng am Produkt gearbeitet, zusammen mit mehrheitlich männlichen Kollegen. Dabei stand aber ganz klar immer die Fachexpertise im Vordergrund. Natürlich gab es herausfordernde Momente, in denen ich mich als einzige Frau in einer Diskussion mal komisch gefühlt habe. Aber sehr geschätzt wurde ich immer. Die Branche wandelt sich auch weiter und wird vielfältiger. Heute habe ich ein Team, in dem circa zwei Drittel Frauen arbeiten. Ich habe also beide Konstellationen schon erlebt.

Welche Vorzüge siehst du heute darin, als Führungskraft zu arbeiten?

Einerseits habe ich mich durch meine berufliche Entwicklung auch als Persönlichkeit stark weiterentwickelt. Ich kann schneller Entscheidungen treffen und gehe strategischer und methodischer vor, um nur einige Beispiele zu nennen. Zugleich eröffnet mir die Rolle ein wirklich großes, äußerst vielfältiges Netzwerk, ob mit Marketing-Professionals oder Vertretern aus ganz anderen Branchen – durch diesen wertvollen Austausch erhalte ich spannende Insights und unterschiedlichste Perspektiven. Das empfinde ich als enorme Bereicherung.

Und speziell als Frau?

Wir erleben gerade einen Wandel hin zu einer modernen Führungskultur, die das Team in den Vordergrund stellt. Kompetenzen wie Empathie, Vertrauen oder ein stärkerer Fokus auf das Miteinander werden immer wichtiger. In dieser Hinsicht entwickeln wir uns als Führungskräfte alle gemeinsam weiter. Und eines ist ganz entscheidend: Wir sind nur erfolgreich, wenn jede und jeder die eigenen Stärken einbringt! Studien belegen genau das: Diverse Teams sind erfolgreicher. Dabei geht es neben einer möglichst großen Vielfalt an Geschlechtern auch um Faktoren wie Internationalität, Alters- oder kulturelle Unterschiede. Führungskräfte und Unternehmen haben das erkannt und fördern genau diese Vielfalt nun gezielt.

Sigrid Nikutta: **Gemeinsam für mehr Gleichberechtigung sorgen**

Dr. Sigrid Evelyn Nikutta ist eine deutsche Managerin. Sie ist im Vorstand der Deutsche Bahn AG in Berlin verantwortlich für den Schienengüterverkehr und zeitgleich Vorstandsvorsitzende der DB Cargo AG in Mainz. Zuvor war sie zehn Jahre die Vorstandsvorsitzende der Berliner Verkehrsbetriebe (BVG), die sie als erste Frau an der Spitze des Unternehmens erstmals in der Geschichte der BVG in die schwarzen Zahlen führte. Unter ihrer Führung entstand der legendäre Imagewandel der BVG. Zuvor war sie bereits über ein Jahrzehnt für die Deutsche Bahn in Führungspositionen im In- und Ausland tätig. Sie ist Aufsichtsrätin, Hochschulrätin und die Kuratoriumsvorsitzende des Deutschen Instituts für Wirtschaftsforschung (DIW).

Wie schaffen wir mehr Gleichberechtigung? Eigentlich ist das eine seltsame Frage, denn in unserer Gesellschaft sind ja bereits im Grundgesetz alle Menschen gleich. Leider ist die Realität oft eine andere.

Das jüngste »Managerinnen-Barometer« des Deutschen Instituts für Wirtschaftsforschung (DIW) hat die Daten der 200 umsatzstärksten Unternehmen in Deutschland ausgewertet. Dort sind die Vorstände mittlerweile zu 16 Prozent mit Frauen besetzt, die Positionen in den Aufsichtsräten mit 31 Prozent. Das ist ein ermutigendes Zeichen. Wir sehen, es bewegt sich etwas – doch von echter Gleichberechtigung sind die Zahlen noch weit entfernt.

Wie schnell kommen wir hier voran? Die DIW-Studienleiterin Katharina Wrohlich analysiert[98]: Es ist ein Dauerlauf, kein Sprint. Denn in den letzten Jahren ist der Frauenanteil in den Geschäftsleitungen und deren Aufsichtsgremien zwar kontinuierlich angestiegen, aber die Dynamik ist langsamer geworden. Zuletzt nur um rund 0,9 Prozent beziehungsweise um 0,5 Prozent jährlich. Es geht also nach wie vor um viele, viele Schritte. Und jeder Schritt muss aktiv gemacht werden. Und Schritte können auch nach hinten gehen. Ein Ziel, das erreicht werden soll, ist entscheidend für die Geschwindigkeit, das Durchhalten und die Laufrichtung.

Für mich ist die Quote genau ein solches Ziel. Dabei hat mich die kontroverse Diskussion um die Einführung der Quote wirklich überrascht. Jedes Unternehmen hat Ziele und ist gewohnt, an der Zielerreichung gemessen zu werden. Denken wir nur an Umwelt- oder Sicherheitsstandards. Also muss der Grund für die Diskussionsheftigkeit woanders liegen. Aber wo? Denn – wie gesagt – Gleichberechtigung kennt das deutsche Grundgesetz seit bereits 74 Jahren!

Nach 30 Jahren Berufserfahrung im Management ist meine Analyse klar, wenn auch wenig schmeichelhaft. Macht – es geht um Macht. Und wer gibt schon gern und freiwillig Macht ab?

Bei der Frage der Geschlechtergerechtigkeit geht es um Macht und das Bewusstsein dafür. Deshalb ist es so wichtig, dass es einen gesetzlichen Rahmen gibt. Aber genauso wichtig ist, dass uns allen klar wird, dass es häufig auch noch alte Rollenbilder in unseren Köpfen gibt. Das ist eine Frage des Bewusstseins. Denn der Weg zum neuen normal, zur Selbstverständlichkeit von Frauen und Männern in Führungspositionen ist theoretisch klar. Die Frage nach dem richtigen Verhältnis von Frau und Mann in einem Führungsteam macht uns die Natur ziemlich clever vor. Die Quote für das »Team Menschheit« auf unserem Planeten liegt bei ziemlich genau 50 Prozent.

Gesellschaften, die gleichberechtigte Teilhabe von Frauen und Männer praktizieren, sind am erfolgreichsten. Sie haben nicht nur mehr strukturierten sozialen Wohlstand, sondern auch – Beispiel Skandinavien – die meisten glücklichsten Menschen, laut dem World Happiness Report.[99] *So no excuses – just do it!*

Fazit und Dank

Als wir anfingen, dieses Buch im Mission-Female-Team und -Netzwerk zu planen, hatten wir eine klare Vorstellung, was wir *nicht* wollten: uns in die lange Reihe von Ratgebern einzugliedern, die Frauen erzählen, was an ihnen nicht gut (genug) ist und was sie alles an sich ändern müssen, um eine Karriere verdient zu haben.

Wer auch nur ein paar der kurzen und langen Beiträge in diesem Buch gelesen hat, wird erkennen, dass es »die eine« Karriere ebenso wenig gibt wie »die eine« Frau. Jede Person ist einzigartig, mit all ihren Stärken und Schwächen, Träumen und Prioritäten.

Wir wollten zeigen, dass es in vielen – wenn nicht sogar den meisten – Fällen nicht an den Frauen liegt, dass es mit der Karriere nicht klappt. Statt uns auf unsere Meinung zu verlassen und dieses Thema noch weiter zu emotionalisieren, als es ohnehin schon ist, recherchierten wir wissenschaftliche Studien von Forschenden rund um den Globus – und das Ergebnis hat selbst uns schockiert: Patriarchale Strukturen sind in vielen Teilen der Welt – auch in den USA und Europa – noch viel stärker in unserer Gesellschaft und in den einzelnen Köpfen verankert, als es im Jahr 2023 angebracht sein sollte. Sie bilden die Wurzel für unbewusste Vorurteile – die in diesem Buch oft erwähnten »Unconscious Biases« –, die Frauen den Aufstieg auf der Karriereleiter ebenso schwer machen, wie sie alle Geschlechter in Rollenbilder pressen, was die Berufswahl, die Familienplanung und die Übernahme von Care-Arbeit angeht.

Anhand dieser Daten konnten wir in den vorangehenden Kapiteln zeigen, dass es keinesfalls Einbildung ist, wenn Frauen das Gefühl haben, nicht gleich behandelt zu werden. Die Zahlen sprechen eine deutliche Sprache: Frauen werden in unserer Gesellschaft bei Weitem nicht gleich behandelt – angefangen bei der Anzahl von Frauen in Führungspositionen, mit der Deutschland im europäischen und globalen Vergleich deutlich hinterherhinkt, über die Ungleich-behandlung von Frauen hinsichtlich der Gehälter – trotz scheinbar großartig verdienender Topmanagerinnen –, über den deutlich höheren Maßstab, dem Frauen gerecht werden sollen, bis hin zur, leider immer noch relevanten Thematik, dass Frauen einerseits in eine Mutterrolle gedrängt werden und gleichzeitig Diskriminierung auf der Arbeit erleben müssen, wenn sie Kinder bekommen. Keine Karriere ist aber auch keine Lösung, wie gerade unser zweites Kapitel zeigt. Dass Frauen arbeiten gehen, ist mehr als »nice to have«. Vielmehr ist es persönlich, gesellschaftlich und wirtschaftlich notwendig, dass Frauen Karriere machen können, wenn sie es wollen.

Haben wir eine Patentlösung für all das? Ehrlicherweise, nein. Weil es auch hier nicht »die eine« Lösung gibt. Vielmehr handelt es sich um eine gesamtgesellschaftliches Problem, das wir nur alle gemeinsam bewältigen können. Dabei helfen uns die vielen inspirierenden Geschichten, die den Faktenteil dieses Buchs um persönliche Erfahrungen und Tipps bereichern. Sie zeigen uns, dass es schon jetzt viele tolle Frauen in verantwortungsvollen Leitungsfunktionen gibt und wie diese es – trotz aller Widerstände – geschafft haben. Dort gibt es also viel Inspiration für alle, die diesen Aufstieg noch vor sich haben.

Sie sind – wie es Lore Maria Peschel-Gutzeit so treffend formuliert hat – Brückenköpfe, die andere auf dem Weg nach oben mitnehmen. Die vernetzen, unterstützen, fordern, fördern und empowern. Warum? Weil sie überzeugt davon sind, dass wir #strongertogether sind.

Ohne all diese inspirierenden Frauen, von denen ich viele als Mitglieder von Mission Female persönlich kennenlernen durfte, wäre dieses Buch nicht möglich gewesen. Vielen Dank, dass ihr eure Erfolge ebenso wie eure Schwächen, Fehler und Learnings mit uns und unseren Lesenden geteilt habt.

Vielen Dank ebenfalls an Friederike Thompson und Georg Hodolitsch von der Münchner Verlagsgruppe, die uns als Wegbegleitende vom Konzept bis zum fertigen Buch mit ihren Insights und Tipps fabelhaft unterstützt haben.

Und *last but not least* »Danke« an das ganze Mission-Female-Team, ganz besonders an Dana und Thea Lange als Buchcoaches sowie für die redaktionelle Unterstützung, die Koordination und den Feinschliff all unserer Inhalte. Auch hier beweist sich unser Motto #strongertogether, denn nur gemeinsam konnten wir dieses Projekt so erfolgreich umsetzen!

Vor allem geht mein Dank aber an all jene Frauen, die hier nicht namentlich genannt werden können: an die vielen Millionen, die jeden Tag Kind, Karriere, Care-Arbeit und Beziehung jonglieren. Die so viel leisten und oft so wenig Wertschätzung bekommen.

Für euch ist dieses Buch: Um euch zu zeigen, es liegt nicht an euch und euren Kompetenzen – oder deren scheinbarem Fehlen. Um euch zu zeigen, was ihr alles erreichen könnt, wenn wir alle für mehr Diversität sorgen und Brücken bauen, statt uns gegenseitig kleinzuhalten.

Wir sind perfekt, wie wir sind, jede auf ihre eigene Art – und genau das macht uns erfolgreich.

Über Frederike Probert

Frederike Probert ist Gründerin und Geschäftsführerin von Mission Female. In den vergangenen 20 Jahren machte sie sich als erfolgreiche Unternehmerin in der digitalen Industrie und als Technologieexpertin einen Namen. Ihr erklärtes Ziel ist es, Frauen in Wirtschaft, Medien und Politik zu stärken. Mit Mission Female bietet sie seit Anfang 2019 ein branchenübergreifendes Netzwerk für Topmanagerinnen und Fachexpertinnen, in dem der persönliche, vertrauliche und verbindliche Austausch im Fokus steht.

Zudem steht Frederike Unternehmen strategisch beratend zur Seite, um eine geschlechtliche Parität auf den obersten Führungsebenen zu erzielen. Sie ist erfolgreiche Buchautorin, gefragte Speakerin, Female-Founder-Investorin und Board Member in unterschiedlichen Unternehmen und Initiativen – immer mit dem Ziel vor Augen, wirtschaftliche Erfolge über mehr Diversität, Inklusion und Gleichberechtigung zu maximieren. Privat lebt Frederike mit ihrem Mann und Hund Fiete in Hamburg und in den USA. Sie ist passionierte Cross-Golferin, reist gerne um die Welt, isst am liebsten spanische Tapas zu einem guten Glas Rotwein und hat – trotz aller Klischees – eine bedenkliche Schwäche für Schuhe.

Ihr hochkarätiges Netzwerk »Mission Female« steht für Vernetzung mit Gleichgesinnten, persönlichen Austausch, gegenseitige Stärkung sowie Qualifizierung und (Weiter-)Entwicklung von Frauen in Führungspositionen. Ganz nach dem Mission-Female-Motto #strongertogether macht sie erfolgreiche Frauen sichtbar(er) und zeigt, dass es nicht immer »die Einzige« sein muss – und darf.

Anmerkungen

1   Allensbacher Jahrbuch für Demoskopie. 1997. Bd. 10: 1993 – 1997. Hrsg. Institut für Demoskopie Allensbach GmbH. München. S. 602.

2   Statista. Ranking der 20 Länder mit dem größten BIP im Jahr 2021. https://de.statista.com/statistik/daten/studie/157841/umfrage/ranking-der-20-laender-mit-dem-groessten-bruttoinlandsprodukt/. (Abrufdatum 04.12.2022)

3   Eurostat. Frauenanteil in Führungspositionen 2019. https://www.destatis.de/Europa/DE/Thema/Bevoelkerung-Arbeit-Soziales/Arbeitsmarkt/Qualitaet-der-Arbeit/_dimension-1/08_frauen-fuehrungspositionen.html. (Abrufdatum 4.12.2022)

4   Europäische Union: BIP in den Mitgliedsstaaten der EU im Jahr 2021. https://de.statista.com/statistik/daten/studie/188776/umfrage/bruttoinlandsprodukt-bip-in-den-eu-laendern/. (Abrufdatum 4.12.2022)

5   AllBright Stiftung. 2021. AllBright Bericht September 2021. Hrsg. AllBright Stiftung. Berlin

6   FidAR – Women on Board Index 185. https://www.wob-index.de/wobi185.html. (Abrufdatum 4.12.2022)

7   Dr. Thomas Tomkos. 2021. Aufsichtsgremien deutscher Familienunternehmen. Russell Reynolds Associates. Hamburg.

8   AllBright Stiftung. 2022. Stillstand: Familienunternehmen holen keine Frauen in die Führung. Hrsg. AllBright Stiftung. Berlin

9   ebd.

10 ebd.

11 AllBright Stiftung. 2021. AllBright Bericht Juni 2021. Börsenneulinge sind die neuen Alten: Wachstum ohne Frauen. Hrsg. AllBright Stiftung gGmbH. Berlin.

12 Board Ex. BoardEx Global Gender Balance Report 2021. https://www.boardex.com/2020-global-gender-diversity-analysis-women-on-boards/ (Abrufdatum 30.12.2022)

13 Haas, Alexander und Melina Luisa Marasek. 2022. Warum Frauen nicht in die Vorstände kommen. Diskussionspapier der Professur für Marketing und Verkaufsmanagement der Justus-Liebig-Universität Gießen. Gießen

14 Paula Arndt, Katharina Wrohlich. 2019. DIW Wochenbericht 38/2019, S. 691-698

15 Haas, Alexander und Melina Luisa Marasek. 2022. Warum Frauen nicht in die Vorstände kommen. Diskussionspapier der Professur für Marketing und Verkaufsmanagement der Justus-Liebig-Universität Gießen. Gießen

16 ebd.

17 https://www.uni-giessen.de/de/fbz/fb02/fb/professuren/bwl/marketing-verkaufsmanagement/aktuelles-marketing/daten/haas-und-marasek-2022-warum-frauen-nicht-in-die-vorstaende-kommen.pdf

18 ebd.

19 ebd.

20 https://www.uni-giessen.de/de/fbz/fb02/fb/professuren/bwl/marketing-verkaufsmanagement/aktuelles-marketing/daten/haas-und-marasek-2022-warum-frauen-nicht-in-die-vorstaende-kommen.pdf

21 ILO ACT/EMP. 2015. Women in business and management: Gaining momentum, Global report. Hrsg. ILO. Genf

22 J. Bush and L. Yee. 2011. Changing companies' minds about women. In McKinsey Quarterly. Hrsg. McKinsey & Company. Düsseldorf

23 Duden.de, Abrufdatum 10.10.2022

24 Sören Mohr, Johanna Nicodemus, Evelyn Stoll, Ulrich Weuthen und Dr. David Juncke (Prognos AG). 2022. Diskriminierungserfahrungen von fürsorgenden Erwerbstätigen. Hrsg. Antidiskriminierungsstelle des Bundes. Berlin

25 Biese, Ingrid. 2013. Opting Out: A critical study of women leaving their careers to adopt new lifestyles. Universität Helsinki. Helsinki

26 Stylebook – Beauty Impact Report 2022. 2022. Axel Springer SE Marktforschung. Innofact AG. Berlin

27 Bundesministerium für Familie, Senioren, Frauen und Jugend (BMFSFJ). Formen der Gewalt erkennen. https://www.bmfsfj.de/bmfsfj/themen/gleichstellung/frauen-vor-ge-walt-schuetzen/haeusliche-gewalt/formen-der-gewalt-erkennen-80642 (Abrufdatum: 24.11.2022.)

28 Glassdoor.com. How much does a Housewife make? https://www.glassdoor.com/Salaries/housewife-salary-SRCH_KO0,9.htm, (Abrufdatum: 24.11.2022.)

29 Salary.com. How Much Is a Mother Really Worth? https://www.salary.com/articles/mother-salary/. (Abrufdatum: 24.11.2022.)

30 Jonas Fey, Prof. Dr. Michael Wagner. 2021. D80+ Kurzberichte, Das Einkommen der Hochaltrigen in Deutschland. Nummer 2 Dezember 2021. Cologne Center for Ethics, Rights, Economics, and Social Sciences of Health (ceres).Universität Köln und BMFSFJ. Köln

31 Vereinte Nationen. Ziele für nachhaltige Entwicklung. https://unric.org/de/17ziele/. (Abrufdatum 30.12.2022)

32 International Monetary Fund. 2018. Pursuing Women's Economic Empowerment. Hrsg. International Monetary Fund.Washington.

33 PwC. Women in Work Index 2022. https://www.pwc.co.uk/services/economics/insights/women-in-work-index.htmlhttps://www.pwc.co.uk/services/economics/insights/women-in-work-index.html https://www.pwc.co.uk/services/economics/insights/women-in-work-index.html. (Abrufdatum 29.12.2022)

34 David Cuberes, Marc Teignier, Aggregate Effects of Gender Gaps in the Labor Market. 2016. A Quantitative Estimate, in: Journal of Human Capital, Volume 10, Number 1. University of Chicago. Chicago

35 Ferrant, G. and A. Kolev. 2016. Does gender discrimination in social institutions matter for long-term growth?: Cross-country evidence«, OECD Development Centre Working Papers. No. 330. OECD Publishing. Paris

36 OECD. OECD Week 2012 – Gender Equality in Education, Employment and Entrepreneurship: Final Report to the Mcm 2012. https://www.oecd.org/employment/50423364.pdf. (Abrufdatum 29.12.2022)

37 Matsa DA and Miller AR. 2013. A Female Style in Corporate Leadership? Evidence from Quotas. American Economic Journal: Applied Economics, 5, 136-169.

38 Mary Akimoto, Osman Anwar, Molly Broome, Dragos Diac, Dr Randall S Peterson, Dr Sergei Plekhanov, Simon Osborne and Vyla Rollins. 2021. Board Diversity and Effectiveness in FTSE 350 Companies. London: The Financial Reporting Council Limited

39 Adams RB, Licht AN and Sagiv L. 2011. Shareholderism: Board Members' Values and the Shareholder-Stakeholder Dilemma. Strategic Management Journal, 32, 1331-1355.

40 Adams, Renée B. and Ragunathan, Vanitha, Lehman Sisters. 2015. FIRN Research Paper, http://dx.doi.org/10.2139/ssrn.2380036

41 AllBright Stiftung. 2022. Kampf um die besten Köpfe. Hrsg. AllBright Stiftung. Berlin

Anmerkungen

42 Boston Consulting Group. 2021. BCG Gender Diversity Index 202. Hrsg. Boston Consulting Group. München.

43 ILO. Frauen in Führungspositionen haben einen positiven Effekt auf den Unternehmenserfolg. https://www.ilo.org/berlin/presseinformationen/WCMS_703609/lang--de/index.htm. (Abrufdatum 29.12.2022)

44 AllBright Stiftung. 2022. Kampf um die besten Köpfe. Die Konkurrenz um Vorständinnen nimmt zu. Hrsg. AllBright Stiftung. Berlin

45 AllBright Stiftung. Twitter. https://bit.ly/3Xjyo18

46 Bundesministerium für wirtschaftliche Zusammenarbeit und Entwicklung. https://www.bmz.de/de/themen/frauenrechte-und-gender/frauen-staerkung-wirtschaftliche-teilhabe. (Abrufdatum 29.12.2022)

47 Bundeszentrale für politische Bildung. Bildungsungleichheiten zwischen den Geschlechtern. https://www.bpb.de/themen/bildung/dossier-bildung/315992/bildungsungleichheiten-zwischen-den-geschlechtern/#:~:text=Machten%201965%20noch%20fast%20doppelt,(Statistisches%20Bundesamt%2C%202019). (Abrufdatum 29.12.2022)

48 Für börsennotierte und zugleich paritätisch mitbestimmte Unternehmen ist eine Zielgröße von Null sowie eine dahingehende Begründung in der Erklärung zur Unternehmensführung nicht ausreichend. Hier gelten seit Inkrafttreten des Zweiten Führungspositionen-Gesetzes über die allgemeinen gesetzlichen Regelungen hinausgehende gesetzliche Mindestgeschlechterquoten im Aufsichtsrat sowie bei Vorständen mit mehr als drei Personen.

49 EY. 2021. EY Mittelstandsbarometer 2022. Hrsg. EY. Stuttgart. S. 17

50 Vgl. ebd., S. 18

51 KPMG. 2022. 2022 CEO Outlook. Hrsg. KPMG. Amstelveen. S. 13

52 Destatis. Datenportal des Statistischen Bundesamts

53 EY. 2022. EY Studierendenstudie 2022. Hrsg. EY. Stuttgart. S. 19

54 McKinsey & Company. 2017. Women Matter. Hrsg. McKinsey & Company. Düsseldorf. S. 14 ff.

55 EY. 2022. EY Studierendenstudie 2022. Hrsg. EY. Stuttgart. S. 19

56 Nolan, Morand, Kotschwar. 2016. Is Gender Diversity Profitable? Evidence from a Global Survey. WP 16-3. Hrsg. PIIE - Peterson Institue for International Economics. Washington. S. 16

57 McKinsey & Company. 2020. Diversity wins – How inclusion matters. Hrsg. McKinsey & Company. Düsseldorf. S. 14

58 Riepe, Yang. 2019. Empirical Studies on Gender Diverse Boards: Be Aware of the Value Bias in Corporate Dept. S. 8 ff.

59 Bart, McQueen. 2013. Why women make better directors. Int. J. Business Governance and Ethics, Vol. 8, No. 1.

60 Statista. Frauenanteil in den Vorständen von großen Banken in Deutschland. https://de.statista.com/statistik/daten/studie/251668/umfrage/frauenanteil-in-den-vorstaenden-grosser-deutscher-banken-und-sparkassen/. (Abrufdatum 06.12.2022)

61 Bundeszentrale für politische Bildung. Bevölkerung nach Altersgruppen und Geschlecht. https://www.bpb.de/nachschlagen/zahlen-und-fakten/soziale-situation-in-deutschland/61538/altersgruppen. (Abrufdatum 06.12.2022)

62 Financial Alliance for Women. The Opportunity. https://financialallianceforwomen.org/the-opportunity/. (Abrufdatum 06.12.2022)

63 Star Finanz – Software Entwicklung und Vertriebs GmbH. 2022. Female Finance – Frauen in der Finanzwelt – Gender Gaps und nicht erkannte Bedürfnisse. https://sparkassen-hub.com/wp-content/uploads/sites/18/2021/12/Sparkassen-Innovation-Hub_Marktstudie_Female-Finance-final.pdf (Abrufdatum 29.12.2022)

64 Die Carolin Kebekus Show: Frau des Geldes – Let's talk about Female Finance. ARD 26.05.2022. https://www.daserste.de/unterhaltung/comedy-satire/carolin-kebekus-show/videos/frau-des-geldes-100.html

65 The World Bank. Expanding Women's Access to Financial Services. https://www.world-bank.org/en/results/2013/04/01/banking-on-women-extending-womens-access-to-financial-services (Abrufdatum 06.12.2022)

66 Star Finanz - Software Entwicklung und Vertriebs GmbH. 2022. Female Finance – Frauen in der Finanzwelt – Gender Gaps und nicht erkannte Bedürfnisse. https://sparkassen-hub.com/wp-content/uploads/sites/18/2021/12/Sparkassen-Innovation-Hub_Marktstudie_Female-Finance-final.pdf (Abrufdatum 29.12.2022)

67 EY. Mixed Compensation Barometer 2022. https://assets.ey.com/content/dam/ey-sites/ey-com/de_de/news/2022/11/ey-mixed-compensation-2022.pdf. (Abrufdatum 07.01.2023)

68 Bundesministerium für Familie, Senioren, Frauen und Jugend. Lohngerechtigkeit. https://www.bmfsfj.de/bmfsfj/themen/gleichstellung/frauen-und-arbeitswelt/lohngerechtigkeit. (Abrufdatum 07.01.2023)

69 Penner, A.M., Petersen, T., Hermansen, A.S. et al.2022. Within-job gender pay inequality in 15 countries. Nature Human Behaviour. https://doi.org/10.1038/s41562-022-01470-z

70 OECD. Unpaid Care Work: The missing link in the analysis of gender gaps in labour outcomes. https://www.oecd.org/dev/development-gender/Unpaid_care_work.pdf (Abrufdatum 07.01.2023)

71 Bundesministerium für Familie, Senioren, Frauen und Jugend. Lohngerechtigkeit. https://www.bmfsfj.de/bmfsfj/themen/gleichstellung/frauen-und-arbeitswelt/lohngerechtigkeit (Abrufdatum 07.01.2023)

72 Bundesagentur für Arbeit. Sozialversicherungspflichtig Vollzeitbeschäftigte der Kerngruppe mit Angaben zum Bruttomonatsentgelt nach ausgewählten Merkmalen. https://www.arbeitsagentur.de/datei/entgelte-2017-2021-nach-geschlecht-bund-und-laendern_ba147561.pdf (Abrufdatum 07.01.2023)

73 Bundesagentur für Arbeit. Arbeitsmarkt in Deutschland. https://statistik.arbeitsagentur.de/SiteGlobals/Forms/Suche/Einzelheftsuche_Formular.html?nn=627730&topic_f=analyse-d-arbeitsmarkt (Abrufdatum 07.01.2023)

74 Huffington Post. How McKinsey's Story Became Sheryl Sandberg's Statistic - and Why It Didn't Deserve To. https://www.huffingtonpost.co.uk/curt-rice/how-mckinseys-story-became-sheryl-sandbergs-statistic-and-why-it-didnt-deserve-to_b_5198744.html (Abrufdatum 08.01.2023)

75 Kelly Shue, Danielle Li, Alan Benson, »Potential« and the Gender Promotion Gap (2022), Yale University, New Haven. https://danielle-li.github.io/assets/docs/PotentialAndTheGenderPromotionGap.pdf (Abrufdatum 08.01.2023)

76 Abigail Player, Georgina Randsley de Moura, Ana C. Leite, Dominic Abrams, Fatima Tresh, Overlooked Leadership Potential: The Preference for Leadership Potential in Job Candidates Who Are Men vs. Women (2019), in: Frontiers in Psychology, Volume 10-2019, www.frontiersin.org/articles/10.3389/fpsyg.2019.00755

77 50505 by OMR. 2022. VEREINBAR. Frauen, Karriere, Kinder - eine Studie. https://5050.omr.com/vereinbar-studie-5050-by-omr. Hrsg. OMR. Hamburg.

78 Brehm, Uta; Huebener, Mathias; Schmitz, Sophia. 2022. 15 Jahre Elterngeld: Erfolge, aber noch Handlungsbedarf. Hrsg. Bundesinstitut für Bevölkerungsforschung.Wiesbaden.

79 ebd.

80 Habermann-Horstmeier. 2010. Restriktives Essverhalten bei Frauen in Führungspositionen. Hrsg. Steinbeis Technologietransferzentrums (STZ) – Unternehmen & Führungskräfte. Villingen-Schwenningen

81 Folke, Olle, and Johanna Rickne. 2020. All the Single Ladies: Job Promotions and the Durability of Marriage.American Economic Journal: Applied Economics, 12 (1): 260-287.

Anmerkungen

82 AllBright Stiftung. 2022. Kampf um die besten Köpfe. Die Konkurrenz um Vorständinnen nimmt zu. Hrsg. AllBright Stiftung. Berlin

83 AllBright Stiftung. 2017. Ein ewiger Thomas-Kreislauf? Wie deutsche Börsenunternehmen ihre Vorstände rekrutieren. Hrsg. AllBright Stiftung. Berlin.

84 AllBright Stiftung. Männer rekrutieren Männer, die ihnen ähnlich sind. https://www.allbright-stiftung.de/fakten (Abrufdatum 14.01.2023)

85 Stoppard, J. M. 1999. Why new perspectives are needed for understanding depression in women. Canadian Psychology / Psychologie canadienne, 40(2), 79–90. https://doi.org/10.1037/h0086828

86 Bromberger, J. T., & Matthews, K. A. 1996. A longitudinal study of the effects of pessimism, trait anxiety, and life stress on depressive symptoms in middle-aged women. Psychology and Aging, 11(2), 207–213. https://doi.org/10.1037/0882-7974.11.2.207

87 Anna Weinberg. 2022. Pathways to depression: Dynamic associations between neural responses to appetitive cues in the environment, stress, and the development of illness, Psychophysiology, 10.1111/psyp.14193, 60, 1.

88 Karen Loon. 2021. Modern Chair Practices: What makes an effective board chair? https://blogs.insead.edu/idpn-globalclub/modern-chair-practices-what-makes-an-effective-board-chair/ (Abrufdatum 20.01.2023)

89 Süddeutsche Zeitung. »Bloß nicht charmant lächeln«. https://www.sueddeutsche.de/karriere/auftreten-im-job-frauen-muessen-arroganz-als-werkzeug-einsetzen-1.1929147-2. (Abrufdatum 29.12.2022)

90 Knaths. 2009. Spiele mit der Macht: Wie Frauen sich durchsetzen, Piper Taschenbuch; 16. Edition

91 Modler. 2018. Das Arroganz-Prinzip: So haben Frauen mehr Erfolg im Beruf, FISCHER Taschenbuch; 4. Auflage.

92 Bischoff. Sonja. Erfolgreiche Frauen – Die besten Karrieretipps. https://www.bookbeat.at/buch/erfolgreiche-frauen-die-besten-karrieretipps-422891

93 Steeger, Janine, Imdahl, Ines. 2022. Warum Frauen die Welt retten werden: und Männer dabei unerlässlich sind. Komplett-Media GmbH. München.

94 Cornelia Paul, https://www.cornelia-paul-coaching.de/

95 Iszatt-White, Kempster. 2019. International Journal of Management Reviews 21, S. 356–369.

96 Eurostat (2022)

97 Families and Work Institute. https://www.familiesandwork.org/research/2011 (Abrufdatum 29.12.2022)

98 Wrohlich, Katharina. 2023. DIW Managerinnen-Barometer. Deutsches Institut für Wirtschaftsforschung e.V Berlin.

99 Helliwell, J. F., Layard, R., Sachs, J. D., De Neve, J.-E., Aknin, L. B., & Wang, S. (Eds.). 2022. World Happiness Report 2022. Sustainable Development Solutions Network. New York

Bildnachweise

Seite 31: ©Tobias Koch; Seite 33: ©BurdaForward; Seite 35: ©Valeska Achenbach; Seite 42: ©RTL Deutschland; Seite 61: @AOK Hessen Katrin Denkewitz; Seite 66: ©Miguel Ferraz; Seite 68: ©privat; Seite 71: © BCG; Seite 78: ©Verena-Felder; Seite 85: ©KPMG; Seite 90: ©Her Family Office; Seite 116: ©Tina Luther; Seite 118: ©Caren Detje; Seite 126: ©Motsi.de; Seite 128: ©storchgeflüster; Seite 134: ©Rolf Otzipka; Seite 137: ©Valeska Achenbach; Seite 144: ©Rieka Anscheit; Seite 167: ©Joachim Loch; Seite 171: ©David Spaeth; Seite 178: ©Bella Lieberberg; Seite 179: ©Susanne Harring; Seite 187: ©Tomas Rodriguez; Seite 189:©DEPT®; Seite 198:©Agentur FREITAG; Seite 205: ©Kaletsch Medien GmbH; Seite 213: ©Sebastian Fuchs; Seite 215: ©Malou Pentzien; Seite 217: ©Brita Plath; Seite 222: ©Patrycia Lukas; Seite 230: ©picture people; Seite 236: ©Sandra Ludewig; Seite 238: ©Caroline Pitzke; Seite 241: ©Studioline Hamburg; Seite 244: ©Flash Photography; Seite 252: ©Marion Koell; Seite 262: ©Bryan Hammerschmid; Seite 264: ©Alicia Minkwitz; Seite 271: ©privat; Seite 277: ©Valeska Achenbach; Seite 284: ©MAHLE GmbH; Seite 290: ©Audi AG; Seite 293: ©Deutsche Bahn Oliver Lang; Seite 298: ©Helen Fischer